ÉTUDES
DE LA NATURE.

ÉDITION EN CINQ VOLUMES.

TOME IV.

ÉTUDES

DE LA NATURE.

NOUVELLE ÉDITION,
revue et corrigée,

Par JACQUES-BERNARDIN-HENRI DE SAINT-PIERRE.

AVEC DIX PLANCHES EN TAILLE-DOUCE.

...... Miseris succurrere disco. *Æn. lib. i.*

TOME IV.

—————

DE L'IMPRIMERIE DE CRAPELET.

A PARIS,

Chez DETERVILLE, Libraire, rue du Battoir, n° 16,
quartier Saint-André-des-Arcs.

AN XII—1804.

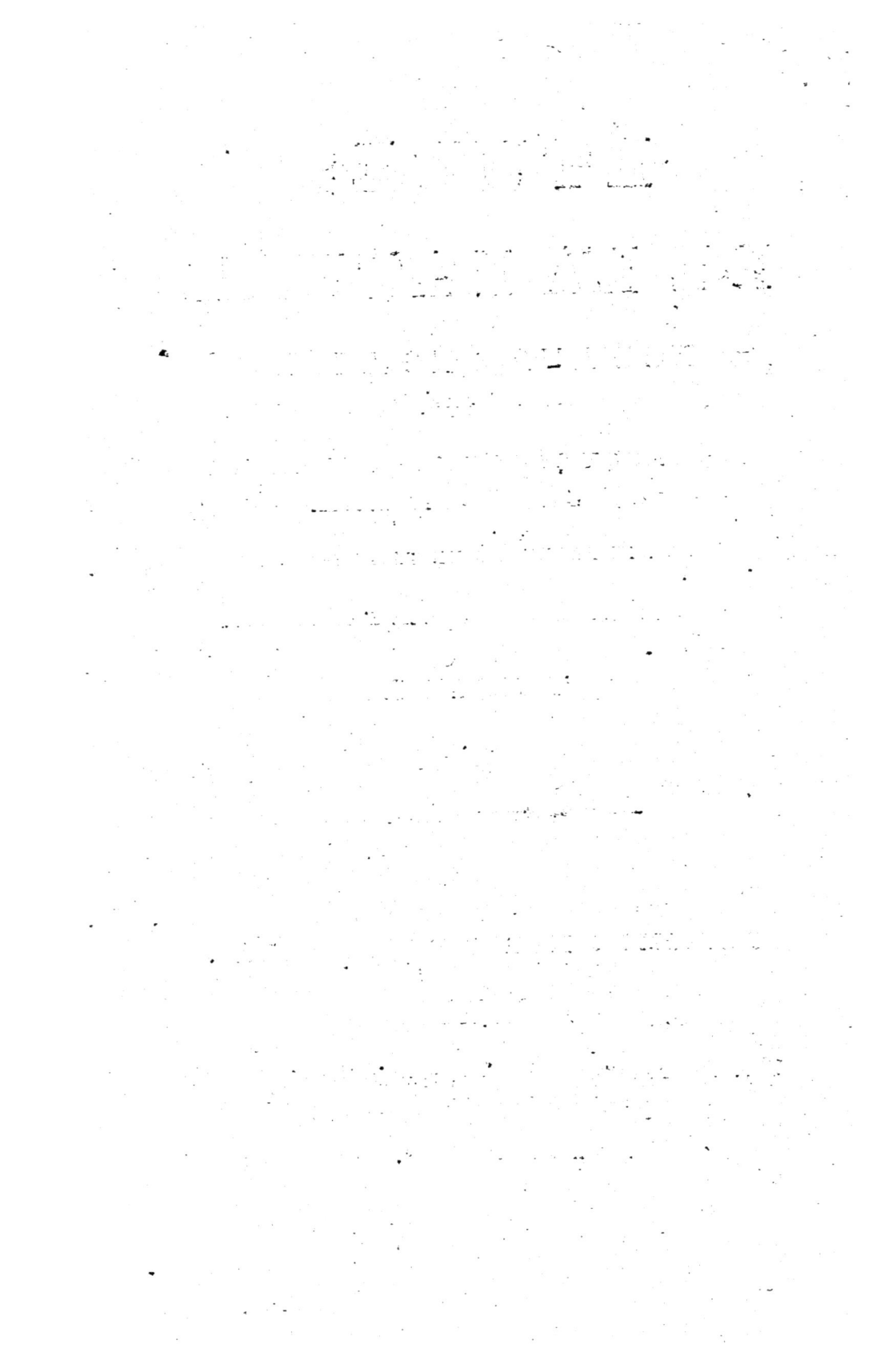

AVIS SUR CET OUVRAGE

et sur ce quatrième volume.

Pendant que je faisois réimprimer mon ouvrage, j'ai reçu à son sujet des conseils, des critiques et des complimens.

Les conseils regardent son format. J'ai suivi constamment celui *in-12* dans quatre éditions consécutives, parce qu'il est plus commode, moins cher pour le lecteur, et plus avantageux à l'auteur, en ce que les contrefacteurs trouvent moins de bénéfice à le contrefaire. Cependant des gens du monde m'ont témoigné qu'ils lui préféroient le format *in-8°*, parce qu'il est plus à la mode, et que les pages ayant plus de marge, et l'intervalle entre les lignes étant plus grand, l'impression en a plus de beauté. Des gens de lettres ont desiré que je fisse de mon livre une édition *in-4°*., parce que son caractère, étant plus gros, seroit plus aisé à lire, et que les planches s'y développeroient sur une plus grande échelle. Enfin je m'attendois que des savans m'engageroient à tenter les honneurs de l'*in-folio*, lorsqu'une dame aimable m'a proposé fort sérieusement d'en faire une édition *in-18*, « afin, m'a-t-elle dit

» avec beaucoup de grace, qu'il ne sortît jamais de
» sa poche ».

Je me trouve si honoré du suffrage des dames,
que je ne sais si je ne tirerois pas plus de vanité
d'être *in*-18 dans leurs poches, qu'en grand atlas
dans la bibliothèque du Louvre. Ce genre d'inco-
gnito a de plus quelque chose que je ne puis dire,
qui me flatte singulièrement. Dans la perplexité
agréable où je me trouve, et dans l'impossibilité où
je suis de faire quatre nouvelles éditions à la fois
pour complaire à tous mes lecteurs, je me suis
déterminé pour l'*in*-8°.

Quelques gens du monde m'ont demandé si je
ferois des augmentations à cette présente édition ;
et dans ce cas, ils ont desiré que j'en fisse un supplément détaché, pour ceux qui ont acquis les éditions précédentes, se plaignant de ce que les auteurs qui en agissoient autrement, fraudoient le
public.

Un auteur qui se contente difficilement de son
travail, tel que je suis, et qui le remet souvent sur
le métier, est quelquefois obligé d'y faire de légères
augmentations, pour en éclaircir les endroits obscurs. Il est au moins forcé de changer quelque chose
aux avis qui varient à chaque édition, sans qu'il
puisse faire de ces variantes un supplément particulier et de quelque intérêt. Mais en supposant
qu'il fraudât ainsi une portion du public de quelque

portion de son travail, je demande si le public en
corps ne le fraude pas plus complètement en acqué-
rant sans scrupule les contrefaçons de son ouvrage?
Un auteur ne les décrédite qu'en ajoutant quelque
chose de nouveau à chaque nouvelle édition.

Les contrefaçons m'ont fait et me font un tort
considérable. Je ne parle pas de celles de ma première édition, qui ont rempli les provinces du midi
de la France (1); mais à peine la seconde a paru,
qu'elle a été contrefaite avec ses augmentations,
approbations, privilége, et jusqu'aux titres où on
lit l'adresse de mes Libraires. D'autres contrefacteurs
ont osé annoncer dans le catalogue des Livres de la
foire de Leipsick, pour le mois d'octobre 1787,
une édition de mes Etudes de la Nature, faite à
Lyon, chez Piestre et de la Mollière, quoique je

_____

(1) M. Marin, inspecteur de la Librairie à Marseille, y
en saisit une balle entière, qui, malgré ses réclamations,
fut confisquée au profit de la chambre syndicale de cette
ville, et non au mien, comme il étoit juste. M. de Chassel,
inspecteur de la Librairie à Nancy, y a arrêté quelques exem-
plaires contrefaits de ma seconde édition, que M. Vidaud
de la Tour m'a fait remettre, d'après le jugement de M. de
Lamoignon, garde-des-sceaux. Le contrefacteur avoit
retranché seulement, dans l'avis, ce que j'y disois de l'exécution typographique de ma seconde édition. J'ai lieu d'espérer maintenant qu'on réprimera enfin, en France, le bri-
gandage des contrefaçons, si contraire aux intérêts des
auteurs.

n'aie jamais rien fait imprimer qu'à Paris. On en
a publié une nouvelle à Bruxelles, en quatre volumes. Une personne de la connoissance de mon
Imprimeur, en a vu à Londres quatre éditions différentes, sans qu'il ait pu s'y procurer la véritable.
Cependant elle est bien aisée à distinguer de toutes
ses contrefaçons, qui d'ailleurs ne peuvent jamais
être que de mauvaises copies d'une édition origi-
nale, revue et corrigée par moi-même avec toute
l'attention dont je suis capable. Cela n'a pas empê-
ché le public de les accueillir avec empressement.
Après tout, il ne s'agit pas de n'avoir pas à se plaindre
des hommes, mais que les hommes n'aient pas à se
plaindre de nous.

Quand ma conscience ne me feroit pas un devoir
d'être juste envers chaque particulier, je dois trop
au public pour ne pas chercher à lui complaire autant qu'il est en moi. Je n'ai eu d'autre voix constante en ma faveur que la sienne. D'un autre côté,
s'il considère l'importance des erreurs que j'ai atta-
quées et ma position, j'ose espérer qu'il me mettra
un jour au rang du petit nombre d'hommes qui se
sont occupés de son intérêt aux dépens de leur fortune.

Je ne m'écarterai pas maintenant des principes
qui ont dirigé ma vie. Je vais donc insérer ici quelques réflexions, qui auroient peut-être été placées
plus convenablement dans l'Avis en tête de cette

édition ; mais ayant été faite sur la quatrième de format *in*-12 , je n'y ai point fait cette transposition.

Le lecteur peut se rappeler que j'explique la direction de nos marées en été vers le nord , par les contre-courans du courant général de l'océan Atlantique , qui , dans cette saison, descend de notre pôle , dont les glaces se fondent en partie par l'action du soleil qui l'échauffe pendant six mois. Je supposois que ce courant général qui court alors au sud, se trouvant resserré par le cap Saint–Augustin en Amérique, et par l'entrée du golfe de Guinée en Afrique, produisoit de chaque côté des contre-courans qui nous donnoient nos marées, qui remontent au nord le long de nos côtes. Ces contre-courans existent en effet dans ces mêmes lieux , et sont toujours produits aux deux côtés d'un détroit par où passe un courant. Mais je n'avois pas besoin de supposer les réactions du cap Saint–Augustin et de l'entrée du golfe de Guinée, pour faire remonter nos marées jusque bien avant dans le nord. La simple action du courant général de l'Atlantique , qui descend du pôle nord et court au sud , en déplaçant devant lui un grand volume d'eau qu'il repousse à droite et à gauche, suffit pour produire , le long de son cours , ces réactions latérales, d'où sortent nos marées qui remontent au nord.

J'avois cité à ce sujet deux observations, dont la

première est à la portée de tout le monde. C'est celle d'une source qui, en se déchargeant dans un bassin, fait naître sur les côtés de ce bassin un remou ou contre-courant qui ramène les pailles et les autres corps flottans à la source même.

La seconde observation est tirée du Père Charlevoix, dans son Histoire de la Nouvelle-France. Il rapporte que, quoiqu'il eût le vent contraire, il fit huit bonnes lieues dans un jour sur le lac Michigan, contre son courant général, à l'aide de ses contre-courans latéraux.

Mais M. de Crevecœur, auteur des Lettres du Cultivateur Américain, va encore plus loin; car il assure (*tome 3, page 433*) qu'en remontant l'Ohio le long de ses bords, il fit 422 milles en quatorze jours, ce qui fait plus de dix lieues par jour, « à » l'aide, dit-il, des remous qui ont toujours une » vélocité égale au courant principal ». Voilà la seule observation que j'ai ajoutée, à cause de son importance, et de l'estime que je porte à son auteur.

Ainsi l'effet général des marées est mis dans le plus grand jour par l'exemple des contre-courans latéraux de nos bassins, où se déchargent des sources, de ceux des lacs qui reçoivent des rivières, et de ceux des rivières elles-mêmes, malgré leurs pentes considérables, sans qu'il soit besoin de détroit particulier pour opérer ces réactions dans toute l'étendue

de leurs rivages, quoique les détroits augmentent con-
sidérablement ces mêmes contre-courans ou remoux.

A la vérité, le cours de nos marées vers le nord,
en hiver, ne peut plus s'expliquer comme un effet
des contre-courans latéraux de l'océan Atlantique,
qui descend du nord, puisqu'alors son courant général vient du pôle sud, dont le soleil fond les
glaces. Mais le cours de ces marées vers le nord se
conçoit encore plus aisément par l'effet direct du
courant général du pôle sud, qui va droit au nord.
Dans cette direction ce courant austral passe presque
toujours d'un lieu plus large dans un lieu plus
étroit, s'engageant d'abord entre le Cap Horn et le
Cap de Bonne-Espérance ; et remontant jusques dans
les baies et méditerranées du nord, il pousse à la
fois devant lui tout le volume des eaux de l'océan
Atlantique, sans permettre qu'aucune colonne s'en
échappe à droite ou à gauche. Cependant s'il rencontroit dans sa route quelque cap ou détroit qui s'op-
posât à son cours, il ne faut pas douter qu'il n'y for-
mât un contre-courant latéral, ou des marées qui
iroient en sens contraire. C'est aussi l'effet qu'il produit au Cap Saint-Augustin en Amérique, et au-dessus
du golfe de Guinée, vers le dixième degré de latitude nord en Afrique ; c'est-à-dire aux deux endroits
où ces deux parties du monde se rapprochent davantage : car dans l'été du pôle sud, les courans et les
marées, loin de se porter au nord au-dessous de ces

deux points, retournent au sud du côté de l'Amérique, et courent vers l'est de l'Afrique, tout le long du golfe de Guinée, contre toutes les loix du système lunaire.

Je pourrois remplir un volume de nouvelles preuves en faveur de la fonte alternative des glaces polaires, et de l'alóngement de la terre aux pôles, qui sont des conséquences l'un de l'autre ; mais j'en ai cité dans mes volumes précédens plus qu'il n'en faut pour constater ces vérités. Le silence même des académies sur des objets si importans, est une preuve qu'elles n'ont rien à m'objecter. Si j'avois eu tort en relevant l'étrange erreur par laquelle elles ont conclu que les pôles de la terre étoient aplatis, d'après des opérations géométriques qui montrent évidemment qu'ils sont alongés, elles n'auroient pas manqué de journaux, qui leur sont dévoués la plupart, pour réprimer la voix d'un solitaire. Je n'en ai trouvé qu'un seul qui ait osé me donner la sienne. Parmi tant de puissances littéraires qui se disputent l'empire des opinions, et qui croisent sur leurs mers orageuses, en tâchant de couler à fond tout ce qui ne sert pas sous leurs drapeaux, un journaliste étranger a arboré en ma faveur le pavillon de l'insurgence. C'est celui de Deux-Ponts que je nomme, suivant ma coutume de reconnoître publiquement des services particuliers, quoique celui-ci ait été rendu à la vérité bien plus qu'à moi, qui suis personnellement inconnu à cet écrivain, si estimable par son impartialité.

D'un autre côté, si les académies ne se sont pas expliquées, il faut considérer l'embarras où elles se trouvent de se rétracter publiquement d'une inconséquence géométrique déjà si ancienne et si répandue. Elles ne peuvent approuver mes résultats sans condamner les leurs, et elles ne peuvent condamner les miens, parce que leurs propres travaux les justifient. Je n'ai point été moi-même moins embarrassé, lorsqu'en publiant mes observations je me suis vu dans l'alternative de choisir entre leur estime et leur amitié ; mais j'ai été entraîné par le sentiment de la vérité, qui doit l'emporter sur tous les ménagemens politiques. L'intérêt de ma réputation, je l'avoue, y est aussi entré pour quelque chose, mais pour la moindre part. L'utilité publique a été mon principal objet. Je n'ai employé ni le ridicule, ni l'enthousiasme contre des hommes fameux, surpris dans l'erreur. Je ne me suis point enivré de ma propre raison. Je me suis approché d'eux comme je me serois approché de Platon, endormi sur le bord d'un précipice, craignant leur réveil, et encore plus leur assoupissement. Je n'ai point rapporté leur aveuglement à quelque défaut de lumière, dont le reproche est si sensible aux savans ; mais à l'éblouissement des systêmes, et surtout à l'influence de l'éducation et des habitudes

morales, qui voilent notre raison de tant de préjugés. J'ai donné dans l'Avis de mon premier volume
l'origine de cette erreur, que Newton a le premier
mise en avant, et sa réfutation géométrique dans
l'explication des figures à la suite de cet Avis.

J'ai lieu de craindre que ma modération et mon
honnêteté ne soient pas imitées. Il a paru dans le
Journal de Paris une critique anonyme, fort amère,
des Études de la Nature. Elle commence, à la vérité,
par les louer en général ; mais elle détruit en détail
tout le bien que la voix publique semble l'avoir
forcée d'en dire. Elle avoit été précédée peu de
temps auparavant de quelques autres lettres ano-
nymes où mon ouvrage n'étoit pas nommé, mais sur
lequel elles répandoient en passant un poison froid et
subtil, propre à faire son effet à la longue. J'ai vu
avec surprise s'ouvrir à mon égard cet évent de la
haine d'un ennemi obscur ; car enfin, j'ai tâché de
bien mériter de tout le monde, et je ne suis sur le
chemin de personne. Mais lorsque j'ai appris que
plusieurs de mes amis avoient présenté inutilement
au Journal de Paris leur prose et leurs vers pour ma
défense ; que bien auparavant on avoit refusé d'y
insérer des morceaux de littérature où on me donnoit
quelques éloges, j'ai été convaincu qu'il y avoit un
parti formé contre moi. Alors j'ai eu recours au
Journal général de France, dont l'impartial rédacteur a bien voulu insérer ma défense et ma récla-

mation, dans sa feuille du 29 novembre, n° 143.

Voici donc ce que j'ai répondu au critique qui a employé l'anonyme et le sarcasme contre des vérités physiques, et a pris pour m'attaquer le poste des foibles et l'arme des méchans.

A monsieur le Rédacteur du Journal général de France.

«M o n s i e u r,

» Un écrivain qui se cache sous le nom de *Soli-*
» *taire des Pyrénées*, jaloux, je pense, de l'accueil
» dont le public a honoré mes *Études de la Nature*,
» en a inséré, hier 21, dans le Journal de Paris,
» une critique pleine d'humeur.

» Il y trouve sur-tout fort mauvais que j'aie accusé
» des académiciens de s'être trompés, lorsqu'ils ont
» conclu de l'agrandissement des degrés vers le pôle
» que la terre y étoit aplatie, que j'attribue la cause
» des marées à la fonte des glaces polaires, &c.....
» Pour affoiblir mes résultats il les présente sans
» preuves. Il se garde bien de parler de ma démons-
» tration si simple et si évidente, où j'ai fait voir que
» lorsque les degrés d'un arc de cercle s'alongent,
» l'arc de cercle s'alonge aussi et ne s'aplatit pas.
» C'est ce que prouvent les pôles d'un œuf, ainsi
» que ceux du monde. Il n'y dit pas que les glaces
» de chaque pôle ayant cinq à six mille lieues de cir-

» conférence dans leur hiver , et deux à trois mille
» seulement dans leur été, j'ai été autorisé à conclure
» de leurs fontes alternatives tous les mouvemens
» des mers. Il n'y parle pas de la multitude des
» preuves géométriques, nautiques, géographiques,
» botaniques , et même académiques , dont j'ai ap-
» puyé ces importantes et nouvelles vérités. C'est à
» mes lecteurs à juger si elles sont bonnes. Comme
» il est clair que l'anonyme n'a observé la nature
» que dans des livres à système , qu'il n'oppose que
» des noms à des faits , et des autorités à des raisons ;
» qu'il y suppose décidé ce que j'ai réfuté ; qu'il
» m'y fait dire ce que je n'ai pas dit ; que ce genre
» de critique est à la portée de tout homme super-
» ficiel, oisif et de mauvaise foi ; que ma santé , mon
» temps et mon goût ne me permettent pas de réfu-
» ter des diatribes de cette espèce , quand même
» l'auteur auroit la loyauté de s'y nommer, je déclare
» donc qu'à l'avenir je ne répondrai à aucune cri-
» tique de ce genre , sur - tout dans les papiers
» publics.

» Cependant si quelque ami de la vérité dé-
» couvre des erreurs dans mon ouvrage, où il y
» en a sans doute, et qu'il veuille me faire l'amitié
» de m'en instruire directement, je les corrigerai
» dans mon livre, et le citerai avec éloge ; parce
» que , comme lui, je ne cherche que la vérité, et
» que je n'honore que ceux qui l'aiment.

» Je suis seul, Monsieur. Comme je ne tiens à
» aucun parti, je ne peux disposer d'aucun journal.
» J'ai déjà éprouvé que je n'avois pas le crédit de
» faire rien publier dans celui de Paris, même pour
» le service des malheureux. Je vous prie donc
» d'insérer dans vos feuilles si impartiales ma réponse
» pour le présent, et ma protestation de silence pour
» l'avenir.

» Au reste, en me plaignant de l'anonyme qui a
» attaqué mon ouvrage avec tant de fiel, je suis obligé
» de convenir qu'il a fait un éloge excessif de mon
» style. Cependant je ne sais comment cela se fait,
» je me sens encore plus humilié de ses louanges
» que choqué de son mauvais ton.

J'ai l'honneur d'être, &c.

» *Signé*, DE SAINT-PIERRE ».

A Paris, ce 22 novembre 1787.

L'anonyme promettoit de s'étendre encore aux
dépens de mon ouvrage dans les feuilles suivantes
du Journal de Paris; mais le public ayant murmuré
de me voir attaqué indécemment dans une lice fermée à mes amis, le rédacteur de ce journal, pour
donner une preuve de son impartialité, a publié
aussi-tôt un fragment d'une épître en vers à ma
louange. Cet éloge est aussi l'ouvrage d'un anonyme;
car les bons se cachent pour faire le bien, comme

les méchans pour faire le mal. Les vers qu'on en a détachés sont très-beaux; mais il y en a selon moi encore de plus beaux dans le reste de l'épître. Je les louerois de bon cœur, si je n'y étois beaucoup trop loué. Cependant la reconnoissance m'oblige de dire qu'ils sont de M. Théresse, avocat au conseil, qui m'a donné ce témoignage particulier de son amitié et de ses rares talens.

Revenons au point qui intéresse le plus les académies. Pour se convaincre que les pôles de la terre sont alongés, il ne s'agit pas de résoudre quelque problême de la géométrie transcendante, tout hérissé d'équations, tel que la quadrature du cercle; mais il suffit des notions les plus communes des élémens de la géométrie et de la physique. Avant de rassembler les preuves que j'en ai données, et d'y en joindre de nouvelles, je vais dire deux mots des moyens qui peuvent nous servir à nous assurer de la vérité, autant pour mon instruction que pour celle de mes critiques.

Nous sommes au sein de l'ignorance comme des marins au milieu d'une mer sans rivages. On y voit çà et là quelques vérités éparses comme des îles. Pour reconnoître des îles en pleine mer, il ne suffit pas de connoître leur distance au nord ou à l'orient. Leur latitude donne un cercle entier, et leur longitude un autre; mais l'intersection de ces deux mesures détermine précisément le lieu où elles sont. On ne s'assure de même de la vérité qu'en la considérant sous plusieurs rapports. Voilà pourquoi un objet que nous pouvons soumettre à l'examen de tous nos sens nous est beaucoup mieux connu que celui auquel nous ne pouvons en appliquer qu'un seul. Ainsi nous connoissons mieux un arbre qu'une étoile, parce que nous voyons et touchons l'arbre : la fleur de l'arbre nous fournit plus de connoissances que son tronc, parce que nous pouvons l'examiner de plus avec le sens de l'odorat ; et enfin nos observations se multiplient sur le fruit, parce que nous le goûtons, et que nous pouvons l'observer avec quatre sens à la fois. Quant aux objets vers lesquels nous ne pouvons diriger qu'un seul de nos organes, tel que celui de la vue, nous n'en acquérons la science qu'en les considérant sous différens aspects. Vous dites : Cette tour à l'horizon est bleue, petite et ronde. Vous en approchez, et vous la trouvez blanche, grande et anguleuse. Vous concluez alors qu'elle est carrée ; mais vous en faites le tour, et vous voyez qu'elle est pentagonale. Vous jugez qu'il est impossible d'en mesurer la hauteur sans un instrument, parce qu'elle est fort élevée. Prenez un objet de comparaison accessible, celui de votre ombre avec votre hauteur, vous y trouverez le même rapport qu'entre l'ombre de la tour et son élévation, que vous jugiez inaccessible.

Ainsi la science d'une vérité ne s'acquiert qu'en

la considérant sous divers rapports. Voila pourquoi il n'y a que Dieu qui soit véritablement savant, parce qu'il connoît seul tous les rapports qui existent entre les choses, et qu'il n'y a encore que Dieu qui soit le plus universellement connu de tous les êtres, parce que les rapports qu'il a établis entre les choses le manifestent dans tous ses ouvrages.

Toutes les vérités s'enchaînent. Nous n'en acqué-'rons la science qu'en les comparant les unes aux autres. Si les académiciens avoient fait usage de ce principe, ils auroient reconnu que l'aplatissement des pôles étoit une erreur. Il ne s'agissoit que d'en appliquer les conséquences à la distribution des mers. Si les pôles sont aplatis, leurs rayons étant les plus courts du globe, toutes les mers doivent s'y rendre comme au lieu le plus bas de la terre : d'un autre côté, si l'équateur est renflé, toutes les mers doivent s'en éloigner, et la zône torride doit présenter dans toute sa circonférence une zône de terre sèche de six lieues et demie d'élévation à son centre, puisque le rayon du globe à l'équateur sur-passe de cette dimension le rayon aux pôles, sui-vant les académiciens.

Or, la configuration du globe nous présente pré-cisément le contraire ; car les mers les plus grandes et les plus profondes sont précisément sous son équateur ; et du côté de notre pôle, la terre se pro-longe fort avant dans le Nord, et les mers qu'elle renferme ne sont que des méditerranées remplies de hauts fonds.

A la vérité, le pôle sud est environné d'un vaste océan; mais comme le capitaine Cook n'en a approché qu'à 475 lieues, nous ignorons s'il y a des terres qui l'avoisinent. De plus, il est vraisemblable, ainsi que je l'ai dit ailleurs, que la nature, qui contraste et balance toutes choses, a compensé l'élévation en territoire du pôle nord par une élévation équivalente en glace au pôle sud. En effet, Cook a trouvé la coupole glaciale du pôle sud beaucoup plus étendue et plus élevée que celle qui couvre le pôle nord, et il ne veut pas qu'on établisse à cet égard de comparaison. Voici ce qu'il dit à l'occasion d'une de ses extrémités solides, qui l'empêcha de pénétrer au-delà du 71e degré sud, et qui étoit semblable à une chaîne de montagnes s'élevant les unes sur les autres et se perdant dans les nuages. « On » n'a jamais vu, je pense, de montagnes de glaces » comme celle-ci dans les mers du Groënland; du » moins je ne l'ai lu nulle part, et je ne l'ai point » ouï dire : de sorte qu'on ne doit pas établir une » comparaison entre les glaces du nord et celles de » ces parages ». (*Cook, année 1774, janvier.*)

Cette prodigieuse élévation de glaces dont Cook n'a vu qu'une extrémité, peut donc équivaloir à l'élévation de territoire du pôle nord, constatée par les travaux même des académiciens. Mais quoique

les mers gelées du pôle sud se refusent aux opérations de la géométrie, nous allons voir tout-a-
l'heure, par deux observations authentiques, que
les mers fluides qui l'environnent sont plus élevées
que celles de l'équateur, et sont au même niveau
que celles du pôle nord.

Vérifions maintenant l'alongement des pôles par
la même méthode qui a servi à démontrer leur
aplatissement. Cette dernière hypothèse a acquis
un nouveau degré d'erreur, en l'appliquant à la
distribution des terres et des mers du globe; celle
de l'alongement des pôles va gagner de nouveaux
degrés de certitude en l'étendant à différentes harmonies de la nature.

Rassemblons pour cet effet les preuves que j'en ai
dispersées dans les volumes précédens. Il y en a de
géométriques, de géographiques, d'atmosphériques,
de nautiques et d'astronomiques.

1°. La première preuve de l'alongement de la
terre aux pôles est géométrique. Je l'ai insérée dans
l'explication des figures, en tête du tome premier:
elle suffit seule pour jeter sur cette vérité le dernier
degré d'évidence. Il ne falloit pas même de figure
pour cela. On conçoit fort aisément que si, dans un
cercle, les degrés d'une portion de ce cercle s'alongent, la portion entière de ce cercle s'alonge aussi.
Or, les degrés du méridien s'alongent sous le cercle
polaire, puisqu'ils y sont plus grands que sous

l'équateur, suivant les académiciens : donc l'arc polaire du méridien, ou, ce qui est la même chose, la courbe polaire s'alonge aussi. J'ai déjà fait usage de cet argument, auquel on ne peut rien répondre, pour prouver que la courbe polaire n'étoit pas aplatie; je peux bien m'en servir aussi pour prouver qu'elle est alongée.

2°. La seconde preuve de l'alongement de la terre aux pôles est atmosphérique. On sait que la hauteur de l'atmosphère diminue à mesure qu'on s'élève sur une montagne. Or, cette hauteur diminue aussi à mesure qu'on avance vers le pôle. J'ai, à ce sujet, deux expériences du baromètre; la première pour l'hémisphère nord, et la seconde pour l'hémisphère sud. Le baromètre, à Paris, baisse d'une ligne à onze toises de hauteur, et il baisse aussi d'une ligne en Suède, si on s'élève seulement à dix toises un pied six pouces quatre lignes. Donc l'atmosphère de la Suède est plus basse, ou, ce qui revient au même, son continent est plus élevé qu'à Paris. Donc la terre s'alonge en allant vers le nord. Cette expérience et ses conséquences ne peuvent être rejetées des académiciens, car elles sont tirées de l'Histoire de l'Académie des Sciences, an. 1712, pag. 4. (Voyez l'*Explication des figures, hémisphère Atlantique*, tome premier.)

3°. La seconde expérience de l'abaissement de l'atmosphère aux pôles a été faite vers le pôle sud.

C'est une suite d'observations barométrales faites
chaque jour dans l'hémisphère sud par le capitaine
Cook, pendant les années 1773, 1774 et 1775, où
l'on voit que le mercure ne s'élevoit guère au-dessus
de 29 pouces anglais au-delà du 60ᵉ degré de latitude sud, et montoit presque toujours à 30 pouces,
et même plus haut, dans le voisinage de la zône
torride; ce qui prouve que le baromètre baisse en
allant vers le pôle sud ainsi que vers le pôle nord,
et que par conséquent l'un et l'autre sont alongés.

On peut voir la table de ces observations barométrales à la fin du second Voyage du capitaine
Cook. Celles du même genre, qui ont été recueillies
dans le Voyage suivant, ne présentent entre elles aucune différence régulière, quelle que soit la latitude
du vaisseau, ce qui prouve leur inexactitude, occasionnée probablement par le désordre que dut entraîner la mort successive des observateurs; c'est-
à-dire du savant Anderson, chirurgien du vaisseau
et ami particulier de Cook; de ce grand homme
lui-même, du capitaine Clerke son successeur, et
peut-être aussi par quelque partisan zélé de Newton, qui aura voulu jeter des nuages sur des faits si
contraires à son systême de l'aplatissement des
pôles.

4°. La quatrième preuve de l'alongement des pôles
est nautique. Elle est formée de six expériences de
trois différentes espèces. Les deux premières expé-

riences sont prises de la descente annuelle des glaces
de chaque pôle vers la ligne; les deux secondes,
des courans qui descendent des pôles pendant leur
été, et les deux dernières, de la rapidité et de
l'étendue de ces mêmes courans, qui font le tour
du globe alternativement pendant six mois : trois
sont pour le pôle nord, et trois pour le pôle sud.

La première expérience, tirée de la descente des
glaces du pôle nord, est citée dans le tome premier
de cet ouvrage, Etude iv. J'y ai rapporté les témoignages des plus célèbres marins du nord, entre
autres de l'anglais Ellis, des hollandais Linschoten
et Barents, du hambourgeois Martens, et de Denis,
gouverneur français du Canada, qui attestent que
ces glaces sont d'une hauteur prodigieuse, et qu'on
les rencontre fréquemment au printemps, à des latitudes tempérées. Denis dit qu'elles sont plus hautes
que les tours de Notre-Dame, qu'elles forment
quelquefois des chaînes flottantes de plus d'une
journée de navigation, et qu'elles viennent échouer
jusque sur le grand banc de Terre-Neuve. La partie la plus septentrionale de ce banc ne s'étend
guère au-delà de 5o degrés, et les marins qui vont
à la pêche de la baleine ne trouvent en été les glaces
solides du nord que vers le 75e degré. Mais en supposant que ces glaces solides s'étendent en hiver
depuis le pôle jusqu'au 65e degré, les glaces flottantes qui s'en détachent parcourroient 375 lieues

dans les deux premiers mois du printemps. Ce n'est
point le vent qui les pousse vers le midi, puisque
les vaisseaux pêcheurs qui les rencontrent ont souvent le vent favorable ; des vents inconstans les porteroient indifféremment au nord, ou à l'est, ou à
l'occident ; mais ce sont les courans du nord qui les
amènent constamment chaque année vers la ligne,
parce que le pôle d'où ils sortent est plus élevé.

5°. La seconde expérience de la même espèce,
pour le pôle sud, est tirée des Voyages du capitaine
Cook, année 1772, 10 décembre. « Le 10 dé-
» cembre, à huit heures du matin, nous décou-
» vrîmes des glaces à notre ouest » ; à quoi M. Fors-
ter ajoute : « et à environ deux lieues au-dessus du
» vent, une autre masse qui ressembloit à une pointe
» de terre blanche. L'après-midi nous passâmes près
» d'une troisième, qui étoit cubique, et qui avoit
» deux mille pieds de long, quatre cents de large,
» et au moins deux cents d'élévation ». Cook étoit
alors au 51e degré de latitude sud, et à 2 degrés
ouest de longitude du Cap de Bonne-Espérance. Il
en vit beaucoup d'autres jusqu'au 17 janvier 1773 ;
mais étant à cette époque par 65 degrés 15 minutes
de latitude sud, il fut arrêté par un banc de glaces
brisées, qui l'empêcha d'aller plus avant au sud.
Ainsi, en supposant que la première glace qu'il
rencontra le 10 décembre fût partie de ce point le
10 octobre, temps où je suppose que l'action du

soleil a commencé à dissoudre les glaces du pôle
sud, elle auroit parcouru vers la ligne 14 degrés ou
350 lieues en deux mois, c'est-à-dire fait à-peu-près
le même chemin dans le même temps, que les
glaces qui descendent du pôle nord. Le pôle sud
est donc, ainsi que le pôle nord, plus élevé que
l'équateur, puisque ses glaces descendent vers la
zône torride.

6°. La troisième expérience nautique de l'alongement du pôle nord vient de ses courans même,
qui sortent directement des baies et des détroits du
nord avec la rapidité des écluses. J'ai cité à cet égard
les mêmes marins du nord, Linschoten et Barents,
envoyés par les Hollandais pour trouver un passage
à la Chine par le nord-ouest; et Ellis, chargé par
les Anglais de chercher un passage à la mer du Sud,
au nord-est, dans le fond de la baie d'Hudson.
Ils ont trouvé au fond de ces mers septentrionales
des courans qui sortoient des baies et des détroits,
en faisant huit à dix nœuds par heure, entraînant
une multitude prodigieuse de glaces flottantes et des
marées tumultueuses qui, ainsi que les courans,
se précipitoient directement du nord, du nord-est
ou du nord-ouest, selon le gisement des terres. C'est
d'après ces faits constans et multipliés que je me
suis convaincu que la fonte des glaces polaires étoit
la cause seconde du mouvement des mers, le soleil
la cause première, et que j'ai formé ma théorie des

marées. (Voyez, *tome premier*, *l'Explication des figures*, *hémisphère Atlantique*.)

7°. Les courans de là mer du Sud prennent éga-lement naissance dans les glaces du pôle austral. Voici ce qu'en rapporte Cook, année 1774, jan-vier. « A la vérité c'étoit mon opinion, ainsi que » celle de la plupart des officiers, que cette glace » s'étendoit jusqu'au pôle, ou que peut-être elle » touchoit à quelque terre à laquelle elle est fixée » dès les temps les plus anciens : qu'au sud de ce » parallèle se forment toutes les glaces que nous » trouvions çà et là au nord; qu'elles en sont en- » suite détachées par des coups de vent ou par » d'autres causes, et jetées au nord par les courans, » que dans les latitudes élevées nous avons toujours » reconnus porter vers cette direction ».

Ainsi cette quatrième expérience nautique prouve que le pôle sud est alongé comme le pôle nord; car si l'un et l'autre étoient aplatis, les courans se diri-geroient vers eux au lieu de porter vers la ligne.

Ces courans australiens ne sont pas si violens à leur origine que les septentrionaux, parce qu'ils ne sont pas comme eux rassemblés dans des baies, et ensuite dégorgés par des détroits; mais nous allons voir qu'ils s'étendent tout aussi loin.

8°. La cinquième preuve nautique de l'élévation des pôles au-dessus de l'horizon de toutes les mers, vient de la rapidité et de la longueur de leurs cou-

rans qui font le tour du globe. On peut voir à ce
sujet l'étendue de mes recherches et de mes preuves, en tête du tome premier, dans l'*Explication des
figures, hémisphère Atlantique*. J'ai cité d'abord le
courant de l'océan Indien, qui flue six mois vers
l'orient et six mois vers l'occident, suivant le
témoignage de tous les marins de l'Inde. J'ai fait
voir que ce courant alternatif et semi-annuel ne pouvoit s'attribuer en aucune manière au cours de la
lune et du soleil, qui vont toujours d'orient en occident, mais à la chaleur combinée de ces astres,
qui fondent pendant six mois les glaces de chaque
pôle.

J'ai ensuite apporté deux observations très-curieu-
ses, pour constater qu'un pareil courant semi-annuel et alternatif existoit dans l'océan Atlantique,
où jusqu'à présent on ne l'avoit pas soupçonné. La
première est celle de Rennefort qui trouva, au mois
de juillet 1666, au sortir des îles Açores, la mer
couverte des débris d'un combat naval qui s'étoit
donné neuf jours auparavant entre les Anglais et les
Hollandais, à la hauteur d'Ostende, ces débris avoient
fait dans neuf jours plus de 275 lieues vers le midi,
ce qui fait plus de 34 lieues par jour; et c'est une
cinquième expérience nautique qui prouve, par la
rapidité des courans du nord, l'élévation considérable de ce pôle sur l'horizon des mers.

9°. Ma sixième expérience nautique démontre

particulièrement l'élévation du pôle sud , par l'étendue de ses courans, qui remontent en hiver jusqu'aux extrémités de l'Atlantique. C'est l'observation de M. Pennant, célèbre naturaliste anglais, qui rapporte que la mer jeta sur les côtes d'Ecosse le mât du *Tilbury*, vaisseau de guerre qui brûla à la rade de la Jamaïque, et qu'on recueille tous les ans, sur les rivages de ces îles , des graines de plantes qui ne croissent qu'à la Jamaïque. Cook assure aussi dans ses Voyages comme un fait constant, qu'on trouve tous les ans sur les côtes d'Islande , quantité de grosses semences plates et rondes , appelées des yeux de bœuf, qui ne viennent qu'en Amérique.

10°. et 11°. Les preuves astronomiques de l'alongement des pôles, sont au nombre de trois. Les deux premières sont lunaires. C'est la double observation de Tycho-Brahé et de Kepler, qui ont vu dans les éclipses centrales de la lune l'ombre de la terre alongée sur ses pôles. Je l'ai citée, tome premier , Étude IV. On ne peut rien opposer au témoignage de la vue de deux astronomes aussi célèbres , dont les calculs , loin d'être favorisés, se trouvoient dérangés par leurs observations.

12°. La troisième preuve astronomique de l'alongement des pôles, est solaire, et regarde le pôle nord. C'est l'observation de Barents , qui aperçut de la Nouvelle-Zemble , par le 76e degré de latitude nord, le soleil à l'horizon quinze jours plutôt qu'il

ne s'y attendoit. Le soleil, dans ce cas, étoit de
deux degrés et demi plus élevé qu'il ne devoit
l'être. En donnant un degré pour la réfraction de
l'atmosphère en hiver, au 76e degré de latitude
nord, et même un degré et demi, ce qui est très-
considérable, il resteroit un degré au moins pour
l'élévation extraordinaire de l'observateur sur l'horizon de la Nouvelle-Zemble. J'ai relevé à cette
occasion une erreur de l'académicien Bouguer qui
ne fixe qu'à 34 minutes la plus grande réfraction
du soleil pour tous les climats. Je ne me sers pas,
comme on voit, de tous les avantages que me donnent ceux dont je combats les opinions. Voyez l'*Explication des figures, hémisphère Atlantique.*

Toutes ces douze preuves, tirées de différentes
harmonies de la nature, s'accordent mutuellement
à démontrer que les pôles sont alongés. Elles sont
appuyées d'une multitude de faits dont je pourrois
augmenter le nombre, tandis que les académiciens
ne peuvent appliquer à aucun phénomène de la
terre, de la mer ou de l'atmosphère, leur résultat
de l'aplatissement des pôles, sans en reconnoître
aussi-tôt l'erreur. D'ailleurs la géométrie seule suffit
pour les en convaincre.

A la vérité, ils y ont fait cadrer les vibrations du
pendule; mais cette expérience est sujette à mille
erreurs. Elle est au moins aussi suspecte que celle
du miroir ardent qui leur a servi à conclure que les

rayons de la lune n'avoient pas de chaleur, tandis
que le contraire a été prouvé à Rome et à Paris, par
des professeurs de physique. Le pendule s'alonge
par le chaud, et se raccourcit par le froid. Il est bien
difficile de compenser ses variations, par un assem-
blage de verges de différens métaux. D'un autre
côté, il est bien facile à des hommes prévenus dès
l'enfance pour l'attraction, de se méprendre de quelques lignes en sa faveur. D'ailleurs, tous ces petits
moyens de la physique, sujets à tant de mécompte,
ne peuvent contredire en aucune manière l'alongement des pôles de la terre, dont la nature nous
présente les mêmes résultats sur la terre, sur la mer,
dans l'air et dans les cieux.

L'allongement des pôles prouvé, le courant des
mers et des marées s'ensuit naturellement. Plusieurs
personnes, voyant régner entre nos marées et les
phases de la lune, les mêmes accroissemens et les
mêmes diminutions, sont persuadés que cet astre
en est le premier mobile par son attraction; mais
ces accords n'existent que dans une partie de la mer
Atlantique. Ils proviennent, non de l'attraction de
la lune sur les mers, mais de sa chaleur réfléchie du
soleil sur les glaces polaires, dont elle augmente les
effusions, suivant certaines loix particulières à nos
continens. Par-tout ailleurs, le nombre, la variété,
la durée, l'irrégularité et la régularité des marées,
n'ont aucun rapport avec les phases de la lune, et

s'accordent au contraire avec les effets du soleil sur les glaces polaires, et la configuration des pôles de la terre. C'est ce que nous allons prouver, en employant le même principe de comparaison qui nous a servi à réfuter l'erreur des académiciens sur l'aplatissement des pôles, et à démontrer la vérité de ma théorie sur leur prolongement.

Si la lune agissoit par son attraction sur les marées de l'Océan, elle en étendroit l'influence sur les méditerranées et les lacs. Or, c'est ce qui n'est pas, puisque les méditerranées et les lacs n'ont point de marées, du moins de marées lunaires ; car nous avons observé que les lacs situés aux pieds des montagnes à glace, ont, en été, des marées solaires ou un flux comme l'Océan. Tel est le lac de Genève, qui a un flux régulier l'après-midi. Cet accord du flux des lacs voisins des montagnes à glace avec la chaleur du soleil, jette déjà la plus grande vraisemblance sur ma théorie des marées ; et, au contraire, la discordance de ces mêmes flux avec les phases de la lune, ainsi que la tranquillité des méditerranées lorsque cet astre passe à leur méridien, rendent déjà son attraction plus que suspecte. Mais nous allons voir que dans le vaste Océan même, la plupart des marées n'ont aucun rapport ni avec son attraction, ni avec son cours.

J'ai déjà cité en tête du tome 1, dans l'Explication des figures, le navigateur Dampier, qui rapporte que la plus grande marée qu'il éprouva sur les côtes de la Nouvelle-Hollande, n'arriva que trois jours après la pleine lune. Il assure, ainsi que tous les navigateurs du midi, que les marées s'élèvent fort peu entre les tropiques, et qu'elles sont tout au plus de quatre à cinq pieds aux Indes orientales, et d'un pied et demi seulement sur les côtes de la mer du Sud.

Je demande maintenant pourquoi ces marées entre les tropiques sont si foibles et si retardées sous l'influence directe de la lune? Pourquoi la lune nous fait éprouver, par son attraction, deux marées par jour dans notre mer Atlantique, et qu'elle n'en produit qu'une seule dans beaucoup d'endroits de la mer du Sud, qui est incomparablement plus large? Pourquoi, dans cette même mer du Sud, y a-t-il des marées diurnes et semi-diurnes, c'est-à-dire, de douze heures et de six heures? Pourquoi la plupart des marées y arrivent-elles constamment aux mêmes heures, et s'élèvent-elles à une hauteur régulière presque toute l'année, quelles que soient les irrégularités des phases de la lune? Pourquoi y en a-t-il qui croissent dans les quadratures tout comme dans les pleines et nouvelles lunes? Pourquoi sont-elles toujours plus fortes en approchant des pôles, et se dirigent-elles souvent vers la ligne, contre le principe prétendu de leur impulsion?

Ces problêmes impossibles à résoudre par la théo-

rie de l'attraction de la lune à l'équateur, cessent
de l'être par la chaleur alternative du soleil sur les
glaces des deux pôles.

Je vais d'abord prouver cette diversité des marées, par le témoignage même des compatriotes
de Newton, partisans zélés de son système. Mes
témoins ne sont pas des hommes obscurs ; ce sont
des savans, des capitaines de la marine du roi d'Angleterre, chargés successivement par le vœu de leur
nation et le choix de leur prince, de faire le tour
du monde, et d'en rapporter des connoissances utiles
à l'étude de la Nature. Ce sont les capitaines Byron,
Carteret, Cook, Clerke, et l'astronome M. Wales.
J'y joindrai le témoignage de Newton lui-même.
Examinons d'abord ce qu'ils rapportent sur les marées de la partie méridionale de la mer du Sud.

A la rade de l'île de Massafuero, par le 33° degré
45 minutes de latitude sud, et le 80° degré 22 minutes de longitude ouest, du méridien de Londres...
« La mer verse douze heures au nord, et reverse
» ensuite douze heures au sud ». (*Capitaine Byron,*
année 1765.)

Comme l'île de Massafuero est dans la partie australe de la mer du Sud, ses marées qui vont au nord
en avril, vont donc vers la ligne contre le systéme
lunaire : de plus, ses marées sont de douze heures ;
autre difficulté.

A l'anse anglaise, sur la côte de la Nouvelle-

Bretagne, vers le 5ᵉ degré de latitude sud et le 152ᵉ degré de longitude, « La marée a son flux et » reflux une fois dans vingt-quatre heures ». (*Capitaine Carteret, année 1767, août.*)

A la baie de Isles, dans la Nouvelle Zélande, vers le 34ᵉ degré 59 minutes de latitude sud, et le 185ᵉ d. 36 min. de longitude ouest, « D'après les observa- » tions que j'ai pu faire sur la côte, relativement » aux marées, il paroît que le flot vient du sud ». (*Capitaine Cook, année 1769, décembre.*)

Voici encore des marées en pleine mer qui vont vers la ligne contre l'impulsion de la lune. Elles descendoient dans cette saison à la Nouvelle-Zé- lande, du pôle sud dont les courans étoient alors en activité, car c'étoit l'été de ce pôle au mois de décembre. Celles de Massafuero, quoique obser- vées au mois d'avril par le capitaine Byron, avoient aussi la même origine, parce que les courans du pôle nord, qui ne commencent qu'à la fin de mars, à l'équinoxe de notre printemps, n'avoient pas en- core arrêté l'influence du pôle sud dans l'hémisphère austral.

A l'embouchure de la rivière Endeavour, dans la Nouvelle-Hollande, par le 15ᵉ degré 26 m. de lon- gitude sud, et le 214ᵉ deg. 42 m. de longitude ouest, où le capitaine Cook radouba son vaisseau après avoir échoué, « Le flot et le jusant n'étoient considé- » rables qu'une fois dans vingt-quatre heures, ainsi

» que nous l'avions éprouvé tandis que nous étions
» sur le rocher ». (*Cap. Cook, année 1770, juin.*)

A l'entrée du havre de Noël, dans la terre de Ker-
guelen, vers le 48° d. 39 m. de latitude sud, et le
68e degré 42 min. de longitude est, « Tandis que
» nous étions à l'ancre, nous observâmes que le flux
» venoit du sud-est avec une vîtesse d'au moins
» deux milles par heure ». (*Cap. Cook, année 1776,
décembre.*)

Ainsi voilà encore une marée qui descendoit directement du pôle sud. Il paroît que cette marée étoit
régulière et diurne, c'est-à-dire, de douze heures;
car Cook ajoute quelques pages après : « On y a la
» haute mer à environ dix heures, dans les pleines
» et les nouvelles lunes, et les flots s'élèvent et
» retombent d'environ quatre pieds ».

Aux îles de O-Taïti, par le 17e d. 29 m. de latit.
sud, et le 149° d. 35 m. de longitude, et de Uliétea,
par le 16° d. 45 m. de latitude sud, « Nous fîmes
» aussi quelques observations sur les marées, sur-
» tout à O-Taïti et à Uliétea. Nous voulions déter-
» miner leur plus grande élévation sur la première
» de ces îles. Durant mon second voyage, M. Wales
» crut avoir découvert que les flots y montoient par-
» delà le point que j'avois trouvé en 1769; mais
» nous nous assurâmes cette fois que cette différence
» n'avoit plus lieu, c'est-à-dire que la marée s'élevoit
» seulement de 12 à 14 pouces au plus. Nous obser-

III.   c

» vâmes que la marée est haute à midi dans les qua-
» dratures, aussi bien qu'à l'époque des pleines et
» des nouvelles lunes ». (*Capit. Cook, année 1777,*
décembre.)

Cook donne dans cet endroit de son journal une
Table des marées dans ces îles, depuis le premier
jusqu'au 26 de novembre, où l'on voit qu'il n'y
avoit qu'une marée par jour, qui, dans tout le cours
du mois se trouvoit à sa hauteur moyenne, entre
onze heures et une heure. Ainsi, il est clair que des
marées si régulières à des époques si différentes de
la lune, n'avoient aucun rapport avec les phases de
cet astre.

Cook étoit à Taïti, en 1769 au mois de juillet,
c'est-à-dire dans l'hiver du pôle sud : il s'y retrouvoit en 1777 au mois de décembre, c'est-à-dire
dans son été ; ainsi il est possible que les effusions
de ce pôle étant alors plus abondantes et plus voisines de Taïti que celles du pôle nord, les marées
fussent plus fortes dans cette île en décembre qu'en
juillet, et que l'astronome M. Wales eût raison.

Observons maintenant les effets des marées dans
la partie septentrionale de la mer du Sud.

A l'entrée de Nootka, sur la côte d'Amérique,
par le 49ᵉ d. 36 m. de latitude nord, et le 233ᵉ d.
17 m. de longitude est, « La mer est haute à 12
» heures 20 minutes dans les nouvelles et pleines
» lunes ; elle s'élève de huit pieds neuf pouces. Je

» parle de l'élévation qui a lieu durant les marées du
» matin, et deux ou trois jours après les nouvelles
» et pleines lunes. Les marées de nuit montent alors
» deux pieds plus haut. Cette élévation plus consi-
» dérable fut très-marquée dans la grande mer de
» la pleine lune, qui eut lieu bientôt après notre
» arrivée. Il nous parut clair qu'il en seroit de
» même lors des marées de la nouvelle lune. Au
» reste, nous ne relâchâmes pas assez long-temps
» dans l'entrée de Nootka, pour nous en assurer
» d'une manière positive » : (*Cap. Cook, année 1778,
avril.*)

Ainsi voilà deux marées par jour, ou semi-diurnes,
de l'autre côté de notre hémisphère comme dans
le nôtre, tandis qu'il paroît qu'il n'y en a qu'une
dans l'hémisphère austral, c'est-à-dire, dans la
mer du sud seulement. De plus, ces marées semi-
diurnes diffèrent des nôtres, en ce qu'elles arrivent
à la même heure, et qu'elles n'éprouvent d'accrois-
sement que deux ou trois jours après la pleine lune.
Nous donnerons bientôt la raison de ces phénomènes, inexplicables suivant le système lunaire.

Nous allons voir dans les deux observations suivantes, ces marées du nord de la mer du Sud, ob-
servées en avril, devenir, à des latitudes plus élevées sur la même côte, plus fortes en mai, et encore plus en juin, ce qui ne peut se rapporter en
aucune manière au cours de la lune, qui passe alors

dans l'hémisphère austral, mais au cours du soleil, qui passe dans l'hémisphère septentrional, et échauffe de plus en plus les glaces du pôle nord, dont la fonte croît à mesure que la chaleur de cet astre augmente. D'ailleurs, la direction de ces marées du nord vers la ligne; et d'autres circonstances, vont confirmer pleinement qu'elles tirent leur origine du pôle.

A l'entrée de la rivière de Cook, sur la côte de l'Amérique, vers le 57e d. 51 m. de latitude nord, « Nous éprouvâmes ici une marée très-forte, qui » portoit au sud en-dehors de l'entrée. C'étoit le » moment du reflux. Il faisoit de trois à quatre nœuds » par heure, et la mer fut basse à dix heures. La » marée entraîna hors de l'entrée une quantité con- » sidérable d'algues marines et de bois flottans. L'eau » étoit devenue épaisse comme celle des rivières, » mais ce qui nous excita à continuer notre route, » nous la trouvâmes à la mer basse aussi salée que » l'Océan. La vitesse du flot fut de trois nœuds, et » le courant remonta jusqu'à quatre heures du soir». (Cap. Cook, année 1778, mai.)

Les marins entendent par nœuds, les divisions de la corde du lock, et par lock, un petit morceau de bois qu'on jette à la mer, attaché à une corde, pour mesurer la course d'un vaisseau. Lorsque, dans une demi-minute, il s'écoule hors du vaisseau trois divisions ou nœuds de cette corde, on en con-

clut que le vaisseau ou le courant fait par heure trois
milles, ou une lieue.

En remontant la même entrée dans le lieu où
elle n'avoit que quatre lieues de largeur, « La marée
» avoit une vîtesse et une force prodigieuses. Elle
» étoit effrayante pour nous, qui ne savions pas si
» l'agitation de l'eau étoit occasionnée par le cou-
» rant ou le choc des vagues contre les bancs de
» sable ou les rochers.... Nous demeurâmes à
» l'ancre pendant le reflux, dont la vîtesse étoit de
» près de cinq nœuds par heure (une lieue deux
» tiers). Jusqu'ici nous avions trouvé le même degré
» de salure à la mer basse et à la mer haute, et à
» ces deux époques, les vagues avoient été aussi
» salées que l'eau de l'Océan. Nous eûmes bientôt
» des indices que nous remontions une rivière.
» L'eau que nous puisâmes à la fin du reflux étoit
» beaucoup plus douce que celle que nous avions
» goûtée auparavant : je fus convaincu que nous
» étions dans une grande rivière, et non pas dans
» un détroit qui communiquât avec les mers du
» nord ». (*Cap. Cook*, *année 1778*, *30 mai.*)

Ce que Cook appelle l'Entrée, à laquelle on a depuis
donné le nom de grande rivière de Cook, n'est par
son cours et ses eaux saumaches, ni un détroit, ni
une rivière, mais une véritable écluse du nord, par
où s'écoulent les effusions des glaces polaires dans
l'Océan. On en trouve de semblables au fond de la

baie d'Hudson. Ellis y avoit été trompé, et les avoit prises pour des détroits qui communiquoient de la mer du Nord à la mer du Sud. C'étoit pour dissiper les doutes qui étoient restés à ce sujet, que Cook avoit tenté le même examen au nord des côtes de la Californie.

Suite de la reconnoissance de l'intérieur de l'Entrée ou grande rivière de Cook. « Lorsque nous » eûmes atteint la baie, le flot portoit avec force » dans la rivière du Retour, et le jussant eut une » force plus grande encore. La mer tomba de 20 » pieds tandis que nous étions à l'ancre ». (*Cap. Cook, année 1778, juin.*)

Ce que Cook nomme le jussant ou le reflux, me paroît être le flot ou le flux lui-même, puisqu'il étoit plus tumultueux et plus rapide que ce qu'il appelle le flux ; car la réaction ne peut jamais être plus forte que l'action. La marée descendante, même dans nos rivières, n'est jamais aussi forte que la marée montante. Celle-ci y produit pour l'ordinaire une barre, ce que ne fait pas l'autre.

Cook, prévenu en faveur du préjugé que la cause des marées est entre les tropiques, ne pouvoit se résoudre à regarder ce flot qui venoit de l'intérieur des terres, comme une véritable marée. Cependant dans la partie opposée de ce même continent, je veux dire au fond de la baie d'Hudson, le flot ou la marée vient de l'ouest, c'est-à-dire de l'intérieur des terres.

AVIS.

Voici ce que rapporte, à ce sujet, l'introduction
du troisième voyage de Cook.

« Le capitaine Middleton, chargé d'un voyage
» à la baie d'Hudson, entrepris en 1741 et 1742,
» avoit trouvé entre le 65ᵉ et le 66ᵉ degré de latitude
» une entrée fort considérable dirigée vers l'ouest,
» dans laquelle il pénétra avec ses vaisseaux. Après,
» avoir examiné les marées à diverses reprises, et
» s'être efforcé durant trois semaines de découvrir la
» nature et la direction intérieure de l'ouverture,
» il reconnut que le flot venoit toujours de l'ouest,
» et que c'étoit une grande rivière à laquelle il donna
» le nom de Wager.

» M. Dobbs contesta l'exactitude ou plutôt la
» fidélité de ces détails. Il soutint que la rivière de
» Middleton est un détroit et non pas une rivière
» d'eau douce ; que si Middleton l'avoit examinée
» convenablement, il y auroit trouvé un passage
» à l'océan occidental d'Amérique. Le peu de suc-
» cès de l'expédition ne servit donc qu'à fournir à
» M. Dobbs de nouveaux argumens pour tenter
» ce passage encore une fois ; et, ayant fait accor-
» der par un acte du Parlement les vingt mille livres
» sterling de récompense dont on a parlé plus haut,
» il parvint à déterminer une société d'armateurs et
» de négocians à équiper le Dobbs et la Californie.
» On espéra que ces vaisseaux viendroient à bout
» de pénétrer dans l'océan Pacifique, par l'ouverture

» que le voyage de Middleton avoit indiquée , et sur
» laquelle on supposoit que ce navigateur avoit
» trompé le public dans son rapport.

    » Cette nouvelle expédition n'eut pas plus de
» succès que les autres. On sait que le voyage du
» Dobbs et de la Californie (1) confirmèrent, au
» lieu de détruire les assertions de Middleton. On
» apprit que le prétendu détroit n'étoit qu'une
» rivière d'eau douce, et on détermina exactement
» jusqu'à quel point elle est navigable du côté de
» l'ouest ».

    Ainsi la rivière le Wager produit une véritable
marée de l'ouest, parce qu'elle est une des écluses
qui viennent du nord dans l'océan Atlantique : il est
donc clair que la grande rivière de Cook produit,
de son côté, une véritable marée de l'est, parce
qu'elle est aussi une des écluses du nord dans la
mer du Sud.

    D'ailleurs, l'élévation et le tumulte de ces marées
de la grande rivière de Cook, semblables à celles
du fond de la baie d'Hudson, du détroit de Wai-
gats, &c. l'affoiblissement de leur salure, leur direction générale vers la ligne, prouvent qu'elles sont
formées en été dans le nord de la mer du Sud, ainsi
que dans le nord de la mer Atlantique, de la fonte
des glaces du pôle nord.

----

(1) M. Ellis fut du voyage, et c'est lui qui en a écrit la
relation que j'ai citée plus d'une fois.

Dans la suite du voyage de Cook, achevé par le capitaine Clerke, nous allons trouver deux autres observations sur les marées, dont le systême lunaire ne peut pas rendre plus de raison.

Aux îles Sandwich, à l'observatoire anglais dans la baie de Karakakoo, par le 19ᶜ degré 28 m. de latitude nord, et le 204° de longitude est, « Les » marées sont très-régulières; le flux et le reflux » sont de six heures. Le flot vient de l'est, et la mer » est haute dans les pleines et les nouvelles lunes, à » trois heures 45 minutes, temps apparent ». (*Cap. Clercke, année 1779, mars.*)

A la bourgade de Saint-Pierre et de Saint-Paul, au Kamtchatka, par le 53ᵉ d. 38 m. de latitude nord, et le 158ᵉ d. 43 m. de longitude est, « La mer fut » haute dans les pleines et nouvelles lunes à 4 heures » 55 minutes, et sa plus grande élévation étoit de 5 » pieds 8 p. Les marées arrivent de douze heures en » douze heures, d'une manière très-régulière ». (*Cap. Clercke, année 1779, octobre.*)

Le capitaine Clerke imbu, ainsi que Cook, du systême de l'attraction de la lune dans la zône torride, s'efforce en vain de rapporter aux phases irrégulières de cet astre, des marées qui arrivent à des heures régulières dans la mer du Sud, ainsi que leurs autres phénomènes. L'astronome M. Wales, qui accompagna Cook dans son second voyage, est forcé d'avouer à ce sujet l'insuffisance de la théorie de Newton,

Voici ce qu'il en dit dans un extrait inséré dans l'introduction générale du dernier Voyage de Cook.

« Les lieux où l'on a observé, pendant ces voya-
» ges, l'élévation et l'époque des marées, sont en
» très-grand nombre, et il en résulte des détails
» utiles et importans. Dans le cours de ces observa-
» tions, quelques faits très-curieux et même très-
» imprévus se sont offerts à nous. Il suffira d'indi-
» quer ici la hauteur extrêmement petite du flot au
» milieu de l'océan Pacifique : nous l'y avons trouvée
» de deux tiers au dessous de la quantité à laquelle
» on auroit pu s'attendre d'après la théorie et le
» calcul ». Les partisans du système Newtonien
seroient bien autrement embarrassés, s'il leur falloit
expliquer d'une manière claire, d'abord, pourquoi
il y a par jour deux marées de six heures dans l'océan
Atlantique ; ensuite, pourquoi il n'y en a qu'une de
douze heures dans la partie australe de la mer du
Sud, comme à l'île de Taïti, sur la côte de la Nouvelle-Hollande, sur celle de la Nouvelle-Bretagne,
à l'île de Massafuéro, &c..... Pourquoi, d'un autre
côté, dans la partie septentrionale de cette même
mer du Sud, les deux marées de six heures reparoissent chaque jour égales aux îles Sandwich ; inégales sur la côte d'Amérique, à l'entrée de Nootka ;
et vers cette même latitude, réduites à une seule
marée de 12 heures sur la côte d'Asie, au Kamtchatka.

J'en pourrois citer d'autres encore plus extraordinaires. Ce sont ces dissonances très-marquées et très-nombreuses du cours des marées avec celui de la lune, dont Newton cependant ne connoissoit qu'un petit nombre, qui l'ont forcé de reconnoître lui-même, ainsi que je l'ai dit ailleurs, « qu'il falloit » qu'il y eût dans le retour périodique des marées, » quelque autre cause mixte qui a été inconnue » jusqu'ici ». *Philosophie de Newton, chap. 18.*

Cette autre cause inconnue jusqu'ici est la fonte des glaces polaires, qui ont cinq à six mille lieues de circonférence dans leur hiver, et deux à trois mille au plus dans leur été. Ces glaces, en s'écoulant alternativement dans le sein des mers, en opèrent tous les phénomènes. Si, dans notre été, il y a deux marées par jour dans l'océan Atlantique, c'est à cause du déversement alternatif des deux continens, l'ancien et le nouveau, qui se rapprochent au nord, dont l'un verse le jour et l'autre la nuit, les eaux des glaces que le soleil fait fondre sur le côté oriental et occidental du pôle qu'il circuit chaque jour de ses feux, et qu'il échauffe pendant six mois. S'il y a un retard de 22 minutes d'une marée à celle qui la suit, c'est parce que la coupole des glaces polaires en fusion diminue chaque jour, et que ces effluences sont retardées par les sinuosités du canal de l'Atlantique. Si dans notre hiver, il y a aussi deux marées retardées par jour

sur nos côtes, c'est que les effluences du pôle sud
entrant dans le canal de l'Atlantique, éprouvent
encore deux déversemens à son embouchure ; l'un
en Amérique, au Cap Horn, et l'autre en Afrique,
au Cap de Bonne-Espérance. Ce sont, je pense,
ces deux déversemens alternatifs des courans du
pôle Sud, qui rendent ces deux caps, qui en reçoivent la première impulsion, si tempêtueux et si
difficiles à doubler pendant l'été de ce même pôle,
aux vaisseaux qui sortent de l'océan Atlantique ;
car alors ils rencontrent de front les courans qui
descendent du pôle Sud. C'est par cette raison qu'il
leur est fort difficile de doubler le Cap de Bonne-
Espérance en novembre, décembre, janvier, février
et mars pour aller aux Indes, et qu'au contraire,
ils le passent aisément dans nos mois d'été, parce
qu'alors ils sont aidés des courans du pôle nord qui
les poussent hors de l'Atlantique. Ils éprouvent le
contraire à leur retour des Indes, dans nos mois
d'hiver.

Je suis porté, par ces considérations, à croire
que les vaisseaux qui vont à la mer du Sud éprou-
voient moins d'obstacles à doubler le Cap Horn
dans son hiver que dans son été ; car ils ne seroient
pas repoussés alors par les courans du pôle sud,
dans l'Atlantique, et ils seroient aidés, au contraire, à en sortir par ceux du pôle nord. Je pourrois appuyer cette conjecture de l'expérience de

plusieurs vaisseaux. On pourroit m'objecter celle de l'amiral Anson ; mais il ne doubla ce cap qu'aux mois de mars et d'avril, qui sont d'ailleurs deux des mois les plus tempêtueux de l'année, à cause de la révolution générale de l'atmosphère et de l'Océan, qui arrive à l'équinoxe, lorsque le soleil passe d'un hémisphère dans l'autre.

Expliquons maintenant par les mêmes principes, pourquoi les marées de la mer du Sud ne ressemblent pas à celles de la mer Atlantique. Le pôle sud n'a point, comme le pôle nord, de double continent qui sépare en deux déversemens les effluences que le soleil fait couler chaque jour de ses glaces. Il n'a même aucun continent : il n'a point par conséquent de canal où ses effluences soient retardées. Ainsi ses effusions s'écoulent directement dans la vaste mer du Sud, formant sur la moitié de ce pôle une suite de gerbes divergentes qui en font le tour en vingt-quatre heures, comme les rayons du soleil. Lorsqu'une gerbe de ces effusions rencontre une île, elle lui apporte une marée de douze heures, c'est-à-dire de la même durée que celle que le soleil met à échauffer la moitié de la coupole glaciale par laquelle passe le méridien de cette île. Telles sont les marées des îles de Taïti, de Massafuero, de la Nouvelle-Hollande, de la Nouvelle-Bretagne, &c. Chacune de ces marées dure autant que le cours du soleil sur l'horizon, et est régulière comme son cours. Ainsi, pendant que le soleil échauffe douze heures de suite de ses feux verticaux les îles australes de la mer du Sud , il les rafraîchit par une marée de douze heures, qu'il fait sortir des glaces du pôle sud par ses feux horizontaux. Des effets contraires viennent souvent de la même cause.

Cet ordre des marées n'est plus le même dans la partie septentrionale de la mer du Sud. Dans cette partie opposée de notre hémisphère, les deux continens se rapprochent encore vers le nord. Ils versent donc tour-à-tour en été , dans le canal qui les sépare, les deux effusions semi-diurnes de leur pôle, et ils y rassemblent tour-à-tour, en hiver, celles du pôle sud , ce qui y produit deux marées par jour , comme dans la mer Atlantique. Mais comme ce canal formé au nord de la mer du Sud par les deux continens, est très-évasé au-dessous du 55e degré de latitude nord , ou plutôt qu'il cesse d'exister par l'écartement presque subit de l'Amérique et de l'Asie, qui vont en divergeant à l'est et à l'ouest , il arrive qu'il n'y a que les lieux situés dans le déversement de la partie septentrionale de ces deux continens qui éprouvent deux marées par jour. Telles sont les îles Sandwich , situées précisément au confluent de ces deux courans , à des distances proportionnelles de l'Amérique et de l'Asie , vers le 21e degré de latitude nord. Lorsque ce lieu est plus exposé au courant d'un continent qu'à celui de l'autre, ses deux marées semi-diurnes sont inégales comme à l'entrée de Nootka, sur la côte d'Amérique; mais lorsqu'il est tout-à-fait hors de l'influence de l'un, et entièrement sous celle de l'autre, il ne reçoit qu'une marée par jour, comme au Kamtchatka, sur la côte d'Asie; et cette marée est alors de douze heures, comme l'action du soleil sur la moitié du pôle, dont les effusions n'éprouvent plus alors de partage.

D'où l'on voit que deux ports peuvent être situés dans la même mer et sous le même parallèle, et avoir, l'un deux marées par jour, et l'autre une seule, et que la durée de ces marées, soit doubles, soit simples, soit doubles égales, soit doubles inégales, soit régulières, soit retardées, est toujours de douze heures dans vingt-quatre heures, c'est-à-dire précisément du temps que le soleil met à échauffer la moitié de la coupole polaire d'où elles s'écoulent, ce qui ne peut se rapporter au cours inégal du soleil entre les tropiques, et bien moins encore à celui de la lune, qui n'y est souvent que quelques heures sur l'horizon.

J'ai donc établi par des faits simples, clairs et nombreux, la discordance des marées dans la plupart des mers, avec l'attraction prétendue de la lune à l'équateur, et au contraire, leur concordance avec l'action du soleil sur les glaces des pôles.

J'en demande pardon au lecteur, mais l'importance de ces vérités m'engage à les récapituler.

1°. L'attraction de la lune sur les eaux de l'Océan est contredite par l'inertie des eaux des méditerranées et des lacs, qui n'éprouvent jamais aucun mouvement lorsque cet astre passe à leur méridien et même à leur zénith. Au contraire, l'action de la chaleur du soleil qui fait sortir des glaces des pôles les courans et les marées de l'Océan, se vérifie par son influence sur les montagnes à glace, d'où sortent en été des courans et des flux qui produisent de véritables marées dans les lacs qui sont à leurs pieds, comme on le voit dans le lac de Genève, situé au bas des Alpes rhétiennes. Les mers sont les lacs du globe, et les pôles en sont les Alpes.

2°. L'attraction prétendue de la lune sur l'Océan ne peut s'appliquer ni aux deux marées de six heures ou semi-diurnes de la mer Atlantique, parce que cet astre ne passe chaque jour qu'à son zénith; ni à la marée de douze heures ou diurne de la partie australe de la mer du Sud, parce qu'il passe chaque jour au zénith et au nadir de cette vaste mer; ni aux marées tant semi-diurnes que diurnes de la partie septentrionale de cette même mer; ni à la variété de ces marées qui croissent ici dans les pleines (1) et nouvelles lunes, et là plusieurs jours

(1) Je reconnois, ainsi que Pline, que la lune fond, par sa chaleur, les glaces et les neiges. Ainsi, quand elle est

après; qui augmentent ici dans les quadratures, et là diminuent; ni à leur égalité constante dans d'autres lieux, ni à la direction de celles qui vont vers la ligne, ni à leur élévation qui augmente vers les pôles, et s'affoiblit sous la zône même de l'attraction lunaire, c'est-à-dire sous l'équateur. Au contraire, l'action de la chaleur du soleil sur les pôles du monde explique parfaitement la grandeur des marées près des pôles, et leur foiblesse près de l'équateur; leur divergence du pôle d'où elles s'écoulent, et leur concordance parfaite avec les continens d'où elles descendent, étant doubles en vingt-quatre heures, lorsque l'hémisphère qui les verse ou qui les reçoit est séparé en deux continens; doubles et inégales lorsque le déversement des deux continens est inégal; simples et uniques lorsqu'il n'y a qu'un seul continent qui les verse, ou qu'il n'y en a point du tout.

---

pleine, elle doit augmenter la fonte des glaces polaires ou les marées. Mais si celles-ci croissent encore sur nos côtes quand la lune est nouvelle, je pense que ces fontes surabondantes ont encore été occasionnées par la pleine lune, et sont retardées dans leur cours par quelque configuration particulière d'un des deux continens. Au reste, cette difficulté n'est pas plus difficile à résoudre par ma théorie que par celle de l'attraction, qui ne peut expliquer d'ailleurs la plupart des phénomènes nautiques que je viens de rapporter.

3°. L'attraction de la lune qui va toujours d'orient
en occident , ne peut s'appliquer en aucune manière au cours de la mer des Indes , qui flue six
mois vers l'orient et six mois vers l'occident , ni au
cours de la mer Atlantique , qui flue six mois au
nord et six mois au midi. Au contraire , l'action de
la chaleur semi-annuelle et alternative du soleil autour de chaque pôle couvert d'une mer de glace de
cinq ou six mille lieues de circonférence en hiver ,
et de deux ou trois mille en été , s'accorde parfaitement avec le courant semi-annuel et alternatif qui
descend de ce pôle en fluant vers le pôle opposé ,
selon la direction des continens et des archipels qui
lui servent de rivages.

J'observerai à ce sujet que , quoique la mer du
Sud ne semble présenter aucun canal au cours des
effluences polaires par la grande divergence de
l'Amérique et de l'Asie , on peut cependant y en
entrevoir un sensiblement formé par la projection
de ses archipels , qui sont en correspondance avec
les deux continens. C'est par le moyen de ce canal
que les îles Sandwich , qui sont dans la partie septentrionale de la mer du Sud , vers le 21ᵉ degré de
latitude, éprouvent deux marées par jour par le
déversement de l'Amérique et de l'Asie, quoique le
détroit qui sépare les deux continens soit au 60ᵉ degré de latitude nord. Ce n'est pas que ces îles et ce
détroit du nord soient tout-à-fait sous le même

méridien ; mais les îles Sandwich sont placées sur
une courbe correspondante à la courbe sinueuse de
l'Amérique, et dont l'origine seroit au détroit du
nord. On pourroit prolonger cette courbe à des archipels plus éloignés de la mer du Sud, qui éprouvent
deux marées par jour, et elle y exprimeroit le courant formé par le déversement de l'Amérique et de
l'Asie, comme nous l'avons dit ailleurs. Toutes les
îles sont au milieu des courans. En considérant
donc sur un globe le pôle sud à vue d'oiseau, on
entrevoit une suite d'archipels dispersés en ligne
spirale jusque dans l'hémisphère du nord, qui indique le courant de la mer du Sud ; comme la projection des deux continens du côté du pôle nord
indique le courant de l'Atlantique. Ainsi le cours
des mers d'un pôle à l'autre est en spirale autour du
globe, comme le cours du soleil de l'un à l'autre
tropique.

Cet aperçu ajoute un nouveau degré de vraisemblance à la correspondance des mouvemens de la
mer avec ceux du soleil. Ce n'est pas que la chaîne
des archipels qui se projette en spirale dans la mer
du Sud ne soit interrompue en quelques endroits,
mais ces interruptions ne proviennent, à mon avis,
que de l'imperfection de nos découvertes. Nous
pourrions, ce me semble, les étendre bien plus
loin, en nous guidant pour la découverte des îles
inconnues de cette mer, sur la projection des îles

que nous connoissons déjà. Ces voyages ne devroient pas se faire en allant directement de la ligne au pôle sud , ou en décrivant le même parallèle autour du globe, ainsi qu'on a coutume , mais en suivant la ligne spirale dont je parle , suffisamment indiquée par le courant général même de l'Océan. Il ne faudroit pas manquer d'observer les fruits nautiques que le courant alternatif des mers ne manque jamais de porter d'une île à l'autre , souvent à des distances prodigieuses. C'est par ces moyens simples et naturels que les anciens peuples du midi de l'Asie ont découvert tant d'îles dans la mer du Sud, où l'on reconnoît encore leurs mœurs et leur langage. Ainsi , en s'abandonnant à la nature , qui nous sert souvent mieux que notre savoir, ils ont abordé , sans octant et sans carte , à une multitude d'îles dont ils n'avoient même jamais ouï parler.

J'ai indiqué, au commencement du tome premier, ces moyens faciles de découvertes et de communications entre les peuples maritimes. C'est dans l'Explication des figures , en parlant de l'hémisphère Atlantique , et au sujet de Christophe Colomb , qui , près de périr en pleine mer à son premier retour de l'Amérique , mit la relation de sa découverte dans un tonneau qu'il abandonna aux flots, dans l'espérance qu'elle seroit portée sur quelque rivage. J'ai dit à cette occasion, « qu'une simple

» bouteille de verre pouvoit la conserver des siècles
» à la surface des mers, et la porter plus d'une fois
» d'un pôle à l'autre ». Cette expérience vient de
se réaliser en partie sur les côtes de l'Europe (1).

---

(1) J'invite les marins qui s'intéressent aux progrès des
connoissances naturelles, de réitérer cette expérience si
facile et si peu coûteuse. Il n'y a point de lieu où les bouteilles vides soient plus communes et plus inutiles que sur
un vaisseau. Lorsqu'il sort du port, il y a beaucoup de bouteilles pleines de vin, de bière, de cidre et d'eau-de-vie,
dont la plupart sont vidées au bout de quelques semaines,
sans qu'on ait de quoi les remplir de tout le voyage. En en
jetant quelques-unes à la mer, on pourroit y adapter per-
pendiculairement une baguette surmontée d'un petit morceau de toile, ou de quelque plume blanche. Ce signal la
détacheroit du fond azuré de la mer, et la feroit apercevoir
de loin. Il seroit à propos de la garnir de cordes, pour l'empêcher de se briser en attérissant sur les rivages, où les
courans et les marées la porteroient tôt ou tard. Ces essais
paroîtront des jeux d'enfans à nos savans; mais ils peuvent
devenir de la plus grande importance pour les gens de mer.
Ils peuvent servir à leur faire connoître la direction et la
vîtesse des courans, d'une manière bien plus certaine et
beaucoup plus étendue que le loch que l'on jette à bord des
vaisseaux, ou que les bateaux que l'on y met à la mer. Ce
dernier moyen, quoique employé fréquemment par le célèbre Cook, ne peut jamais donner que la vîtesse relative
du bateau et du vaisseau, et non la vîtesse intrinsèque du
courant. Enfin ces essais, tout hasardeux qu'ils sont, peuvent
servir aux navigateurs à donner de leurs nouvelles à leurs

Elle est rapportée par le Mercure de France du samedi 12 janvier 1788, n° 2, pag. 84 et 85, partie Politique.

---

amis à de grandes distances de la terre, comme on le voit dans l'expérience de la baie de Biscaye, et à leur obtenir des secours pour eux-mêmes, s'ils venoient à faire naufrage sur quelque île déserte.

Nous ne nous fions pas assez à la nature. On pourroit employer préférablement à des bouteilles, quelques-uns des trajectiles dont elle se sert dans différens climats, pour entretenir la chaîne de ses correspondances par tout le globe. Un des plus répandus sur les mers des tropiques, est le coco. Ce fruit va souvent aborder à cinq ou six cents lieues du rivage où il est né. La nature l'a fait pour traverser les mers. Il est d'une forme oblongue, triangulaire et carénée, en sorte qu'il vogue sur un de ses angles comme sur une quille, et passant à travers les détroits des rochers, il vient échouer sur les grèves, où il ne tarde pas à germer. Il est préservé du choc des abordages par une enveloppe appelée caire, qui a un pouce ou deux d'épaisseur dans la circonférence du fruit, et trois ou quatre à sa partie pointue, qu'on peut considérer comme sa proue avec d'autant plus de raison, que l'autre extrémité est aplatie comme une poupe. Ce caire est couvert, à l'extérieur, d'une membrane unie et coriace, sur laquelle on peut tracer des caractères ; et il est formé à l'intérieur, de filamens entrelacés et mêlés d'une poussière semblable à de la sciure de bois. Au moyen de cette enveloppe élastique, le coco peut être lancé par les flots au milieu des rochers, sans se briser. De plus, sa coque intérieure est d'une matière plus flexible que la pierre, et plus dure que le bois, impénétrable à l'eau, où elle peut rester très-long-

« Au mois de mai de cette année , des pêcheurs
» d'Arromanches , près Bayeux , trouvèrent en
» pleine mer une petite bouteille bien bouchée :

---

temps sans se pourrir, ainsi que son caire, dont les Indiens
font, par cette raison, d'excellens cables pour les vaisseaux.
La coque du coco est si dure, que son germe n'en pourroit
jamais sortir, si la nature n'avoit ménagé à sa partie pointue,
où le caire est renforcé, trois petits trous recouverts d'une
simple pellicule.

Il y a encore bien d'autres végétaux volumineux, que les
courans de la mer portent à des distances prodigieuses, tels
que les sapins et les bouleaux du nord, les doubles cocos
des îles Séchelles, les bambous du Gange, les gros joncs du
Cap de Bonne-Espérance, &c. On peut écrire aisément sur
leurs tiges avec la pointe d'un coquillage, et les rendre
remarquables sur la mer par quelque signal éclatant.

On peut trouver de semblables ressources parmi les am-
phibies, telles que les tortues, qui se transportent fort loin
au moyen des courans. J'ai lu quelque part dans l'histoire
de la Chine, qu'un de ses anciens rois, accompagné d'une
foule de peuple, vit un jour sortir de la mer une tortue,
sur le dos de laquelle étoient écrites les loix qui font aujour-
d'hui la base du gouvernement chinois. Il est probable que
ce législateur avoit profité du moment où cette tortue étoit
venue à terre, suivant l'usage, reconnoître le lieu où elle
devoit faire sa ponte, pour écrire sur son dos les loix qu'il
vouloit établir, et qu'il saisit pareillement le jour d'après
cette reconnoissance, où cet animal ne manque pas de
retourner au même lieu pondre ses œufs, pour pénétrer un
peuple simple de respect pour des loix qui sortoient du sein

» impatiens de savoir ce qu'elle contenoit, ils la
» cassèrent ; c'étoit une lettre dont ils ne purent
» lire l'adresse, conçue en langue anglaise. Ils la
» portèrent au juge de l'amirauté, qui la fit déposer
» à son greffe. La suscription annonçant qu'elle
» appartenoit à une dame anglaise, il s'assura de
» son existence, et prit les mesures que la prudence
» dictoit pour lui faire parvenir sûrement sa lettre.
» Le mari de cette dame (homme de lettres connu
» dans sa Patrie par plusieurs ouvrages justement
» estimés) vient d'écrire ; et, en marquant au juge
» sa reconnoissance avec les expressions les plus
» fortes, il lui apprend que la lettre dont il s'agit
» est du frère de son épouse, allant aux Grandes-
» Indes. Il avoit voulu donner de ses nouvelles à
» sa sœur. Un vaisseau qu'il avoit vu dans la baie
» de Biscaye, et qui paroissoit aller en Angleterre,

de la mer, et à la vue des tablettes merveilleuses sur lesquelles elles étoient écrites.

Les oiseaux de marine peuvent fournir encore des voies
plus promptes de communication, d'autant que leur vol
est très-rapide, et qu'ils sont si familiers sur les rivages
déserts, qu'on les prend à la main, comme je l'ai éprouvé à
l'île de l'Ascension. On peut leur attacher, avec un billet,
quelque signe remarquable, et choisir de préférence ceux
qui arrivent dans diverses saisons et qui parcourent différens
rivages, et même les oiseaux de terre de passage, comme
les ramiers.

» lui en avoit donné l'idée. Il comptoit pouvoir en
» approcher; mais le vaisseau s'étant éloigné, il
» avoit imaginé de mettre la lettre dans une bou-
» teille, et de la jeter à la mer ».

Enfin les journaux (1) viennent, avec la fortune, à l'appui de ma théorie.

Dans le desir de donner à un fait aussi important toute l'authenticité dont il est susceptible, j'ai écrit en Normandie à une dame de mes amies, qui cultive avec beaucoup de goût l'étude de la nature au sein de sa famille, pour la prier de demander au juge de l'amirauté d'Arromanches quelques éclaircissemens dont j'avois besoin en Angleterre. J'ai différé même, en attendant sa réponse, l'impression de cette dernière feuille pendant près de six semaines. La voici telle que le juge de l'amirauté

---

(1) Le Journal de Paris a publié, à mon insu, un extrait de ma lettre au Journal général de France, en réponse à mon critique anonyme. Cette démarche montre de la part de ses Rédacteurs, beaucoup plus d'impartialité à mon égard que je ne leur en supposois. Elle convient à des hommes de lettres qui influent sur l'opinion publique, et qui ne veulent pas encourir le reproche qu'ils font quelquefois eux-mêmes, avec tant de fondement, aux corps qui se sont opposés autrefois aux découvertes qui détruisoient leurs systêmes. Je saisis cette occasion de rendre justice à l'impartialité de MM. les Rédacteurs du Journal de Paris, ainsi que je l'ai toujours rendue à leurs talens.

d'Arromanches a eu la complaisance de la lui envoyer, et qu'elle a eu la bonté de me la faire parvenir ce 24 février 1788.

« La bouteille fut trouvée à deux lieues en mer,
» au droit de la paroisse d'Arromanches, distante
» elle-même de deux lieues nord-est de la ville de
» Bayeux, le 9 mai 1787, et déposée au greffe de
» l'amirauté le 10 du même mois.

» M. Elphinston, mari de la dame à laquelle la
» lettre étoit adressée, marque qu'on n'est pas bien
» sûr si c'est l'auteur de la lettre qui l'a embouteillée
» dans la baie de Biscaye, le 17 août 1786, lati-
» tude 45° 10 minutes nord, longitude 10° 56 mi-
» nutes ouest, comme elle est datée; ou si quel-
» qu'un du vaisseau passant l'a confiée aux ondes.

» Quant au vaisseau, il l'appelle Naquet. Celui
» qui alloit au Bengale se nommoit l'Intelligence,
» sous les ordres du capitaine Linston.

» Les noms des pêcheurs sont Charles le Romain,
» maître du bateau; Nicolas Fresnel, Jean-Baptiste
» le Bas et Charles l'Ami, matelots, tous de la
» paroisse d'Arromanches ».

Signé, PHILIPPE DE DELLEVILLE.

La paroisse d'Arromanches est environ à 1 d. de longitude ouest du méridien de Greenwich, et à 49 d. 5 minutes de latitude nord. Ainsi la bouteille jetée à la mer au 10e d. 56 minutes de longitude ouest,

et au 45° d. 10 minutes de latitude nord, a parcouru
à-peu-près 10 degrés en longitude, qui, dans ce
parallèle, à 17 lieues environ par degré, font 170
lieues vers l'Orient. De plus, elle a remonté au
nord de 4 degrés, puisqu'elle a été péchée à deux
lieues au nord d'Arromanches, c'est-à-dire, à 49
degrés 10 minutes de latitude, ce qui fait 100 lieues
au nord, et pour toute sa route, 270 lieues. Elle a
employé à faire ce trajet 266 jours, depuis le 17 août
1786, jusqu'au 9 mai 1787, ce qui fait à-peu-près
une lieue par jour. Cette vîtesse sans doute n'est
pas comparable à celle avec laquelle les débris du
combat d'Ostende descendirent aux îles Açores, en
faisant plus de 35 lieues par jour, ainsi que je l'ai
rapporté au commencement du premier volume. Le
lecteur pourroit révoquer en doute cette observation de Rennefort, et en même temps la conséquence
que j'en ai tirée pour constater la vîtesse du courant
général de l'Océan, si je ne l'avois prouvée d'ailleurs
par plusieurs autres faits nautiques, et si les journaux des marins n'étoient remplis d'expériences semblables, qui attestent que les courans et les marées
font souvent faire aux vaisseaux trois à quatre milles
par heure, et même s'écoulent avec la rapidité des
écluses, faisant huit à dix nœuds par heure, dans
les détroits voisins des glaces polaires en fusion,
suivant les témoignages d'Ellis, de Linschoten et
de Barents. Mais je puis dire que la lenteur avec

laquelle la lettre jetée à l'entrée de la baie de Biscaye est parvenue sur les côtes de Normandie, est une nouvelle preuve de l'existence et de la vîtesse du courant-alternatif et semi-annuel de l'océan Atlantique jusqu'à présent méconnu, que j'ai assimilé à celui de l'océan Indien, et expliqué par la même cause.

On peut s'assurer en pointant la carte, que le lieu où la bouteille anglaise fut jetée à la mer, est à plus de 80 lieues du continent, et précisément dans la direction du milieu de l'ouverture de la Manche, où passe un bras du courant général de l'Atlantique, qui porta, en été, les débris du combat d'Ostende jusqu'aux Açores. Or, ce courant portoit aussi au Sud lorsque le voyageur anglais lui confia une lettre pour ses amis du nord; puisque c'étoit le 17 août, c'est-à-dire, dans l'été de notre pôle, lorsque la fonte de ses glaces s'écoule vers le midi. Cette bouteille vogua donc vers les Açores, et sans doute bien au-delà, pendant la fin du mois d'août et tout le mois de septembre, jusqu'à ce que la révolution de l'équinoxe, qui fait rétrograder le cours de l'Atlantique par les effusions du pôle austral, la ramenât vers le nord.

Ainsi on ne doit calculer son retour que du mois d'octobre, où je la suppose dans le voisinage de la ligne dont les calmes ont pu l'arrêter, jusqu'à ce qu'elle ait éprouvé l'influence du pôle sud, qui n'acquiert d'activité dans notre hémisphère que vers le mois de décembre. A cette époque, le cours de l'Atlantique qui va au nord étant le même que celui de nos marées, elle a pu être rapprochée de nos rivages, et y être exposée à beaucoup de retardemens, par le dégorgement des fleuves qui traversoient son cours en se jetant dans la mer, mais surtout par la réaction des marées; car si leur flux porte au nord, leur reflux ramène au midi.

Il est donc essentiel de faire ces sortes d'expériences en pleine mer, et sur-tout d'avoir égard à la direction du courant de l'Océan, de peur d'envoyer au midi des lettres que l'on destine pour le nord. Dans la saison où ce courant n'est pas favorable, on peut se servir des marées qui vont souvent en sens contraire; mais, comme je viens de le dire, il y a ce grand inconvénient, c'est que si leur flux porte au nord, leur reflux ramène au midi.

Les marées ont dans leur flux et reflux même, une consonnance parfaite avec les courans généraux de la mer et le cours du soleil. Elles fluent pendant douze heures dans un jour, soit qu'elles soient partagées en deux marées de six heures par le déversement de deux continens, comme dans l'hémisphère nord, soit qu'elles coulent pendant douze heures consécutives, comme dans l'hémisphère sud : de même le courant général d'un pôle flue six mois dans l'espace d'un an. Ainsi, les marées qui sont de douze heures, dans tous les cas, sont d'une durée précisément égale à celle que le soleil emploie à échauffer la moitié de l'hémisphère polaire d'où elles découlent, c'est-à-dire, d'un demi-jour ; comme le courant général qui sort de ce pôle flue précisément pendant le même temps que le soleil échauffe cet hémisphère en entier, c'est-à-dire, pendant une demi-année. Mais comme les marées, qui ne sont que des effusions polaires d'un demi-jour, ont des reflux égaux à leur flux, c'est-à-dire, de douze heures, de même les courans généraux, qui sont des effusions semi-annuelles d'un pôle entier, ont des reflux égaux à leur flux, c'est-à-dire, de six mois, lorsque le soleil met ceux du pôle opposé en activité.

Si le temps et le lieu me le permettoient, je ferois voir comme ces mêmes courans généraux, qui sont les seconds mobiles des marées, portent nos navigateurs tantôt en avant et tantôt en arrière de leur estime, suivant la saison de chaque pôle. J'en trouverois une multitude de preuves dans les voyages autour du monde, entre autres, dans le deuxième et le troisième voyage du capitaine Cook. Souvent ces courans apportent les plus grands obstacles à l'attérissement des vaisseaux. Par exemple, lorsque Cook partit de l'île de Taïti, en décembre 1777, pour aller faire des découvertes au nord, il découvrit sur sa route les îles Sandwich, où il aborda sans difficulté, parce que le courant du pôle sud lui étoit favorable ; mais lorsqu'il retourna

du nord pour prendre des rafraîchissemens aux
mêmes îles, il eut ce courant du sud si contraire
dans la même saison, que les ayant aperçues le 26
novembre 1778, il mit plus de six semaines à lou-
voyer pour en atteindre le mouillage, et ne put y
jeter l'ancre que le 17 janvier 1779. Ainsi, la vraie
saison pour aborder aux îles qui sont à une latitude
plus élevée que celle d'où l'on part, est l'hiver de
leur hémisphère; car alors, on est favorisé par les
courans de l'hémisphère opposé, et c'est ce que
prouve le premier voyage de Cook aux îles Sandwich. Mais le contraire arrive lorsqu'on veut aborder à une île moins élevée en latitude, dans l'hiver
de son hémisphère, comme on le voit par l'exemple
de son retour aux mêmes îles. Je pourrois multiplier les faits en faveur d'une théorie si importante
à la navigation, mais j'abuserois de l'attention du
lecteur. J'ose donc me flatter d'avoir mis dans le
plus grand jour la concordance des mouvemens des
mers avec ceux du soleil, et leur discordance avec
les phases de la lune.

Je pourrois faire plus d'une objection contre le
système même d'attraction par lequel Newton rend
compte du mouvement des planètes dans les cieux.
Ce n'est pas que je nie en général la loi de l'attraction, dont nous voyons des effets sur la terre dans
la pesanteur des corps et dans le magnétisme; mais
je ne trouve pas que l'application que Newton et

ses partisans en ont faite au cours des planètes ; soit juste. Selon Newton, le soleil et les planètes s'attirent réciproquement avec des forces qui sont en raison directe des masses, et en raison inverse du carré de la distance. Une seconde force se combine avec l'attraction, pour maintenir les planètes dans leurs orbites. Il résulte de ces deux forces une ellipse pour la courbe décrite par chaque planète; cette ellipse est continuellement altérée par les actions que les planètes exercent les unes sur les autres. Au moyen de cette théorie, le cours de ces astres est tracé dans le ciel avec la plus grande précision, suivant les Newtoniens. Le cours seul de la lune avoit paru s'y refuser ; mais pour me servir des termes d'une Introduction à l'étude de l'Astronomie, dont l'extrait a paru dans le Mercure du premier décembre 1787, n° 48, « ce satellite, que le célèbre Halley » appeloit un astre rebelle, *Sydus pertinax*, à cause » de la grande difficulté de calculer les irrégularités » de son cours, a été enfin maîtrisé par les savantes » méthodes de MM. Clairault, Euler, de d'Alembert, de la Grange et de Laplace ».

Ainsi voilà donc les astres les plus rebelles soumis aux loix de l'attraction. Je n'ai qu'une petite objection à faire contre cet empire, et les savantes méthodes qui ont maîtrisé le cours de la lune. Comment se peut-il que les attractions réciproques des planètes aient pu être calculées avec tant de justesse par nos astronomes, et qu'ils en aient pesé si exactement les masses, lorsque la planète découverte depuis quelques années par Herschel, n'est pas encore entrée dans leurs balances ? Cette planète n'attire donc rien et n'est donc point attirée ?

A Dieu ne plaise que je me propose de détruire la réputation de Newton et des savans qui ont marché sur ses pas. Si d'un côté ils nous ont jetés dans quelques erreurs, ils ont contribué de l'autre à augmenter les connoissances de l'esprit humain. Quand Newton n'auroit inventé que son télescope, nous lui devrions beaucoup. Il a étendu pour l'homme la sphère de l'univers et le sentiment de l'infinité de Dieu. D'autres ont répandu dans toutes les conditions de la société le goût de l'étude de la nature par les superbes tableaux qu'ils nous en ont présentés. En relevant leurs fautes j'ai respecté leurs vertus, leurs talens, leurs découvertes et leurs pénibles travaux. Des hommes aussi célèbres, tels que Platon, Aristote, Pline, Descartes, &c. avoient accrédité comme eux de grandes erreurs... La philosophie d'Aristote avoit été seule pendant des siècles le plus grand obstacle à la recherche de la vérité. N'oublions jamais que la république des lettres doit être une véritable république qui ne reconnoît d'autre autorité que celle de la raison. D'ailleurs la nature a mis chacun de nous dans le monde, pour correspondre directement avec elle. Son intelligence luit sur tous les

IV. E

esprits, comme son soleil éclaire tous les yeux.
N'étudier ses ouvrages que dans des systêmes, c'est
ne les observer qu'avec les yeux d'autrui.

Je n'ai donc voulu m'élever sur les ruines de personne. Je ne cherche point de piédestal. Un gazon
suffit à qui n'aime plus que le repos. Si moi-même
j'osois faire l'histoire de la foiblesse de mon esprit,
j'exciterois la pitié de ceux dont j'ai peut-être irrité
l'envie. De combien d'erreurs depuis l'enfance n'ai-
je pas été le jouet! Par combien de faux aperçus, de
mépris injustes, d'estimes mal fondées, d'amitiés
trompeuses, ne me suis-je pas fait illusion! Ces préjugés ne me sont pas venus seulement sur la foi d'autrui,
mais sur la mienne. Ce ne sont point des admirateurs
que j'ambitionne, mais des amis indulgens. Je fais
bien plus de cas de celui qui excuse mes défauts,
que de celui qui exagère mes foibles vertus. L'un
me supporte dans ma foiblesse, et l'autre s'appuie
sur ma force; l'un m'aime dans mon indigence,
et l'autre dans ma prétendue richesse. Autrefois j'ai
cherché des amis parmi les gens du monde, mais
je n'y ai guère trouvé que des hommes qui ne veulent
que des complaisans, des protecteurs qui pèsent sur
vous au lieu de vous soutenir, et qui vous accablent
lorsque vous tentez de vous remettre en liberté.
Maintenant je ne desire pour amis que des ames
simples, vraies, douces, innocentes et sensibles.
Elles m'intéressent plus ignorantes que savantes,

souffrantes qu'heureuses, dans des cabanes que dans des palais. C'est pour elles que j'ai fait mon livre, et ce sont elles qui en ont fait la fortune. Elles m'ont fait plus de bien que je ne leur en ai souhaité, pour leur repos. Je leur ai donné quelques consolations, et en retour elles m'ont apporté de la gloire. Je ne leur ai présenté que des espérances, et elles se sont efforcées de me rendre mille bons offices. Je ne m'étois occupé que de leurs peines, et elles se sont inquiétées de mon bonheur. C'est pour m'acquitter à mon tour envers elles que j'ai écrit ce quatrième volume. Puisse-t-il me mériter de nouveau leurs suffrages, si libres, si purs et si touchans! Ils sont l'unique objet de mes vœux. L'ambition les dédaigne parce qu'ils sont sans pouvoir; mais un jour le temps les respectera, parce que l'intrigue ne peut ni les donner ni les détruire.

Ce quatrième volume renferme deux histoires dont je rends compte par des avis particuliers qui les précèdent. Elles sont suivies de notes fréquentes et longues, qui s'écartent quelquefois de leur texte. Mais tout se tient dans la nature, et tout se rassemble dans des Études. Ainsi je dois au titre de mon ouvrage l'avantage, qui n'est pas petit pour mes talens foibles et variables, d'aller où je veux, d'atteindre où je puis, et de m'arrêter où les forces me manquent.

Quelques personnes auxquelles j'ai lu le livre

intitulé *les Gaules*, desireroient que je ne le publiasse que quand l'ouvrage dont il fait partie seroit achevé ; mais je ne sais si j'en aurai jamais le loisir, et si ce genre de composition antique sera du goût du siècle présent. A la vérité ce n'est qu'un fragment ; mais tel qu'il est, c'est un ouvrage complet, puisqu'il présente un tableau entier des mœurs de nos ancêtres, du temps des Druides. D'ailleurs, dans les travaux les plus achevés des hommes il n'y a que des fragmens. L'histoire d'un roi n'est qu'un fragment de celle de sa dynastie ; celle de sa dynastie de celle de son royaume ; celle de son royaume, de celle du genre humain, qui n'est elle-même qu'un fragment de celle des êtres qui habitent le globe, dont l'histoire universelle ne seroit après tout qu'un bien petit chapitre de l'histoire des astres innombrables qui roulent sur nos têtes à des distances qu'on ne peut assigner.

PAUL

ET

VIRGINIE.

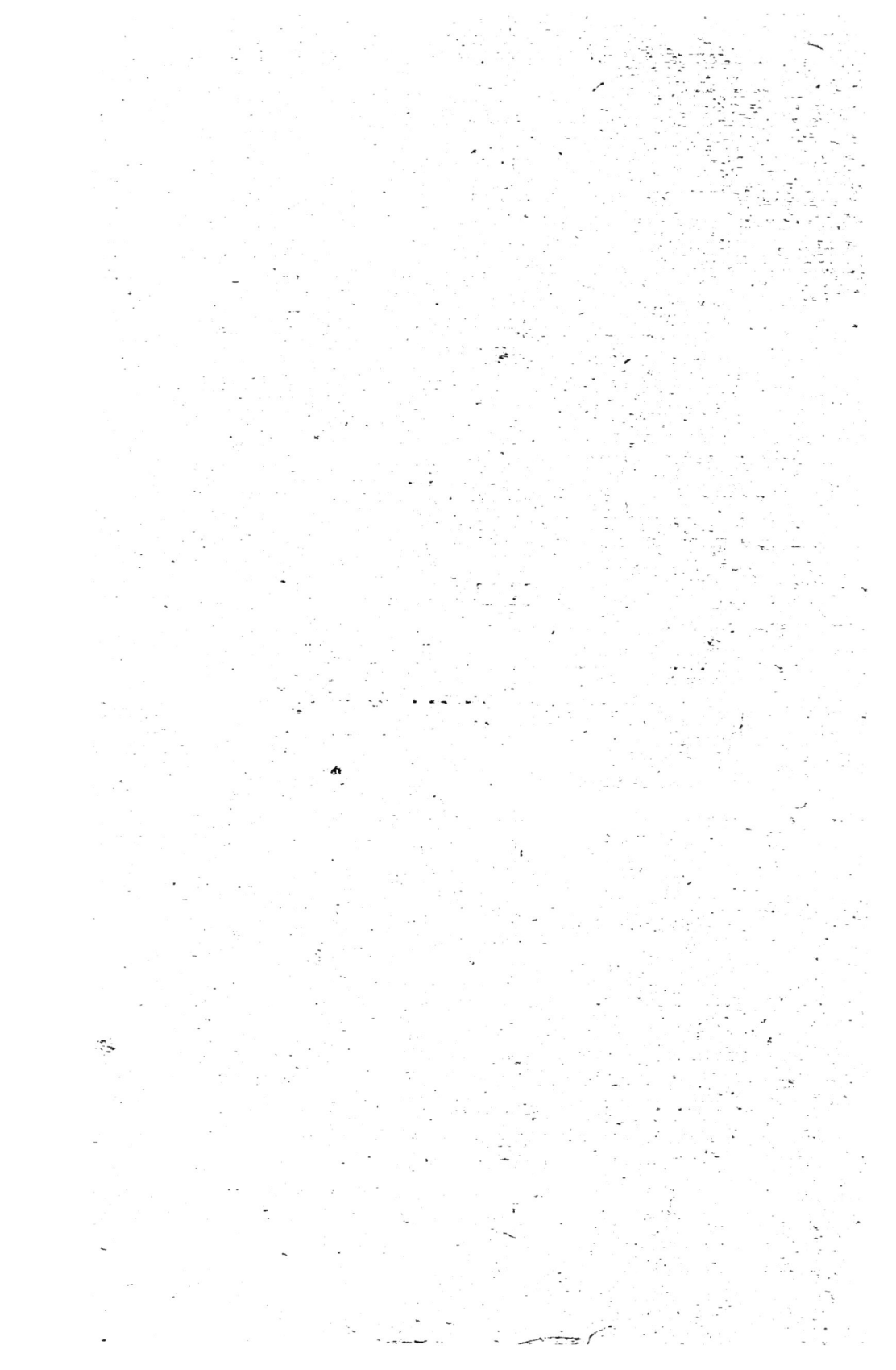

AVANT-PROPOS.

Je me suis proposé de grands desseins dans ce petit ouvrage. J'ai tâché d'y peindre un sol et des végétaux différens de ceux de l'Europe. Nos poètes ont assez reposé leurs amans sur le bord des ruisseaux, dans les prairies et sous le feuillage des hêtres. J'en ai voulu asseoir sur le rivage de la mer, au pied des rochers, à l'ombre des cocotiers, des bananiers et des citronniers en fleur. Il ne manque à l'autre partie du monde que des Théocrite et des Virgile, pour que nous en ayons des tableaux au moins aussi intéressans que ceux de notre pays. Je sais que des voyageurs pleins de goût nous ont donné des descriptions enchantées de plusieurs îles de la mer du Sud; mais les mœurs de leurs habitans, et encore plus celles des Européens qui y abordent, en gâtent souvent le paysage. J'ai desiré réunir à la beauté de la nature entre les tropiques, la beauté morale d'une petite société. Je me suis proposé aussi d'y mettre en évidence plusieurs grandes vérités, entre autres celle-ci, que notre bonheur consiste à vivre suivant la nature et la vertu. Cependant il ne m'a point fallu imaginer de roman pour peindre des familles heureuses. Je puis assurer que celles dont je vais parler ont vraiment existé, et que leur histoire est vraie dans ses principaux événemens. Ils m'ont été certifiés par plusieurs habitans que j'ai connus à l'île de France. Je n'y ai ajouté que quelques circonstances indifférentes, mais qui, m'étant personnelles, ont encore en cela même de la réalité. Lorsque j'eus formé, il y a quelques années, une esquisse fort imparfaite de cette espèce de pastorale, je priai une belle dame qui fréquentoit le grand monde, et des hommes graves qui en vivoient loin, d'en entendre la lecture, afin de pressentir l'effet qu'elle produiroit sur des lecteurs de caractères si différens : j'eus la satisfaction de leur voir verser à tous des larmes. Ce fut le seul jugement que j'en pus tirer, et c'étoit aussi tout ce que j'en voulois savoir. Mais comme souvent un grand vice marche à la suite d'un petit talent, ce succès m'inspira la vanité de donner à mon ouvrage le titre de Tableau de la Nature. Heureusement, je me rappelai combien la nature même du climat où je suis né m'étoit étrangère ; combien, dans des pays où je n'ai vu ses productions qu'en voyageur, elle est riche, variée, aimable, magnifique, mystérieuse, et combien je suis dénué de sagacité, de goût et d'expressions pour la connoître et la peindre. Je rentrai alors en moi-même. J'ai donc compris ce foible essai sous le nom et à la suite de mes *Etudes de la Nature*, que le public a accueillies avec tant de bonté, afin que ce titre lui rappelant mon incapacité, le fît toujours ressouvenir de son indulgence.

ÉTUDES

DE LA NATURE.

PAUL ET VIRGINIE.

Sur le côté oriental de la montagne qui s'élève derrière le Port-Louis de l'île de France, on voit sur un terrein jadis cultivé les ruines de deux petites cabanes. Elles sont situées presque au milieu d'un bassin, formé par de grands rochers, qui n'a qu'une seule ouverture tournée au nord. De cette ouverture on aperçoit sur la gauche la montagne appelée le Morne de la Découverte, d'où l'on signale les vaisseaux qui abordent dans l'île, et au bas de cette montagne la ville nommée le Port-Louis; sur la droite le chemin qui mène du Port-Louis au quartier des Pamplemousses; ensuite l'église de ce nom, qui s'élève avec ses avenues de bambous au milieu d'une grande plaine; et plus loin une forêt qui s'étend jusqu'aux extrémités de l'île. On distingue devant soi, sur les bords de la mer, la baie du Tombeau, un peu sur la droite le Cap Malheureux, et au-delà la pleine mer, où paroissent, à fleur d'eau, quelques îlots inhabités, entre autres, le Coin de Mire, qui ressemble à un bastion au milieu des flots.

A l'entrée de ce bassin, d'où l'on découvre tant d'objets, les échos de la montagne répètent sans cesse le bruit des vents qui agitent les forêts voisines, et le fracas des vagues qui brisent au loin sur les récifs; mais au pied même des cabanes on n'entend plus aucun bruit, et on ne voit autour de soi que de grands rochers escarpés comme des murailles. Des bouquets d'arbres croissent à leurs bases, dans leurs fentes et jusques sur leurs cimes, où s'arrêtent les nuages. Les pluies que leurs pitons attirent peignent souvent les couleurs de l'arc-en-ciel sur leurs flancs verts et bruns, et entretiennent à leurs pieds les sources dont se forme la petite rivière des Lataniers. Un grand silence règne dans leur enceinte, où tout est paisible, l'air, les eaux et la lumière. À peine l'écho y répète le murmure des palmistes qui croissent sur leurs plateaux élevés, et dont on voit les longues flèches toujours balancées par les vents. Un jour doux éclaire le fond de ce bassin, où le soleil ne luit qu'à midi; mais dès l'aurore ses rayons en frappent le couronnement, dont les pics, s'élevant au-dessus des ombres de la montagne, paroissent d'or et de pourpre sur l'azur des cieux.

J'aimois à me rendre dans ce lieu où l'on jouit

à la fois d'une vue immense et d'une solitude profonde. Un jour que j'étois assis au pied de ces
cabanes, et que j'en considérois les ruines, un
homme déjà sur l'âge vint à passer aux environs. Il
étoit, suivant la coutume des anciens habitans, en
petite veste et en long caleçon. Il marchoit nu-pieds,
et s'apuyoit sur un bâton de bois d'ébène. Ses cheveux étoient tout blancs, et sa physionomie noble
et simple. Je le saluai avec respect. Il me rendit mon
salut, et m'ayant considéré un moment, il s'approcha de moi, et vint se reposer sur le tertre sur
lequel j'étois assis. Excité par cette marque de confiance, je lui adressai la parole : « Mon père, lui
» dis-je, pourriez-vous m'apprendre à qui ont appar-
» tenu ces deux cabanes » ? Il me répondit : « Mon
» fils, ces masures et ce terrein inculte étoient habi-
» tés il y a environ vingt ans par deux familles qui
» y avoient trouvé le bonheur. Leur histoire est
» touchante, mais dans cette île, située sur la route
» des Indes, quel Européen peut s'intéresser au sort
» de quelques particuliers obscurs ? Qui voudroit
» même y vivre heureux, mais pauvre et ignoré ?
» Les hommes ne veulent connoître que l'histoire
» des grands et des rois, qui ne sert à personne. —
» Mon père, repris-je, il est aisé de juger à votre air
» et à votre discours que vous avez acquis une grande
» expérience. Si vous en avez le temps, racontez-
» moi, je vous prie, ce que vous savez des anciens

» habitans de ce désert, et croyez que l'homme
» même le plus dépravé par les préjugés du monde,
» aime à entendre parler du bonheur que donnent la
» nature et la vertu ». Alors, comme quelqu'un qui
cherche à se rappeler diverses circonstances, après
avoir appuyé quelque temps ses mains sur son front,
voici ce que ce vieillard me raconta.

En 1726, un jeune homme de Normandie, appelé
M. de la Tour, après avoir sollicité en vain du service en France et des secours dans sa famille, se
détermina à venir dans cette île, pour y chercher
fortune. Il avoit avec lui une jeune femme qu'il
aimoit beaucoup, et dont il étoit également aimé.
Elle étoit d'une ancienne et riche maison de sa province ; mais il l'avoit épousée en secret et sans dot,
parce que les parens de sa femme s'étoient opposés à
son mariage, attendu qu'il n'étoit pas gentilhomme. Il
la laissa au Port-Louis de cette île, et il s'embarqua
pour Madagascar, dans l'espérance d'y acheter quelques noirs, et de revenir promptement ici former
une habitation. Il débarqua à Madagascar, vers la
mauvaise saison qui commence à la mi-octobre ; et
peu de temps après son arrivée, il y mourut des
fièvres pestilentielles qui y règnent pendant six mois
de l'année, et qui empêcheront toujours les nations
Européennes d'y faire des établissemens fixes. Les
effets qu'il avoit emportés avec lui furent dispersés
après sa mort, comme il arrive ordinairement à ceux

qui meurent hors de leur Patrie. Sa femme, restée à l'île de France, se trouva veuve, enceinte, et n'ayant pour tout bien au monde qu'une négresse, dans un pays où elle n'avoit ni crédit ni recommandation. Ne voulant rien solliciter auprès d'aucun homme, après la mort de celui qu'elle avoit uniquement aimé, son malheur lui donna du courage. Elle résolut de cultiver avec son esclave un petit coin de terre, afin de se procurer de quoi vivre.

Dans une île presque déserte, dont le terrein étoit à discrétion, elle ne choisit point les cantons les plus fertiles ni les plus favorables au commerce; mais cherchant quelque gorge de montagne, quelque asyle caché, où elle pût vivre seule et inconnue, elle s'achemina de la ville vers ces rochers, pour s'y retirer comme dans un nid. C'est un instinct commun à tous les êtres sensibles et souffrans, de se réfugier dans les lieux les plus sauvages et les plus déserts : comme si des rochers étoient des remparts contre l'infortune, et comme si le calme de la nature pouvoit appaiser les troubles malheureux de l'ame. Mais la Providence, qui vient à notre secours lorsque nous ne voulons que les biens nécessaires, en réservoit un à madame de la Tour, que ne donnent ni les richesses, ni la grandeur, c'étoit une amie.

Dans ce lieu, depuis un an, demeuroit une femme vive, bonne et sensible; elle s'appeloit Marguerite. Elle étoit née en Bretagne, d'une simple famille de paysans, dont elle étoit chérie, et qui l'auroit rendue heureuse, si elle n'avoit eu la foiblesse d'ajouter foi à l'amour d'un gentilhomme de son voisinage, qui lui avoit promis de l'épouser. Mais celui-ci, ayant satisfait sa passion, s'éloigna d'elle, et refusa même de lui assurer une subsistance pour un enfant dont il l'avoit laissée enceinte. Elle s'étoit déterminée alors à quitter pour toujours le village où elle étoit née, et à aller cacher sa faute aux colonies, loin de son pays où elle avoit perdu la seule dot d'une fille pauvre et honnête, la réputation. Un vieux noir, qu'elle avoit acquis de quelques deniers empruntés, cultivoit avec elle un petit coin de ce canton.

Madame de la Tour, suivie de sa négresse, trouva dans ce lieu Marguerite qui allaitoit son enfant. Elle fut charmée de rencontrer une femme dans une position qu'elle jugea semblable à la sienne. Elle lui parla, en peu de mots, de sa condition passée et de ses besoins présens. Marguerite, au récit de madame de la Tour, fut émue de pitié, et, voulant mériter sa confiance plutôt que son estime, elle lui avoua, sans lui rien déguiser, l'imprudence dont elle s'étoit rendue coupable. « Pour moi, dit-elle, » j'ai mérité mon sort. Mais vous, madame,..... » vous, sage et malheureuse » ! Et elle lui offrit en pleurant sa cabane et son amitié. Madame de la Tour, touchée d'un accueil si tendre, lui dit, en la serrant

dans ses bras : « Ah! Dieu veut finir mes peines,
» puisqu'il vous inspire plus de bonté envers moi
» qui vous suis étrangère, que jamais je n'en ai
» trouvé dans mes parens » !

Je connoissois Marguerite; et quoique je demeure
à une lieue et demie d'ici, dans les bois, derrière la
montagne Longue, je me regardois comme son voisin. Dans les villes d'Europe, une rue, un simple
mur, empêchent les membres d'une même famille
de se réunir pendant des années entières; mais dans
les colonies nouvelles, on considère comme ses voisins ceux dont on n'est séparé que par des bois et
par des montagnes : dans ce temps-là, sur-tout, où
cette île faisoit peu de commerce aux Indes, le simple voisinage y étoit un titre d'amitié, et l'hospitalité
envers les étrangers, un devoir et un plaisir. Lorsque j'appris que ma voisine avoit une compagne, je
fus la voir, pour tâcher d'être utile à l'une et à
l'autre. Je trouvai dans madame de la Tour une
personne d'une figure intéressante, pleine de no-
blesse et de mélancolie. Elle étoit alors sur le point
d'accoucher. Je dis à ces deux dames qu'il convenoit, pour l'intérêt de leurs enfans, et sur-tout pour
empêcher l'établissement de quelqu'autre habitant,
de partager entre elles le fond de ce bassin qui con-
tient environ vingt arpens. Elles s'en rapportèrent à
moi pour ce partage; j'en formai deux portions à-
peu-près égales. L'une renfermoit la partie supé-

rieure de cette enceinte, depuis ce piton de rocher couvert de nuages, d'où sort la source de la rivière des Lataniers, jusqu'à cette ouverture escarpée que vous voyez au haut de la montagne, et qu'on appelle l'Embrasure, parce qu'elle ressemble en effet à une embrasure de canon. Le fond de ce sol est si rempli de roches et de ravins, qu'à peine on y peut marcher. Cependant il produit de grands arbres, et il est rempli de fontaines et de petits ruisseaux. Dans l'autre portion, je compris toute la partie inférieure qui s'étend le long de la rivière des Lataniers jusqu'à l'ouverture où nous sommes, d'où cette rivière commence à couler entre deux collines jusqu'à la mer. Vous y voyez quelques lisières de prairies, et un terrein assez uni, mais qui n'est guère meilleur que l'autre; car, dans la saison des pluies il est marécageux, et dans les sécheresses il est dur comme du plomb. Quand on y veut alors ouvrir une tranchée, on est obligé de le couper avec des haches. Après avoir fait ces deux partages, j'engageai ces deux dames à les tirer au sort. La partie supérieure échut à madame de la Tour, et l'inférieure à Marguerite. L'une et l'autre furent contentes de leur lot; mais elles me prièrent de ne pas séparer leur demeure, « afin, me dirent-elles, que nous puissions toujours » nous voir, nous parler et nous entr'aider ». Il falloit cependant à chacune d'elles une retraite particulière. La case de Marguerite se trouvoit au milieu du bassin, précisément sur les limites de son terrein. Je bâtis tout auprès, sur celui de madame de la Tour, une autre case, en sorte que ces deux amies étoient à-la-fois dans le voisinage l'une de l'autre, et sur la propriété de leurs familles. Moi-même j'ai coupé des palissades dans la montagne; j'ai apporté des feuilles de lataniers des bords de la mer, pour construire ces deux cabanes, où vous ne voyez plus maintenant ni porte ni couverture. Hélas! il n'en reste encore que trop pour mon souvenir. Le temps qui détruit si rapidement les monumens des empires, semble respecter, dans ces déserts, ceux de l'amitié, pour perpétuer mes regrets jusqu'à la fin de ma vie.

A peine la seconde de ces cabanes étoit achevée, que madame de la Tour accoucha d'une fille. J'avois été le parrain de l'enfant de Marguerite, qui s'appeloit Paul. Madame de la Tour me pria aussi de nommer sa fille, conjointement avec son amie. Celle-ci lui donna le nom de Virginie. « Elle sera » vertueuse, dit-elle, et elle sera heureuse. Je n'ai » connu le malheur, qu'en m'écartant de la vertu ».

Lorsque madame de la Tour fut relevée de ses couches, ces deux petites habitations commencèrent à être de quelque rapport, à l'aide des soins que j'y donnois de temps en temps, mais sur-tout par les travaux assidus de leurs esclaves. Celui de Marguerite, appelé Domingue, étoit un noir Iolof, encore robuste, quoique déjà sur l'âge. Il avoit de

l'expérience et un bon sens naturel. Il cultivoit indifféremment sur les deux habitations les terreins qui
lui sembloient les plus fertiles, et il y mettoit les
semences qui leur convenoient le mieux. Il semoit
du petit mil et du maïs dans les endroits médiocres,
un peu de froment dans les bonnes terres, du riz
dans les fonds marécageux, et au pied des rochers,
des giraumonts, des courges et des concombres qui
se plaisent à y grimper. Il plantoit, dans les lieux
secs, des patates qui y viennent très-sucrées, des
cotonniers sur les hauteurs, des cannes à sucre dans
les terres fortes, des pieds de café sur les collines,
où leur grain est petit, mais excellent; le long de
la rivière et autour des cases, des bananiers qui
donnent toute l'année de longs régimes de fruits
avec un bel ombrage; et enfin, quelques plantes de
tabac pour charmer ses soucis et ceux de ses bonnes
maîtresses. Il alloit couper du bois à brûler dans la
montagne, et casser des roches çà et là dans les
habitations pour en aplanir les chemins. Il faisoit
tous ces ouvrages avec intelligence et activité, parce
qu'il les faisoit avec zèle. Il étoit fort attaché à Marguerite, et il ne l'étoit guère moins à madame de la
Tour, à la négresse de laquelle il s'étoit marié à la
naissance de Virginie. Il aimoit passionnément sa
femme qui s'appeloit Marie. Elle étoit née à Madagascar, d'où elle avoit apporté quelque industrie,
entre autres, celle de faire des paniers et des étoffes

appelées pagnes, avec des herbes qui croissent dans les bois. Elle étoit adroite, propre, et sur-tout très-fidèle. Elle avoit soin de préparer à manger, d'élever quelques poules, et d'aller de temps en temps vendre au Port-Louis le superflu de ces deux habitations, qui étoit bien peu considérable. Si vous y joignez deux chèvres élevées près des enfans, et un gros chien qui veilloit la nuit au-dehors, vous aurez une idée de tout le revenu et de tout le domestique de ces deux petites métairies.

Pour ces deux amies, elles filoient du matin au soir du coton. Ce travail suffisoit à leur entretien et à celui de leurs familles; mais d'ailleurs elles étoient si dépourvues de commodités étrangères, qu'elles marchoient nu-pieds dans leur habitation, et ne portoient de souliers que pour aller le dimanche, de grand matin, à la messe, à l'église des Pamplemousses, que vous voyez là-bas. Il y a cependant bien plus loin qu'au Port-Louis, mais elles se rendoient rarement à la ville, de peur d'y être méprisées, parce qu'elles étoient vêtues de grosses toiles bleues du Bengale, comme des esclaves. Après tout, la considération publique vaut-elle le bonheur domestique? Si ces dames avoient un peu à souffrir au-dehors, elles rentroient chez elles avec d'autant plus de plaisir. A peine Marie et Domingue les apercevoient de cette hauteur sur le chemin des Pamplemousses, qu'ils accouroient jusqu'au bas de la

montagne pour les aider à la remonter. Elles lisoient
dans les yeux de leurs esclaves la joie qu'ils avoient
de les revoir. Elles trouvoient chez elles la propreté,
la liberté, des biens qu'elles ne devoient qu'à leurs
propres travaux, et des serviteurs pleins de zèle et
d'affection. Elles-mêmes, unies par les mêmes besoins, ayant éprouvé des maux presque semblables,
se donnant les doux noms d'amie, de compagne et
de sœur, n'avoient qu'une volonté, qu'un intérêt,
qu'une table. Tout entre elles étoit commun. Seulement, si d'anciens feux, plus vifs que ceux de
l'amitié, se réveilloient dans leur ame, une religion
pure, aidée par des mœurs chastes, les dirigeoit
vers une autre vie, comme la flamme qui s'envole
vers le ciel lorsqu'elle n'a plus d'aliment sur la
terre.

Les devoirs de la nature ajoutoient encore au
bonheur de leur société. Leur amitié mutuelle redoubloit à la vue de leurs enfans, fruits d'un amour également infortuné. Elles prenoient plaisir à les mettre
ensemble dans le même bain, et à les coucher dans
le même berceau. Souvent elles les changeoient de
lait. « Mon amie, disoit madame de la Tour, cha-
» cune de nous aura deux enfans, et chacun de nos
» enfans aura deux mères ». Comme deux bour-
geons qui restent sur deux arbres de la même
espèce, dont la tempête a brisé toutes les branches,
viennent à produire des fruits plus doux, si chacun

d'eux, détaché de son tronc maternel, est greffé sur
le tronc voisin; ainsi, ces deux petits enfans, privés
de tous leurs parens, se remplissoient de sentimens
plus tendres que ceux de fils et de fille, de frère et
de sœur, quand ils venoient à être changés de mamelles par les deux amies qui leur avoient donné le
jour. Déjà leurs mères parloient de leur mariage
sur leurs berceaux, et cette perspective de félicité
conjugale, dont elles charmoient leurs propres peines, finissoit bien souvent par les faire pleurer;
l'une se rappelant que ses maux étoient venus d'avoir
négligé l'hymen, et l'autre d'en avoir subi les loix;
l'une, de s'être élevée au-dessus de sa condition, et
l'autre d'en être descendue; mais elles se conso-
loient, en pensant qu'un jour leurs enfans plus heureux, jouiroient à-la-fois, loin des cruels préjugés de
l'Europe, des plaisirs de l'amour et du bonheur
de l'égalité.

Rien, en effet, n'étoit comparable à l'attachement
qu'ils se témoignoient déjà. Si Paul venoit à se plaindre, on lui montroit Virginie; à sa vue il sourioit et
s'appaisoit. Si Virginie souffroit, on en étoit averti
par les cris de Paul; mais cette aimable fille dissi-
muloit aussi-tôt son mal, pour qu'il ne souffrît pas
de sa douleur. Je n'arrivois point de fois ici, que je
ne les visse tous deux tout nus, suivant la coutume
du pays, pouvant à peine marcher, se tenant ensemble
par les mains et sous les bras, comme on repré-

sente la constellation des Gémeaux. La nuit même
ne pouvoit les séparer : elle les surprenoit souvent
couchés dans le même berceau, joue contre joue,
poitrine contre poitrine, les mains passées mutuellement autour de leurs cous, et endormis dans les
bras l'un de l'autre.

Lorsqu'ils surent parler, les premiers noms qu'ils
apprirent à se donner furent ceux de frère et de
sœur. L'enfance, qui connoît des caresses plus
tendres, ne connoît point de plus doux noms. Leur
éducation ne fit que redoubler leur amitié, en la
dirigeant vers leurs besoins réciproques. Bientôt
tout ce qui regarde l'économie, la propreté, le soin
de préparer un repas champêtre, fut du ressort de
Virginie ; et ses travaux étoient toujours suivis des
louanges et des baisers de son frère. Pour lui, toujours en action, il bêchoit le jardin avec Domingue,
ou, une petite hache à la main, il le suivoit dans
les bois ; et si dans ces courses une belle fleur, un
bon fruit ou un nid d'oiseau se présentoient à lui,
eussent-ils été au haut d'un arbre, il l'escaladoit
pour les apporter à sa sœur.

Quand on en rencontroit un quelque part, on
étoit sûr que l'autre n'étoit pas loin. Un jour que je
descendois du sommet de cette montagne, j'aperçus à l'extrémité du jardin Virginie qui accouroit
vers la maison, la tête couverte de son jupon qu'elle
avoit relevé par-derrière pour se mettre à l'abri d'une

ondée de pluie. De loin je la crus seule, et m'étant avancé vers elle pour l'aider à marcher, je vis qu'elle tenoit Paul par le bras, enveloppé presque en entier de la même couverture, riant l'un et l'autre d'être ensemble à l'abri sous un parapluie de leur invention. Ces deux têtes charmantes renfermées sous ce jupon bouffant me rappelèrent les enfans de Léda enclos dans la même coquille.

Toute leur étude étoit de se complaire et de s'entre-aider. Au reste, ils étoient ignorans comme des créoles, et ne savoient ni lire ni écrire. Ils ne s'inquiétoient pas de ce qui s'étoit passé dans des temps reculés et loin d'eux; leur curiosité ne s'étendoit pas au-delà de cette montagne. Ils croyoient que le monde finissoit où finissoit leur île, et ils n'imaginoient rien d'aimable où ils n'étoient pas. Leur affection mutuelle et celle de leurs mères occupoient toute l'activité de leurs ames. Jamais des sciences inutiles n'avoient fait couler leurs larmes; jamais les leçons d'une triste morale ne les avoient remplis d'ennui. Ils ne savoient pas qu'il ne faut pas dérober, tout chez eux étant commun; ni être intempérant, ayant à discrétion des mets simples; ni menteur, n'ayant aucune vérité à dissimuler. On ne les avoit jamais effrayés en leur disant que Dieu réserve des punitions terribles aux enfans ingrats: chez eux l'amitié filiale étoit née de l'amitié maternelle. On ne leur avoit appris de la religion que ce qui la fait aimer ; et s'ils n'offroient pas à l'église de longues prières, par-tout où ils étoient, dans la maison, dans les champs, dans les bois ; ils levoient vers le ciel des mains innocentes et un cœur plein de l'amour de leurs parens.

Ainsi se passa leur première enfance, comme une belle aube qui annonce un plus beau jour. Déjà ils partageoient avec leurs mères tous les soins du ménage. Dès que le chant du coq annonçoit le retour de l'aurore, Virginie se levoit, alloit puiser de l'eau à la source voisine, et rentroit dans la maison pour préparer le déjeûner. Bientôt après, quand le soleil doroit les pitons de cette enceinte, Marguerite et son fils se rendoient chez madame de la Tour : alors ils commençoient tous ensemble une prière suivie du premier repas ; souvent ils le prenoient devant la porte, assis sur l'herbe sous un berceau de bananiers, qui leur fournissoit à la fois des mets tout préparés dans leurs fruits substantiels, et du linge de table dans leurs feuilles longues et lustrées. Une nourriture saine et abondante développoit rapidement le corps de ces deux jeunes gens, et une éducation douce peignoit dans leur physionomie la pureté et le contentement de leur ame. Virginie n'avoit que douze ans : déjà sa taille étoit plus qu'à demi-formée ; de grands cheveux blonds ombrageoient sa tête ; ses yeux bleus et ses lèvres de corail brilloient du plus tendre éclat sur la

fraîcheur de son visage. Ils sourioient toujours de
concert quand elle parloit ; mais quand elle gardoit
le silence , leur obliquité naturelle vers le ciel leur
donnoit une expression d'une sensibilité extrême ,
et même celle d'une légère mélancolie. Pour Paul ,
on voyoit déjà se développer en lui le caractère
d'un homme au milieu des graces de l'adolescence.
Sa taille étoit plus élevée que celle de Virginie ; son
teint plus rembruni , son nez plus aquilin , et ses
yeux qui étoient noirs , auroient eu un peu de
fierté si les longs cils qui rayonnoient autour comme
des pinceaux , ne leur avoient donné la plus grande
douceur. Quoiqu'il fût toujours en mouvement , dès
que sa sœur paroissoit il devenoit tranquille et alloit
s'asseoir auprès d'elle : souvent leur repas se passoit
sans qu'ils se dissent un mot. A leur silence , à la
naïveté de leurs attitudes , à la beauté de leurs pieds
nus , on eût cru voir un groupe antique de marbre
blanc représentant quelques-uns des enfans de
Niobé. Mais à leurs regards qui cherchoient à se
rencontrer , à leurs sourires rendus par de plus doux
sourires , on les eût pris pour ces enfans du ciel ,
pour ces esprits bienheureux dont la nature est de
s'aimer , et qui n'ont pas besoin de rendre le sentiment par des pensées , et l'amitié par des paroles.
Cependant madame de la Tour voyant sa fille se
développer avec tant de charmes , sentoit augmenter son inquiétude avec sa tendresse. Elle me disoit

quelquefois : « Si je venois à mourir, que devien-
» droit Virginie sans fortune » ?

Elle avoit en France une tante, fille de qualité,
riche, vieille et dévote, qui lui avoit refusé si du-
rement des secours lorsqu'elle se fut mariée à M. de
la Tour, qu'elle s'étoit bien promis de n'avoir jamais recours à elle, à quelque extrémité qu'elle fût
réduite. Mais devenue mère, elle ne craignit plus
la honte des refus. Elle manda à sa tante la mort
inattendue de son mari, la naissance de sa fille, et
l'embarras où elle se trouvoit, loin de son pays,
dénuée de support et chargée d'un enfant. Elle n'en
reçut point de réponse. Elle qui étoit d'un caractère élevé, ne craignit plus de s'humilier et de
s'exposer aux reproches de sa parente, qui ne lui
avoit jamais pardonné d'avoir épousé un homme
sans naissance, quoique vertueux. Elle lui écrivit
donc par toutes les occasions, afin d'exciter sa sensibilité en faveur de Virginie. Mais bien des années
s'étoient écoulées sans recevoir d'elle aucune marque
de souvenir.

Enfin en 1738, à l'arrivée de M. de la Bourdonnais, madame de la Tour apprit que ce nouveau
gouverneur avoit à lui remettre une lettre de la part
de sa tante. Elle courut au Port-Louis sans se sou-
cier cette fois d'y paroître mal vêtue, la joie maternelle la mettant au-dessus du respect humain.
M. de la Bourdonnais lui donna en effet une lettre

de sa tante. Celle-ci mandoit à sa nièce qu'elle avoit mérité son sort pour avoir épousé un aventurier, un libertin ; que les passions portoient avec elles leur punition ; que la mort prématurée de son mari étoit un juste châtiment de Dieu ; qu'elle avoit bien fait de passer aux îles plutôt que de déshonorer sa famille en France ; qu'elle étoit après tout dans un bon pays, où tout le monde faisoit fortune, excepté les paresseux. Après l'avoir ainsi blâmée, elle finissoit par se louer elle-même. Pour éviter, disoit-elle, les suites presque toujours funestes du mariage, elle avoit toujours refusé de se marier. La vérité est qu'étant ambitieuse, elle n'avoit voulu épouser qu'un homme de grande qualité ; mais quoiqu'elle fût très-riche, et qu'à la cour on soit indifférent à tout, excepté à la fortune, il ne s'étoit trouvé personne qui eût voulu s'allier à une fille aussi laide et à un cœur aussi dur.

Elle ajoutoit par *post-scriptum*, que toute considération faite, elle l'avoit fortement recommandée à M. de la Bourdonnais. Elle l'avoit en effet recommandée, mais suivant un usage bien commun aujourd'hui, qui rend un protecteur plus à craindre qu'un ennemi déclaré : afin de justifier auprès du gouverneur sa dureté pour sa nièce en feignant de la plaindre, elle l'avoit calomniée.

Madame de la Tour, que tout homme indifférent n'eût pu voir sans intérêt et sans respect, fut reçue

avec beaucoup de froideur par M. de la Bourdonnais, prévenu contre elle. Il ne répondit à l'exposé
qu'elle lui fit de sa situation et de celle de sa fille,
que par de durs monosyllabes. «Je verrai.... nous
» verrons........ avec le temps....... il y a bien des
» malheureux !...... Pourquoi indisposer une tante
» respectable ?..... C'est vous qui avez tort ».

Madame de la Tour retourna à l'habitation le
cœur navré de douleur et plein d'amertume. En
arrivant elle s'assit, jeta sur la table la lettre de sa
tante, et dit à son amie : « Voilà le fruit de onze
» ans de patience ». Mais comme il n'y avoit que
madame de la Tour qui sût lire dans la société, elle
reprit la lettre et en fit la lecture devant toute la
famille assemblée. A peine étoit-elle achevée, que
Marguerite lui dit avec vivacité : « Qu'avons-nous
» besoin de tes parens ? Dieu nous a-t-il abandon-
» nées ? C'est lui seul qui est notre père. N'avons-
» nous pas vécu heureuses jusqu'à ce jour ? Pour-
» quoi donc te chagriner ? Tu n'as point de cou-
» rage ». En voyant madame de la Tour pleurer,
elle se jeta à son cou, et la serrant dans ses bras :
« Chère amie, s'écria-t-elle, chère amie » ! Mais
ses propres sanglots étouffèrent sa voix. A ce spectacle, Virginie fondant en larmes, pressoit alternativement les mains de sa mère et celles de Marguerite contre sa bouche et contre son cœur; et Paul,
les yeux enflammés de colère, crioit, serroit les

poings, frappoit du pied, ne sachant à qui s'en prendre. A ce bruit, Domingue et Marie accoururent, et l'on n'entendit plus dans la case que ces cris de douleur : « Ah madame !.... ma bonne maî-
» tresse !..... ma mère !..... ne pleurez pas ». De si tendres marques d'amitié dissipèrent le chagrin de madame de la Tour. Elle prit Paul et Virginie dans ses bras, et leur dit d'un air content : « Mes enfans,
» vous êtes cause de ma peine, mais vous faites
» toute ma joie. Oh ! mes chers enfans, le malheur
» ne m'est venu que de loin ; le bonheur est autour
» de moi ». Paul et Virginie ne la comprirent pas ; mais quand ils la virent tranquille ils sourirent et se mirent à la caresser. Ainsi ils continuèrent tous à être heureux, et ce ne fut qu'un orage au milieu d'une belle saison.

Le bon naturel de ces enfans se développoit de jour en jour. Un dimanche, au lever de l'aurore, leurs mères étant allées à la première messe à l'église des Pamplemousses, une négresse maronne se présenta sous les bananiers qui entouroient leur habitation. Elle étoit décharnée comme un squelette, et n'avoit pour vêtement qu'un lambeau de serpillière autour des reins. Elle se jeta aux pieds de Virginie, qui préparoit le déjeuné de la famille, et lui dit : « Ma jeune demoiselle, ayez pitié d'une pauvre
» esclave fugitive ; il y a un mois que j'erre dans ces
» montagnes, demi-morte de faim, souvent pour-

» suivie par des chasseurs et par leurs chiens. Je
» fuis mon maître, qui est un riche habitant de la
» rivière Noire. Il m'a traitée comme vous le voyez ».
En même temps elle lui montra son corps sillonné
de cicatrices profondes, par les coups de fouet
qu'elle en avoit reçus. Elle ajouta : « Je voulois
» aller me noyer ; mais sachant que vous demeuriez
» ici, j'ai dit : Puisqu'il y a encore de bons blancs
» dans ce pays, il ne faut pas encore mourir ». Virginie, tout émue, lui répondit : « Rassurez-vous,
» infortunée créature ! Mangez, mangez » ; et elle
lui donna le déjeuné de la maison, qu'elle avoit ap-
prêté. L'esclave, en peu de momens, le dévora tout
entier. Virginie la voyant rassasiée, lui dit : « Pauvre
» misérable ! j'ai envie d'aller demander votre grace
» à votre maître ; en vous voyant, il sera touché de
» pitié. Voulez-vous me conduire chez lui ? — Ange
» de Dieu, repartit la négresse, je vous suivrai par-
» tout où vous voudrez ». Virginie appela son frère,
et le pria de l'accompagner. L'esclave maronne les
conduisit par des sentiers au milieu des bois, à travers de hautes montagnes, qu'ils grimpèrent avec
bien de la peine, et de larges rivières qu'ils passèrent
à gué. Enfin, vers le milieu du jour, ils arrivèrent
au bas d'un morne, sur les bords de la rivière Noire.
Ils aperçurent là une maison bien bâtie, des plantations considérables, et un grand nombre d'esclaves occupés à toutes sortes de travaux. Leur

maître se promenoit au milieu d'eux, une pipe à la
bouche et un rotin à la main. C'étoit un grand homme
sec, olivâtre, aux yeux enfoncés et aux sourcils
noirs et joints. Virginie, tout effrayée, tenant Paul
par le bras, s'approcha de l'habitant, et le pria,
pour l'amour de Dieu, de pardonner à son esclave,
qui étoit à quelques pas de là derrière eux. D'abord
l'habitant ne fit pas grand compte de ces deux enfans
pauvrement vêtus ; mais quand il eut remarqué la
taille élégante de Virginie, sa belle tête blonde sous
une capote bleue, et qu'il eut entendu le doux son
de sa voix qui trembloit, ainsi que tout son corps,
en lui demandant grace, il ôta sa pipe de sa bouche,
et levant son rotin vers le ciel, il jura, par un affreux
serment, qu'il pardonnoit à son esclave, non pas
pour l'amour de Dieu, mais pour l'amour d'elle.
Virginie aussi-tôt fit signe à l'esclave de s'avancer
vers son maître ; puis elle s'enfuit, et Paul courut
après elle.

Ils remontèrent ensemble le revers du morne
par où ils étoient descendus, et parvenus à son
sommet, ils s'assirent sous un arbre, accablés de
lassitude, de faim et de soif. Ils avoient fait à jeun
plus de cinq lieues depuis le lever du soleil. Paul
dit à Virginie : « Ma sœur, il est plus de midi ; tu
» as faim et soif ; nous ne trouverons point ici à
» dîner ; redescendons le morne, et allons deman-
» der à manger au maître de l'esclave. — Oh ! non,

» mon ami, reprit Virginie, il m'a fait trop peur.
» Souviens-toi de ce que dit quelquefois maman :
» Le pain du méchant remplit la bouche de grâvier.
» — Comment ferons-nous donc, dit Paul ? Ces
» arbres ne produisent que de mauvais fruits. Il n'y
» a pas seulement ici un tamarin ou un citron pour
» te rafraîchir. — Dieu aura pitié de nous, repartit
» Virginie ; il exauce la voix des petits oiseaux
» qui lui demandent de la nourriture ». A peine
avoit-elle dit ces mots, qu'ils entendirent le bruit
d'une source qui tomboit d'un rocher voisin. Ils y
coururent, et après s'être désaltérés avec ses eaux
plus claires que le cristal, ils cueillirent et mangèrent un peu de cresson qui croissoit sur ses bords.
Comme ils regardoient de côté et d'autre s'ils ne
trouveroient pas quelque nourriture plus solide,
Virginie aperçut parmi les arbres de la forêt, un
jeune palmiste. Le chou que la cime de cet arbre
renferme au milieu de ses feuilles, est un fort bon
manger ; mais quoique sa tige ne fût pas plus grosse
que la jambe, elle avoit plus de soixante pieds de
hauteur. A la vérité, le bois de cet arbre n'est formé
que d'un paquet de filamens ; mais son aubier est si
dur, qu'il fait rebrousser les meilleures haches, et
Paul n'avoit pas même un couteau. L'idée lui vint
de mettre le feu au pied de ce palmiste. Autre embarras ; il n'avoit point de briquet ; et d'ailleurs,
dans cette île si couverte de rochers, je ne crois pas

qu'on puisse trouver une seule pierre à fusil. La
nécessité donne de l'industrie, et souvent les inventions les plus utiles ont été dues aux hommes les
plus misérables. Paul résolut d'allumer du feu à la
manière des noirs. Avec l'angle d'une pierre il fit
un petit trou sur une branche d'arbre bien sèche
qu'il assujettit sous ses pieds; puis, avec le tran-
chant de cette pierre, il fit une pointe à un autre
morceau de branche également sèche, mais d'une
espèce de bois différent. Il posa ensuite ce morceau
de bois pointu dans le petit trou de la branche qui
étoit sous ses pieds, et le faisant rouler rapidement
entre ses mains, comme on roule un moulinet dont
on veut faire mousser du chocolat, en peu de momens il vit sortir du point de contact, de la fumée
et des étincelles. Il ramassa des herbes sèches et
d'autres branches d'arbres, et mit le feu au pied du
palmiste, qui bientôt après tomba avec un grand
fracas. Le feu lui servit encore à dépouiller le chou
de l'enveloppe de ses longues feuilles ligneuses et
piquantes. Virginie et lui mangèrent une partie de
ce chou crue, et l'autre cuite sous la cendre, et ils
les trouvèrent également savoureuses. Ils firent ce
repas frugal, remplis de joie par le souvenir de la
bonne action qu'ils avoient faite le matin; mais cette
joie étoit troublée par l'inquiétude où ils se dou-
toient bien que leur longue absence de la maison
jetteroit leurs mères. Virginie revenoit souvent sur

IV. G

cet objet. Cependant Paul, qui sentoit ses forces
rétablies, l'assura qu'ils ne tarderoient pas à tranquilliser leurs parens.

Après dîné, ils se trouvèrent bien embarrassés ;
car ils n'avoient plus de guide pour les reconduire
chez eux. Paul, qui ne s'étonnoit de rien, dit à Virginie : « Notre case est vers le soleil du milieu du
» jour ; il faut que nous passions, comme ce matin,
» par-dessus cette montagne que tu vois là-bas avec
» ses trois pitons. Allons, marchons, mon amie ».
Cette montagne étoit celle des Trois-Mamelles (1),
ainsi nommée, parce que ses trois pitons en ont la
forme. Ils descendirent donc le morne de la rivière
Noire du côté du nord, et arrivèrent, après une
heure de marche, sur les bords d'une large rivière
qui barroit leur chemin. Cette grande partie de l'île
toute couverte de forêts est si peu connue, même

---

(1) Il y a beaucoup de montagnes dont les sommets sont
arrondis en forme de mamelles, et qui en portent le nom
dans toutes les langues. Ce sont en effet de véritables mamelles ; car c'est d'elles que découlent beaucoup de rivières
et de ruisseaux qui répandent l'abondance sur la terre. Elles
sont les sources des principaux fleuves qui l'arrosent, et
elles fournissent constamment à leurs eaux, en attirant sans
cesse les nuages autour du piton de rocher qui les surmonte
à leur centre comme un mamelon. Nous avons indiqué ces
prévoyances admirables de la nature dans nos Etudes précédentes.

aujourd'hui, que plusieurs de ses rivières et de ses montagnes n'y ont pas encore de nom. La rivière sur le bord de laquelle ils étoient, coule en bouillonnant sur un lit de roches. Le bruit de ses eaux effraya Virginie ; elle n'osa y mettre les pieds pour la passer à gué. Paul alors prit Virginie sur son dos, et passa, ainsi chargé, sur les roches glissantes de la rivière, malgré le tumulte de ses eaux. « N'aie pas peur, lui » disoit-il, je me sens bien fort avec toi. Si l'habi- » tant de la rivière Noire t'avoit refusé la grace de » son esclave, je me serois battu avec lui. — Com- » ment? dit Virginie, avec cet homme si grand et si » méchant? A quoi t'ai-je exposé? Mon Dieu! qu'il » est difficile de faire le bien ! il n'y a que le mal » de facile à faire ». Quand Paul fut sur le rivage, il voulut continuer sa route, chargé de sa sœur, et il se flattoit de monter ainsi la montagne des Trois-Mamelles, qu'il voyoit devant lui à une demi-lieue de là ; mais bientôt les forces lui manquèrent, et il fut obligé de la mettre à terre, et de se reposer auprès d'elle. Virginie lui dit alors : « Mon frère, le » jour baisse ; tu as encore des forces, et les miennes » me manquent ; laisse-moi ici, et retourne seul à » notre case, pour tranquilliser nos mères. — Oh ! » non, dit Paul ; je ne te quitterai pas. Si la nuit » nous surprend dans ces bois, j'allumerai du feu, » j'abattrai des palmistes, tu en mangeras le chou, » et je ferai avec ses feuilles un ajoupa pour te mettre

» à l'abri ». Cependant Virginie s'étant un peu reposée, cueillit sur le tronc d'un vieux arbre penché sur le bord de la rivière, de longues feuilles de scolopendre qui pendoient de son tronc. Elle en fit des espèces de brodequins dont elle s'entoura les pieds que les pierres des chemins avoient mis en sang ; car, dans l'empressement d'être utile, elle avoit oublié de se chausser. Se sentant soulagée par la fraîcheur de ces feuilles, elle rompit une branche de bambou, et se mit en marche, en s'appuyant d'une main sur ce roseau, et de l'autre sur son frère.

Ils cheminoient ainsi doucement à travers les bois, mais la hauteur des arbres et l'épaisseur de leurs feuillages, leur firent bientôt perdre de vue la montagne des Trois-Mamelles sur laquelle ils se dirigeoient, et même le soleil qui étoit déjà près de se coucher. Au bout de quelque temps, ils quittèrent, sans s'en apercevoir, le sentier frayé dans lequel ils avoient marché jusqu'alors, et ils se trouvèrent dans un labyrinthe d'arbres, de lianes et de roches, qui n'avoit plus d'issue. Paul fit asseoir Virginie, et se mit à courir çà et là, tout hors de lui, pour chercher un chemin hors de ce fourré épais ; mais il se fatigua en vain. Il monta au haut d'un grand arbre, pour découvrir au moins la montagne des Trois-Mamelles ; mais il n'aperçut autour de lui que les cimes des arbres, dont quelques-unes

étoient éclairées par les derniers rayons du soleil
couchant. Cependant l'ombre des montagnes couvroit déjà les forêts dans les vallées ; le vent se calmoit, comme il arrive au coucher du soleil ; un profond silence régnoit dans ces solitudes, et on n'y
entendoit d'autre bruit que le bramement des cerfs,
qui venoient chercher leur gîte dans ces lieux écar-
tés. Paul, dans l'espoir que quelque chasseur pourroit l'entendre, cria alors de toute sa force : « Venez,
» venez au secours de Virginie » ! Mais les seuls
échos de la forêt répondirent à sa voix, et répétè-
rent à plusieurs reprises : « Virginie . . . . . Virginie ».

Paul descendit alors de l'arbre, accablé de fatigue et de chagrin : il chercha les moyens de passer
la nuit dans ce lieu ; mais il n'y avoit ni fontaine,
ni palmiste, ni même de branches de bois sec, propre à allumer du feu. Il sentit alors, par son expérience, toute la foiblesse de ses ressources, et il
se mit à pleurer. Virginie lui dit : « Ne pleure point,
» mon ami, si tu ne veux m'accabler de chagrin.
» C'est moi qui suis la cause de toutes tes peines,
» et de celles qu'éprouvent maintenant nos mères.
» Il ne faut rien faire, pas même le bien, sans con-
» sulter ses parens. Oh ! j'ai été bien imprudente » !
et elle se prit à verser des larmes. Cependant elle
dit à Paul, : « Prions Dieu, mon frère, et il aura
» pitié de nous ». A peine avoient-ils achevé leur
prière, qu'ils entendirent un chien aboyer : « C'est,

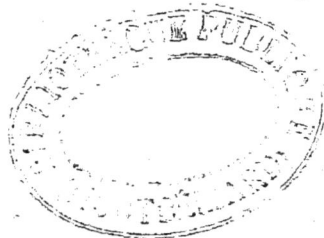

» dit Paul, le chien de quelque chasseur, qui vient
» le soir tuer des cerfs à l'affût ». Peu après, les
aboiemens du chien redoublèrent. « Il me semble,
» dit Virginie, que c'est Fidèle, le chien de notre
» case. Oui, je reconnois sa voix : serions-nous si
» près d'arriver, et au pied de notre montagne ?»
En effet, un moment après, Fidèle étoit à leurs
pieds, aboyant, hurlant, gémissant et les accablant
de caresses. Comme ils ne pouvoient revenir de
leur surprise, ils aperçurent Domingue qui accouroit à eux. A l'arrivée de ce bon noir, qui pleuroit
de joie, ils se mirent aussi à pleurer, sans pouvoir
lui dire un mot. Quand Domingue eut repris ses
sens : « O mes jeunes maîtres, leur dit-il, que vos
» mères ont d'inquiétudes ! comme elles ont été
» étonnées, quand elles ne vous ont plus trouvés
» au retour de la messe, où je les accompagnois !
» Marie, qui travailloit dans un coin de l'habita-
» tion, n'a su nous dire où vous étiez allés. J'allois,
» je venois autour de l'habitation, ne sachant moi-
» même de quel côté vous chercher. Enfin, j'ai
» pris vos vieux habits à l'un et à l'autre (1), je les ai
» fait flairer à Fidèle; et sur le champ, comme si ce

(1) Ce trait de sagacité du noir Domingue et de son chien
Fidèle, ressemble beaucoup à celui du sauvage Téwénissa
et de son chien Oniah, rapporté par M. de Crevecœur, dans
son ouvrage plein d'humanité, intitulé : *Lettres d'un Cul-*
tivateur Américain.

» pauvre animal m'eût entendu, il s'est mis à quêter
» sur vos pas. Il m'a conduit, toujours en remuant
» la queue, jusqu'à la rivière Noire. C'est là où j'ai
» appris d'un habitant, que vous lui aviez ramené
» une négresse maronne, et qu'il vous avoit accordé
» sa grace. Mais quelle grace! il me l'a montrée
» attachée, avec une chaîne au pied, à un billot
» de bois et avec un collier de fer à trois crochets
» autour du cou. De là, Fidèle toujours quêtant m'a
» mené sur le morne de la rivière Noire, où il s'est
» arrêté encore en aboyant de toute sa force. C'étoit
» sur le bord d'une source, auprès d'un palmiste
» abattu, et près d'un feu qui fumoit encore : enfin,
» il m'a conduit ici. Nous sommes au pied de la mon-
» tagne des Trois-Mamelles, et il y a encore quatre
» bonnes lieues jusque chez nous. Allons, mangez
» et prenez des forces ». Il leur présenta aussi-tôt
un gâteau, des fruits, et une grande calebasse
remplie d'une liqueur composée d'eau, de vin, de
jus de citron, de sucre et de muscade, que leurs
mères avoient préparée pour les fortifier et les rafraîchir. Virginie soupira au souvenir de la pauvre
esclave, et des inquiétudes de leurs mères. Elle
répéta plusieurs fois : « Oh! qu'il est difficile de
» faire le bien »! Pendant que Paul et elle se rafraî-
chissoient, Domingue alluma du feu, et ayant
cherché dans les roches un bois tortu, qu'on appelle
bois de ronde et qui brûle tout vert, en jetant une

grande flamme, il en fit un flambeau qu'il alluma, car il étoit déjà nuit. Mais il éprouva un embarras bien plus grand quand il fallut se mettre en route : Paul et Virginie ne pouvoient plus marcher ; leurs pieds étoient enflés et tout rouges. Domingue ne savoit s'il devoit aller bien loin de-là leur chercher du secours, ou passer dans ce lieu la nuit avec eux. «Où est le temps, leur disoit-il, où je vous por- » tois tous deux à la fois dans mes bras? Mais main- » tenant vous êtes grands, et je suis vieux». Comme il étoit dans cette perplexité, une troupe de noirs ma- rons se fit voir à vingt pas de là. Le chef de cette troupe s'approchant de Paul et Virginie, leur dit : « Bons » petits blancs, n'ayez pas peur ; nous vous avons » vu passer ce matin avec une négresse de la rivière » Noire ; vous alliez demander sa grace à son mau- » vais maître. En reconnoissance, nous vous repor- » terons chez vous sur nos épaules ». Alors il fit un signe, et quatre noirs marons des plus robustes firent aussi-tôt un brancard avec des branches d'ar- bre et des lianes, y placèrent Paul et Virginie, les mirent sur leurs épaules, et Domingue marchant devant eux avec son flambeau, ils se mirent en route, aux cris de joie de toute la troupe qui les combloit de bénédictions. Virginie attendrie, disoit à Paul : « Oh, mon ami ! jamais Dieu ne laisse un » bienfait sans récompense ».

Ils arrivèrent vers le milieu de la nuit au pied

de leur montagne, dont les croupes étoient éclairées de plusieurs feux. A peine ils la montoient,
qu'ils entendirent des voix qui crioient : « Est-ce
» vous, mes enfans » ? Ils répondirent avec les noirs :
Oui, c'est nous; et bientôt ils aperçurent leurs
mères et Marie qui venoient au-devant d'eux avec
des tisons flambans. « Malheureux enfans, dit
» madame de la Tour, d'où venez-vous ? dans quelles
» angoisses vous nous avez jetées ! — Nous venons,
» dit Virginie, de la rivière Noire, demander la
» grace d'une pauvre esclave maronne, à qui j'ai donné
» ce matin le déjeuné de la maison, parce qu'elle
» mouroit de faim, et voilà que les noirs marons
» nous ont ramenés ». Madame de la Tour embrassa
sa fille sans pouvoir parler; et Virginie, qui sentit
son visage mouillé des larmes de sa mère, lui dit :
« Vous me payez de tout le mal que j'ai souffert » !
Marguerite, ravie de joie, serroit Paul dans ses
bras, et lui disoit : « Et toi aussi, mon fils, tu as
» fait une bonne action ». Quand elles furent arri-
vées dans leur case avec leurs enfans, elles donnèrent bien à manger aux noirs marons, qui s'en
retournèrent dans leurs bois, en leur souhaitant
toute sorte de prospérités.

Chaque jour étoit pour ces familles un jour de
bonheur et de paix. Ni l'envie, ni l'ambition ne les
tourmentoient. Elles ne desiroient point au-dehors
une vaine réputation que donne l'intrigue et qu'ôte

la calomnie. Il leur suffisoit d'être à elles-mêmes leurs
témoins et leurs juges. Dans cette île, où, comme
dans toutes les Colonies Européennes, on n'est
curieux que d'anecdotes malignes, leurs vertus et
même leurs noms étoient ignorés. Seulement, quand
un passant demandoit, sur le chemin des Pamplemousses, à quelques habitans de la plaine : « Qui
» est-ce qui demeure là-haut dans ces petites cases » ?
Ceux-ci répondoient, sans les connoître : « Ce sont
» de bonnes gens ». Ainsi des violettes, sous des
buissons épineux, exhalent au loin leurs doux parfums, quoiqu'on ne les voie pas.

Elles avoient banni de leurs conversations la mé-
disance, qui, sous une apparence de justice, dispose nécessairement le cœur à la haine ou à la
fausseté; car il est impossible de ne pas haïr les
hommes si on les croit méchans, et de vivre avec
les méchans, si on ne leur cache sa haine sous de
fausses apparences de bienveillance. Ainsi la médi-
sance nous oblige d'être mal avec les autres ou
avec nous-mêmes. Mais sans juger des hommes
en particulier, elles ne s'entretenoient que des
moyens de faire du bien à tous en général, et
quoiqu'elles n'en eussent pas le pouvoir, elles en
avoient une volonté perpétuelle, qui les remplissoit
d'une bienveillance toujours prête à s'étendre au-
dehors. En vivant donc dans la solitude, loin d'être
sauvages, elles étoient devenues plus humaines. Si

l'histoire scandaleuse de la société ne fournissoit point de matière à leurs conversations, celle de la nature les remplissoit de ravissement et de joie. Elles admiroient avec transport le pouvoir d'une providence qui, par leurs mains, avoit répandu au milieu de ces arides rochers l'abondance, les graces, les plaisirs purs, simples et toujours renaissans.

Paul à l'âge de douze ans, plus robuste et plus intelligent que les Européens à quinze, avoit embelli ce que le noir Domingue ne faisoit que cultiver. Il alloit avec lui dans les bois voisins déraciner de jeunes plants de citroniers, d'orangers, de tamarins, dont la tête ronde est d'un si beau vert, et d'attiers, dont le fruit est plein d'une crême sucrée qui a le parfum de la fleur d'orange. Il plantoit ces arbres déjà grands autour de cette enceinte. Il y avoit semé des graines d'arbres qui, dès la seconde année, portent des fleurs ou des fruits, tels que l'agathis, où pendent tour à tour, comme les cristaux d'un lustre, de longues grappes de fleurs blanches; le lilas de Perse, qui élève droit en l'air ses girandoles gris de lin; le papayer, dont le tronc sans branches, formé en colonne hérissée de melons verts, porte un chapiteau de larges feuilles semblables à celles du figuier.

Il y avoit planté encore des pepins et des noyaux de badamiers, de manguiers, d'avocats, de goyaviers, de jacqs et de jam-roses. La plupart de ces arbres donnoient déjà à leur jeune maître de l'ombrage et des fruits. Sa main laborieuse avoit répandu la fécondité jusque dans les lieux les plus stériles de cet enclos. Diverses espèces d'aloès, la raquette, chargée de fleurs jaunes, fouettées de rouge, les cierges épineux, s'élevoient sur les têtes noires des rochers, et sembloient vouloir atteindre aux longues lianes, chargées de fleurs bleues ou écarlates, qui pendoient çà et là le long des escarpemens de la montagne.

Il avoit disposé ces végétaux de manière qu'on pouvoit jouir de leur vue d'un seul coup-d'œil. Il avoit planté au milieu de ce bassin les herbes qui s'élèvent peu, ensuite les arbrisseaux, puis les arbres moyens, et enfin les grands arbres qui en bordoient la circonférence; de sorte que ce vaste enclos paroissoit de son centre comme un amphithéâtre de verdure, de fruits et de fleurs, renfermant des plantes potagères, des lisières de prairies, et des champs de riz et de blé. Mais en assujétissant ces végétaux à son plan, il ne s'étoit pas écarté de celui de la nature. Guidé par ses indications, il avoit mis dans les lieux élevés ceux dont les semences sont volatiles, et sur le bord des eaux ceux dont les graines sont faites pour flotter. Ainsi chaque végétal croissoit dans son site propre, et chaque site recevoit de son végétal sa parure naturelle. Les eaux qui

descendent du sommet de ces rochers formoient,
au fond du vallon , ici des fontaines , là de larges
miroirs qui répétoient, au milieu de la verdure ,
les arbres en fleurs , les rochers et l'azur des
cieux.

Malgré la grande irrégularité de ce terrein , toutes
ces plantations étoient pour la plupart aussi acces-
sibles au toucher qu'à la vue. A la vérité nous l'ai-
dions tous de nos conseils et de nos secours pour
en venir à bout. Il avoit pratiqué un sentier qui
tournoit autour de ce bassin , et dont plusieurs
rameaux venoient se rendre de la circonférence au
centre. Il avoit tiré parti des lieux les plus rabo-
teux, et accordé, par la plus heureuse harmonie,
la facilité de la promenade avec l'aspérité du sol,
et les arbres domestiques avec les sauvages. De cette
énorme quantité de pierres roulantes qui embar-
rassent maintenant ces chemins, ainsi que la plupart du terrein de cette île, il avoit formé çà et là
des pyramides, dans les assises desquelles il avoit
mêlé de la terre et des racines de rosiers, de poin-
cillades et d'autres arbrisseaux qui se plaisent dans
les roches. En peu de temps ces pyramides sombres
et brutes furent couvertes de verdure , ou de l'éclat
des plus belles fleurs. Les ravins, bordés de vieux
arbres inclinés sur leurs bords, formoient des souterrains voûtés , inaccessibles à la chaleur, où on
alloit prendre le frais pendant le jour. Un sentier

conduisoit dans un bosquet d'arbres sauvages , au
centre duquel croissoit à l'abri des vents un arbre
domestique chargé de fruits. Là étoit une moisson,
ici un verger. Par cette avenue on apercevoit les
maisons, par cette autre les sommets inaccessibles
de la montagne. Sous un bocage touffu de tatamaques
entrelacé de lianes , on ne distinguoit.en plein midi
aucun objet : sur la pointe de ce grand rocher voisin
qui sort de la montagne , on découvroit tous ceux
de cet enclos, avec la mer au loin , où apparoissoit
quelquefois un vaisseau qui venoit de l'Europe ou
qui y retournoit. C'étoit sur ce rocher que ces
familles se rassembloient le soir , et jouissoient en
silence de la fraîcheur de l'air, du parfum des fleurs,
du murmure des fontaines , et des dernières harmonies de la lumière et des ombres.

Rien n'étoit plus agréable que les noms donnés à
la plupart des retraites charmantes de ce labyrinthe.
Ce rocher dont je viens de vous parler, d'où l'on
me voyoit venir de bien loin, s'appeloit la DÉCOU-
VERTE DE L'AMITIÉ. Paul et Virginie , dans leurs
jeux , y avoient planté un bambou , au haut duquel
ils élevoient un petit mouchoir blanc pour signaler
mon arrivée dès qu'ils m'apercevoient, ainsi qu'on
élève un pavillon sur la montagne voisine , à la vue
d'un vaisseau en mer. L'idée me vint de graver une
inscription sur la tige de ce roseau. Quelque plaisir
que j'aie eu dans mes voyages à voir une statue ou un

monument de l'antiquité, j'en ai encore davantage
à lire une inscription bien faite. Il me semble alors
qu'une voix humaine sorte de la pierre, se fasse
entendre à travers les siècles, et s'adressant à l'homme
au milieu des déserts, lui dise qu'il n'est pas seul,
et que d'autres hommes, dans ces mêmes lieux, ont
senti, pensé et souffert comme lui. Que si cette
inscription est de quelque nation ancienne qui ne
subsiste plus, elle étend notre ame dans les champs
de l'infini, et lui donne le sentiment de son immor-
talité, en lui montrant qu'une pensée a survécu à la
ruine même d'un empire.

J'écrivis donc sur le petit mât de pavillon de Paul
et de Virginie ces vers d'Horace :

    .....Fratres Helenæ, lucida sidera,
    Ventorumque regat pater,
    Obstrictis aliis, præter Iapyga.

« Que les frères d'Hélène, astres charmans comme
» vous, et que le père des vents vous dirigent, et ne
» fassent souffler que le zéphir ».

Je gravai ce vers de Virgile sur l'écorce d'un tata-
maque, à l'ombre duquel Paul s'asséyoit quelquefois
pour regarder au loin la mer agitée :

    Fortunatus et ille deos qui novit agrestes ?

« Heureux, mon fils, de ne connoître que les
» divinités champêtres » !

Et cet autre au-dessus de la porte de la cabane de madame de la Tour, qui étoit leur lieu d'assemblée :

At secura quies, et nescia fallere vita.

« Ici est une bonne conscience, et une vie qui ne » sait pas tromper ».

Mais Virginie n'approuvoit pas mon latin ; elle disoit que ce que j'avois mis au pied de sa girouette étoit trop long et trop savant. « J'eusse mieux aimé, » ajoutoit-elle : TOUJOURS AGITÉE, MAIS CONS-» TANTE. — Cette devise, lui répondis-je, convien-» droit encore mieux à la vertu ». Ma réflexion la fit rougir.

Ces familles heureuses étendoient leurs ames sensibles à tout ce qui les environnoit. Elles avoient donné les noms les plus tendres aux objets en apparence les plus indifférens. Un cercle d'orangers et de bananiers plantés en rond autour d'une pelouse, au milieu de laquelle Virginie et Paul alloient quelquefois danser, se nommoit LA CONCORDE. Un vieux arbre à l'ombre duquel madame de la Tour et Marguerite s'étoient raconté leurs malheurs, s'appeloit LES PLEURS ESSUYÉS. Elles faisoient porter les noms de BRETAGNE et de NORMANDIE à de petites portions de terre où elles avoient semé du blé, des fraises et des pois. Domingue et Marie desirant, à l'imitation de leurs maîtresses, se rappeler les lieux de leur naissance en Afrique, appeloient ANGOLA et FOULEPOINTE deux endroits où croissoit l'herbe dont ils faisoient des paniers, et où ils avoient planté un calebassier. Ainsi, par ces productions de leurs climats, ces familles expatriées entretenoient les douces illusions de leur pays, et en calmoient les regrets dans une terre étrangère. Hélas ! j'ai vu s'animer de mille appellations charmantes les arbres, les fontaines, les rochers de ce lieu maintenant si bouleversé, et qui, semblable à un champ de la Grèce, n'offre plus que des ruines et des noms touchans.

Mais de tout ce que renfermoit cette enceinte, rien n'étoit plus agréable que ce qu'on appeloit le REPOS DE VIRGINIE. Au pied du rocher, la DÉCOUVERTE DE L'AMITIÉ est un enfoncement d'où sort une fontaine qui forme dès sa source une petite flaque d'eau au milieu d'un pré d'une herbe fine. Lorsque Marguerite eut mis Paul au monde, je lui fis présent d'un coco des Indes qu'on m'avoit donné. Elle planta ce fruit sur le bord de cette flaque d'eau, afin que l'arbre qu'il produiroit servît un jour d'époque à la naissance de son fils. Madame de la Tour, à son exemple, y en planta un autre dans une semblable intention, dès qu'elle eut accouché de Virginie. Il naquit de ces deux fruits deux cocotiers qui formoient toutes les archives de ces deux familles ; l'un se nommoit l'arbre de Paul, et l'autre l'arbre de Virginie. Ils crurent tous deux dans la même proportion que leurs jeunes maîtres, d'une hauteur un peu inégale, mais qui surpassoit au bout de douze ans celle de leurs cabanes. Déjà ils entrelaçoient leurs palmes, et laissoient pendre leurs jeunes grappes de cocos au-dessus du bassin de la fontaine. Excepté cette plantation, on avoit laissé cet enfoncement du rocher tel que la nature l'avoit orné. Sur ses flancs bruns et humides rayonnoient en étoiles vertes et noires de larges capillaires, et flottoient au gré des vents des touffes de scolopendre suspendues comme de longs rubans d'un vert pourpré. Près de là croissoient des lisières de pervenche, dont les fleurs sont presque semblables à celles de la giroflée rouge, et des pimens dont les gousses couleur de sang sont plus éclatantes que le corail. Aux environs, l'herbe de baume, dont les feuilles sont en cœur, et les basilics à odeur de girofle, exhaloient les plus doux parfums. Du haut de l'escarpement de la montagne pendoient des lianes, semblables à des draperies flottantes, qui formoient sur les flancs des rochers de grandes courtines de verdure. Les oiseaux de mer attirés par ces retraites paisibles, y venoient passer la nuit. Au coucher du soleil on y voyoit voler le long des rivages de la mer, le corbigeau et l'alouette marine; et au haut des airs, la noire frégate avec l'oiseau blanc du tropique, qui abandonnoient, ainsi que l'astre du jour, les solitudes de l'océan Indien. Virginie aimoit à se reposer sur les bords de cette fontaine, décorés d'une pompe à la fois magnifique et sauvage. Souvent elle y venoit laver le linge de la famille à l'ombre des deux cocotiers. Quelquefois elle y menoit paître ses chèvres. Pendant qu'elle préparoit des fromages avec leur lait, elle se plaisoit à les voir brouter les capillaires sur les flancs escarpés de la roche, et se tenir en l'air sur une de ses corniches, comme sur un piédestal. Paul voyant que ce lieu étoit aimé de Virginie, y apporta de la forêt voisine des nids de toute sorte d'oiseaux. Les pères et les mères de ces oiseaux suivirent leurs petits et vinrent s'établir dans cette nouvelle colonie. Virginie leur distribuoit de temps en temps des grains de riz, de maïs et de millet. Dès qu'elle paroissoit, les merles siffleurs, les bengalis dont le ramage est si doux, les cardinaux dont le plumage est couleur de feu, quittoient leurs buissons; des perruches vertes comme des émeraudes descendoient des lataniers voisins; des perdrix accouroient sous l'herbe : tous s'avançoient pêle-mêle jusqu'à ses pieds, comme des poules. Paul et elle s'amusoient avec transport de leurs jeux, de leurs appétits et de leurs amours.

Aimables enfans, vous passiez ainsi dans l'innocence vos premiers jours, en vous exerçant aux bienfaits ! Combien de fois dans ce lieu, vos mères vous serrant dans leurs bras, bénissoient le ciel de

la consolation que vous prépariez à leur vieillesse
et de vous voir entrer dans la vie sous de si heureux auspices ! Combien de fois, à l'ombre de ces
rochers, ai-je partagé avec elles vos repas champêtres, qui n'avoient coûté la vie à aucun animal !
Des calebasses pleines de lait, des œufs frais, des
gâteaux de riz sur des feuilles de bananier, des corbeilles chargées de patates, de mangues, d'oranges,
de grenades, de bananes, d'attes, d'ananas, offroient
à la fois les mets les plus sains, les couleurs les plus
gaies et les sucs les plus agréables.

La conversation étoit aussi douce et aussi inno-
cente que ces festins. Paul y parloit souvent des
travaux du jour et de ceux du lendemain. Il médi-
toit toujours quelque chose d'utile pour la société.
Ici les sentiers n'étoient pas commodes, là on étoit
mal assis ; ces jeunes berceaux ne donnoient pas
assez d'ombrage ; Virginie seroit mieux là.

Dans la saison pluvieuse ils passoient le jour tous
ensemble dans la case, maîtres et serviteurs, occupés à faire des nattes d'herbes et des paniers de
bambou. On voyoit rangés dans le plus grand ordre
aux parois de la muraille, des râteaux, des haches,
des bêches, et auprès de ces instrumens de l'agriculture les productions qui en étoient les fruits, des
sacs de riz, des gerbes de blé et des régimes de
bananes. La délicatesse s'y joignoit toujours à l'abondance. Virginie, instruite par Marguerite et par sa

mère, y préparoit des sorbets et des cordiaux avec
le jus des cannes à sucre, des citrons et des cédras.

La nuit venue, ils soupoient à la lueur d'une
lampe, ensuite madame de la Tour ou Marguerite
racontoit quelques histoires de voyageurs égarés la
nuit dans les bois de l'Europe infestés de voleurs,
ou le naufrage de quelque vaisseau jeté par la tempête sur les rochers d'une île déserte. A ces récits
les ames sensibles de leurs enfans s'enflammoient ;
ils prioient le ciel de leur faire la grace d'exercer
quelque jour l'hospitalité envers de semblables malheureux. Cependant les deux familles se séparoient
pour aller prendre du repos, dans l'impatience de
se revoir le lendemain. Quelquefois elles s'endor-
moient au bruit de la pluie qui tomboit par torrens
sur la couverture de leurs cases, ou à celui des vents
qui leur apportoient le murmure lointain des flots
qui se brisoient sur le rivage. Elles bénissoient Dieu
de leur sécurité personnelle, dont le sentiment redoubloit par celui du danger éloigné.

De temps en temps madame de la Tour lisoit publiquement quelque histoire touchante de l'ancien
ou du nouveau Testament. Ils raisonnoient peu sur
ces livres sacrés, car leur théologie étoit toute en
sentiment, comme celle de la nature, et leur morale
toute en action, comme celle de l'évangile. Ils
n'avoient point de jours destinés aux plaisirs et
d'autres à la tristesse. Chaque jour étoit pour eux

un jour de fête, et tout ce qui les environnoit un
temple divin, où ils admiroient sans cesse une intelligence infinie, toute – puissante et amie des
hommes. Ce sentiment de confiance dans le pouvoir suprême les remplissoit de consolation pour le
passé, de courage pour le présent, et d'espérance
pour l'avenir. Voilà comme ces femmes, forcées
par le malheur de rentrer dans la nature, avoient
développé en elles-mêmes et dans leurs enfans ces
sentimens que donne la nature pour nous empêcher
de tomber dans le malheur.

Mais comme il s'élève quelquefois dans l'ame la
mieux réglée des nuages qui la troublent, quand
quelque membre de leur société paroissoit triste,
tous les autres se réunissoient autour de lui, et
l'enlevoient aux pensées amères, plus par des sentimens que par des réflexions. Chacun y employoit
son caractère particulier : Marguerite, une gaîté vive;
madame de la Tour, une théologie douce; Virginie,
des caresses tendres; Paul, de la franchise et de la
cordialité. Marie et Domingue même venoient à son
secours. Ils s'affligeoient s'ils le voyoient affligé, et
ils pleuroient s'ils le voyoient pleurer. Ainsi des
plantes foibles s'entrelacent ensemble pour résister
aux ouragans.

Dans la belle saison ils alloient tous les dimanches
à la messe à l'église des Pamplemousses, dont vous
voyez le clocher là-bas dans la plaine. Il y venoit

des habitans riches, en palanquin, qui s'empressèrent plusieurs fois de faire la connoissance de ces
familles si unies, et de les inviter à des parties de
plaisir. Mais elles repoussèrent toujours leurs offres
avec honnêteté et respect, persuadées que les gens
puissans ne cherchent les foibles que pour avoir des
complaisans, et qu'on ne peut être complaisant
qu'en flattant les passions d'autrui, bonnes et mauvaises. D'un autre côté, elles n'évitoient pas avec
moins de soin l'accointance des petits habitans,
pour l'ordinaire jaloux, médisans et grossiers. Elles
passèrent d'abord auprès des uns pour timides, et
auprès des autres pour fières; mais leur conduite
reservée étoit accompagnée de marques de politesse si obligeantes, sur-tout envers les misérables
qu'elles acquirent insensiblement le respect des
riches et la confiance des pauvres.

Après la messe on venoit souvent les requérir de
quelque bon office. C'étoit une personne affligée
qui leur demandoit des conseils, ou un enfant qui
les prioit de passer chez sa mère malade, dans un
des quartiers voisins. Elles portoient toujours avec
elles quelques recettes utiles aux maladies ordi-
naires aux habitans, et elles y joignoient la bonne
grace, qui donne tant de prix aux petits services.
Elles réussissoient sur-tout à bannir les peines de
l'esprit, si intolérables dans la solitude et dans un
corps infirme. Madame de la Tour parloit avec tant

de confiance de la Divinité, que le malade, en l'écoutant, la croyoit présente. Virginie revenoit bien souvent de là les yeux humides de larmes, mais le cœur rempli de joie, car elle avoit eu l'occasion de faire du bien. C'étoit elle qui préparoit d'avance les remèdes nécessaires aux malades, et qui les leur présentoit avec une grace ineffable. Après ces visites d'humanité, elles prolongeoient quelquefois leur chemin par la vallée de la montagne Longue, jusque chez moi, où je les attendois à dîner sur les bords de la petite rivière qui coule dans mon voisinage. Je me procurois pour ces occasions quelques bouteilles de vin vieux, afin d'augmenter la gaîté de nos repas indiens par ces douces et cordiales productions de l'Europe. D'autres fois nous nous donnions rendez-vous sur le bord de la mer, à l'embouchure de quelques autres petites rivières, qui ne sont guère ici que de grands ruisseaux. Nous y apportions de l'habitation des provisions végétales que nous joignions à celles que la mer nous fournissoit en abondance. Nous péchions sur ses rivages des cabots, des polypes, des rougets, des langoustes, des chevrettes, des crabes, des oursins, des huîtres et des coquillages de toute espèce. Les sites les plus terribles nous procuroient souvent les plaisirs les plus tranquilles. Quelquefois assis sur un rocher à l'ombre d'un veloutier, nous voyions les flots du large venir se briser à nos pieds

avec un horrible fracas. Paul, qui nageoit d'ailleurs
comme un poisson, s'avançoit quelquefois sur les
récifs au-devant des lames; puis, à leur approche,
il fuyoit sur le rivage devant leurs grandes volutes
écumeuses et mugissantes qui le poursuivoient bien
avant sur la grève. Mais Virginie, à cette vue, jetoit
des cris perçans, et disoit que ces jeux-là lui faisoient grand'peur.

Nos repas étoient suivis des chants et des danses
de ces deux jeunes gens. Virginie chantoit le bonheur de la vie champêtre et les malheurs des gens de
mer, que l'avarice porte à naviguer sur un élément
furieux, plutôt que de cultiver la terre, qui donne
paisiblement tant de biens. Quelquefois, à la manière
des noirs, elle exécutoit avec Paul une pantomime.
La pantomime est le premier langage de l'homme;
elle est connue de toutes les nations. Elle est si
naturelle et si expressive, que les enfans des blancs
ne tardent pas à l'apprendre dès qu'ils ont vu ceux
des noirs s'y exercer. Virginie se rappelant, dans
les lectures que lui faisoit sa mère, les histoires qui
l'avoient le plus touchée, en rendoit les principaux événemens avec beaucoup de naïveté. Tantôt
au son du tamtam de Domingue elle se présentoit
sur la pelouse, portant une cruche sur sa tête. Elle
s'avançoit avec timidité à la source d'une fontaine
voisine pour y puiser de l'eau. Domingue et Marie,
représentant les bergers de Madian, lui en défen-

doient l'approche, et feignoient de la repousser.
Paul accouroit à son secours, battoit les bergers,
remplissoit la cruche de Virginie; et en la lui posant
sur la tête, il lui mettoit en même temps une couronne de fleurs rouges de pervenche, qui relevoit
la blancheur de son teint. Alors, me prêtant à
leurs jeux, je me chargeois du personnage de Ra-
guel, et j'accordois à Paul ma fille Séphora en
mariage.

Une autre fois elle représentoit l'infortunée Ruth,
qui retourne veuve et pauvre dans son pays, où elle
se trouve étrangère après une longue absence. Domingue et Marie contrefaisoient les moissonneurs.
Virginie feignoit de glaner çà et là, sur leurs pas,
quelques épis de blé. Paul, imitant la gravité d'un
patriarche, l'interrogeoit; elle répondoit en tremblant à ses questions. Bientôt, ému de pitié, il
accordoit un asyle à l'innocence, et l'hospitalité
à l'infortune. Il remplissoit le tablier de Virginie de toutes sortes de provisions, et l'amenoit
devant nous, comme devant les anciens de la ville,
en déclarant qu'il la prenoit en mariage malgré son
indigence. Madame de la Tour, à cette scène, venant à
se rappeler l'abandon où l'avoient laissée ses propres
parens, son veuvage, la bonne réception que lui
avoit faite Marguerite, suivie maintenant de l'espoir
d'un mariage heureux entre leurs enfans, ne pouvoit
s'empêcher de pleurer; et ce souvenir confus de

maux et de biens nous faisoit verser à tous des larmes de douleur et de joie.

Ces drames étoient rendus avec tant de vérité, qu'on se croyoit transporté dans les champs de la Syrie ou de la Palestine. Nous ne manquions point de décorations, d'illuminations et d'orchestres convenables à ce spectacle. Le lieu de la scène étoit pour l'ordinaire au carrefour d'une forêt, dont les percés formoient autour de nous plusieurs arcades de feuillage. Nous étions à leur centre abrités de la chaleur pendant toute la journée; mais quand le soleil étoit descendu à l'horizon, ses rayons brisés par les troncs des arbres divergeoient dans les ombres de la forêt en longues gerbes lumineuses, qui produisoient le plus majestueux effet. Quelquefois son disque tout entier paroissoit à l'extrémité d'une avenue, et la rendoit tout étincelante de lumière. Le feuillage des arbres, éclairé en dessous de ses rayons safranés, brilloit des feux de la topaze et de l'émeraude. Leurs troncs mousseux et bruns paroissoient changés en colonnes de bronze antique, et les oiseaux, déjà retirés en silence sous la sombre feuillée pour y passer la nuit, surpris de revoir une seconde aurore, saluoient tous à la fois l'astre du jour par mille et mille chansons.

La nuit nous surprenoit bien souvent dans ces fêtes champêtres; mais la pureté de l'air et la douceur du climat nous permettoient de dormir sous un ajoupa,

au milieu des bois, sans craindre d'ailleurs les voleurs, ni de près ni de loin. Chacun le lendemain
retournoit dans sa case, et la retrouvoit dans l'état
où il l'avoit laissée. Il y avoit alors tant de bonne foi
et de simplicité dans cette île, sans commerce, que
les portes de beaucoup de maisons ne fermoient
point à clef, et qu'une serrure étoit un objet de
curiosité pour plusieurs créoles.

Mais il y avoit dans l'année des jours qui étoient
pour Paul et Virginie, des jours de plus grande
réjouissance; c'étoient les fêtes de leurs mères.
Virginie ne manquoit pas la veille de pétrir et de
cuire des gâteaux de farine de froment, qu'elle
envoyoit à de pauvres familles de blancs nées dans
l'île, qui n'avoient jamais mangé de pain d'Europe,
et qui, sans aucun secours de noirs, réduites à vivre
de manioc au milieu des bois, n'avoient pour supporter la pauvreté, ni la stupidité qui accompagne
l'esclavage, ni le courage qui vient de l'éducation.
Ces gâteaux étoient les seuls présens que Virginie
pût faire de l'aisance de l'habitation; mais elle y
joignoit une bonne grace qui leur donnoit un grand
prix. D'abord c'étoit Paul qui étoit chargé de les
porter lui-même à ces familles; et elles s'engageoient,
en les recevant, de venir le lendemain passer
la journée chez madame de la Tour et Marguerite.
On voyoit alors arriver une mère de famille avec
deux ou trois misérables filles, jaunes, maigres, et

si timides qu'elles n'osoient lever les yeux. Virginie les mettoit bientôt à leur aise ; elle leur servoit des rafraîchissemens dont elle relevoit la bonté par quelque circonstance particulière qui en augmentoit, selon elle, l'agrément : cette liqueur avoit été préparée par Marguerite ; cette autre par sa mère ; son frère avoit cueilli lui-même ce fruit au haut d'un arbre. Elle engageoit Paul à les faire danser. Elle ne les quittoit point qu'elle ne les vît contentes et satisfaites. Elle vouloit qu'elles fussent joyeuses de la joie de sa famille. « On ne fait son bonheur, disoit » elle, qu'en s'occupant de celui des autres ». Quand elles s'en retournoient, elle les engageoit d'emporter ce qui paroissoit leur avoir fait plaisir, couvrant la nécessité d'agréer ses présens du prétexte de leur nouveauté ou de leur singularité. Si elle remarquoit trop de délabrement dans leurs habits, elle choisissoit, avec l'agrément de sa mère, quelques-uns des siens, et elle chargeoit Paul d'aller secrètement les déposer à la porte de leurs cases. Ainsi elle faisoit le bien à l'exemple de la divinité, cachant la bienfaitrice et montrant le bienfait.

Vous autres Européens, dont l'esprit se remplit dès l'enfance de tant de préjugés contraires au bonheur, vous ne pouvez concevoir que la nature puisse donner tant de lumières et de plaisirs. Votre ame, circonscrite dans une petite sphère de connoissances humaines, atteint bientôt le terme de ses jouissances

artificielles ; mais la nature et le cœur sont inépui-
sables. Paul et Virginie n'avoient ni horloges, ni
almanachs, ni livre de chronologie, d'histoire et de
philosophie. Les périodes de leur vie se régloient
sur celles de la nature. Ils connoissoient les heures
du jour par l'ombre des arbres ; les saisons par les
temps où ils donnent leurs fleurs ou leurs fruits,
et les années par le nombre de leurs récoltes.
Ces douces images répandoient les plus grands
charmes dans leurs conversations. « Il est temps
» d'aller dîner, disoit Virginie à la famille, les om-
» bres des bananiers sont à leurs pieds » ; ou bien,
« La nuit s'approche, les tamarins ferment leurs
» feuilles. — Quand viendrez-vous nous voir, lui
» disoient quelques amies du voisinage. — Aux
» cannes de sucre, répondoit Virginie. — Votre
» visite nous sera encore plus douce et plus agréable,
» reprenoient ces jeunes filles ». Quand on l'interrogeoit sur son âge et sur celui de Paul : « Mon
» frère, disoit-elle, est de l'âge du grand cocotier
» de la fontaine, et moi de celui du plus petit. Les
» manguiers ont donné douze fois leurs fruits, et
» les orangers vingt-quatre fois leurs fleurs depuis
» que je suis au monde ». Leur vie sembloit attachée à celle des arbres, comme celle des faunes et
des dryades. Ils ne connoissoient d'autres époques
historiques que celles de la vie de leurs mères ;
d'autre chronologie que celle de leurs vergers, et

d'autre philosophie que de faire du bien à tout le monde, et de se résigner à la volonté de Dieu.

Après tout, qu'avoient besoin ces jeunes gens d'être riches et savans à notre manière ? leurs besoins et leur ignorance ajoutoient encore à leur félicité. Il n'y avoit point de jours qu'ils ne se communiquassent quelques secours ou quelque lumière; oui, des lumières : et quand il s'y seroit mêlé quelques erreurs, l'homme pur n'en a point de dangereuses à craindre. Ainsi croissoient ces deux enfans de la nature. Aucun souci n'avoit ridé leur front; aucune intempérance n'avoit corrompu leur sang; aucune passion malheureuse n'avoit dépravé leur cœur : l'amour, l'innocence, la piété, développoient chaque jour la beauté de leur ame, en graces ineffables, dans leurs traits, leurs attitudes et leurs mouvemens. Au matin de la vie, ils en avoient toute la fraîcheur : tels dans le jardin d'Eden parurent nos premiers parens, lorsque sortant des mains de Dieu, ils se virent, s'approchèrent, et conversèrent d'abord comme frère et comme sœur. Virginie, douce, modeste, confiante comme Éve; et Paul, semblable à Adam, ayant la taille d'un homme, avec la simplicité d'un enfant.

Quelquefois seul avec elle (il me l'a mille fois raconté), il lui disoit, au retour de ses travaux : « Lorsque je suis fatigué, ta vue me délasse. Quand » du haut de la montagne je t'aperçois au fond de

» ce vallon, tu me parois au milieu de nos vergers,
» comme un bouton de rose. Si tu marches vers la
» maison de nos mères, la perdrix qui court vers
» ses petits a un corsage moins beau et une démarche
» moins légère. Quoique je te perde de vue à tra-
» vers les arbres, je n'ai pas besoin de te voir pour
» te retrouver ; quelque chose de toi, que je ne puis
» dire, reste pour moi dans l'air où tu passes, sur
» l'herbe où tu t'assieds. Lorsque je t'approche, tu
» ravis tous mes sens. L'azur du ciel est moins beau
» que le bleu de tes yeux ; le chant des bengalis
» moins doux que le son de ta voix. Si je te touche
» seulement du bout du doigt, tout mon corps fré-
» mit de plaisir. Souviens-toi du jour où nous pas-
» sâmes à travers les cailloux roulans de la rivière
» des Trois-Mamelles. En arrivant sur ses bords ;
» j'étois déjà bien fatigué ; mais quand je t'eus prise
» sur mon dos, il me sembloit que j'avois des ailes
» comme un oiseau. Dis-moi par quel charme tu as
» pu m'enchanter. Est-ce par ton esprit ? mais nos
» mères en ont plus que nous deux. Est-ce par tes
» caresses ? mais elles m'embrassent plus souvent
» que toi. Je crois que c'est par ta bonté. Je n'ou-
» blierai jamais que tu as marché nu-pieds jusqu'à
» la rivière Noire, pour demander la grace d'une
» pauvre esclave fugitive. Tiens, ma bien-aimée,
» prends cette branche fleurie de citronier, que
» j'ai cueillie dans la forêt. Tu la mettras la nuit

» près de ton lit. Mange ce rayon de miel; je l'ai
» pris pour toi au haut d'un rocher. Mais aupara-
» vant, repose-toi sur mon sein, et je serai dé-
» lassé ».

Virginie lui répondoit : « O mon frère ! les rayons
» du soleil au matin, au haut de ces rochers, me
» donnent moins de joie que ta présence. J'aime
» bien ma mère, j'aime bien la tienne ; mais quand
» elles t'appellent mon fils, je les aime encore da-
» vantage. Les caresses qu'elles te font me sont plus
» sensibles que celles que j'en reçois. Tu me de-
» mandes pourquoi tu m'aimes ; mais tout ce qui a
» été élevé ensemble, s'aime. Vois nos oiseaux :
» élevés dans les mêmes nids, ils s'aiment comme
» nous ; ils sont toujours ensemble comme nous.
» Ecoute comme ils s'appellent et se répondent
» d'un arbre à l'autre. De même, quand l'écho me
» fait entendre les airs que tu joues sur ta flûte au
» haut de la montagne, j'en répète les paroles au
» fond de ce vallon. Tu m'es cher, sur-tout depuis
» le jour où tu voulois te battre pour moi contre le
» maître de l'esclave. Depuis ce temps-là, je me suis
» dit bien des fois : Ah ! mon frère a un bon cœur;
» sans lui, je serois morte d'effroi. Je prie Dieu tous
» les jours pour ma mère, pour la tienne, pour toi,
» pour nos pauvres serviteurs ; mais quand je pro-
» nonce ton nom, il me semble que ma dévotion
» augmente. Je demande si instamment à Dieu qu'il

» ne t'arrive aucun mal ! Pourquoi vas-tu si loin et
» si haut me chercher des fruits et des fleurs ? n'en
» avons-nous pas assez dans le jardin ? Comme te
» voilà fatigué ! tu es tout en nage ». Et avec son
petit mouchoir blanc, elle lui essuyoit le front et
les joues, et elle lui donnoit plusieurs baisers.

Cependant, depuis quelque temps, Virginie se
sentoit agitée d'un mal inconnu. Ses beaux yeux
bleus se marbroient de noir; son teint jaunissoit;
une langueur universelle abattoit son corps. La sérénité n'étoit plus sur son front, ni le sourire sur ses
lèvres. On la voyoit tout-à-coup gaie sans joie, et
triste sans chagrin. Elle fuyoit ses jeux innocens,
ses doux travaux, et la société de sa famille bien-
aimée. Elle erroit çà et là dans les lieux les plus
solitaires de l'habitation, cherchant par-tout du repos
et ne le trouvant nulle part. Quelquefois à la vue de
Paul, elle alloit vers lui en folâtrant; puis tout-à-
coup, près de l'aborder, un embarras subit la sai-
sissoit; un rouge vif coloroit ses joues pâles, et ses
yeux n'osoient plus s'arrêter sur les siens. Paul lui
disoit : « La verdure couvre ces rochers; nos oiseaux
» chantent quand ils te voient. Tout est gai autour
» de toi, toi seule es triste ». Et il cherchoit à la
ranimer en l'embrassant; mais elle détournoit la
tête, et fuyoit tremblante vers sa mère. L'infortunée se sentoit troublée par les caresses de son
frère. Paul ne comprenoit rien à des caprices si

nouveaux et si étranges. Un mal n'arrive guère seul.

Un de ces étés qui désolent de temps à autre les terres situées entre les tropiques, vint étendre ici ses ravages. C'étoit vers la fin de décembre, lorsque le soleil au Capricorne échauffe, pendant trois semaines, l'île de France de ses feux verticaux. Le vent du sud-est qui y règne presque toute l'année, n'y souffloit plus. De longs tourbillons de poussière s'élevoient sur les chemins, et restoient suspendus en l'air. La terre se fendoit de toutes parts; l'herbe étoit brûlée; des exhalaisons chaudes sortoient du flanc des montagnes, et la plupart de leurs ruisseaux étoient desséchés. Aucun nuage ne venoit du côté de la mer. Seulement, pendant le jour, des vapeurs rousses s'élevoient de dessus ses plaines, et paroissoient au coucher du soleil comme les flammes d'un incendie. La nuit même n'apportoit aucun rafraîchissement à l'atmosphère embrasée. L'orbe de la lune tout rouge se levoit, dans un horizon embrumé, d'une grandeur démesurée. Les troupeaux, abattus sur les flancs des collines, le cou tendu vers le ciel, aspirant l'air, faisoient retentir les vallons de tristes mugissemens. Le Cafre même, qui les conduisoit, se couchoit sur la terre pour y trouver de la fraîcheur. Par-tout le sol étoit brûlant, et l'air étouffant retentissoit du bourdonnement des insectes qui cherchoient à se désaltérer dans le sang des hommes et des animaux.

Dans une de ces nuits ardentes, Virginie sentit redoubler tous les symptômes de son mal. Elle se levoit, elle s'asseyoit, elle se recouchoit, et ne trouvoit dans aucune attitude, ni le sommeil, ni le repos. Elle s'achemine, à la clarté de la lune, vers sa fontaine. Elle en aperçoit la source, qui, malgré la sécheresse, couloit encore en filets d'argent sur les flancs bruns du rocher. Elle se plonge dans son bassin. D'abord, la fraîcheur ranime ses sens, et mille souvenirs agréables se présentent à son esprit. Elle se rappelle que dans son enfance, sa mère et Marguerite s'amusoient à la baigner avec Paul dans ce même lieu; que Paul ensuite, réservant ce bain pour elle seule, en avoit creusé le lit, couvert le fond de sable, et semé sur ses bords des herbes aromatiques. Elle entrevoit dans l'eau, sur ses bras nus et sur son sein, les reflets des deux palmiers plantés à la naissance de son frère et à la sienne, qui entrelaçoient au-dessus de sa tête leurs rameaux verts et leurs jeunes cocos. Elle pense à l'amitié de Paul, plus douce que les parfums, plus pure que l'eau des fontaines; plus forte que les palmiers unis; et elle soupire. Elle songe à la nuit, à la solitude; et un feu dévorant la saisit. Aussi-tôt elle sort, effrayée, de ces dangereux ombrages et de ces eaux plus brûlantes que les soleils de la zône torride. Elle court auprès de sa mère chercher un appui contre elle-même. Plusieurs fois, voulant lui raconter ses

peines , elle lui pressa les mains dans les siennes ;
plusieurs fois elle fut près de prononcer le nom de
Paul , mais son cœur oppressé laissa sa langue sans
expression ; et posant sa tête sur le sein maternel ,
elle ne put que l'inonder de ses larmes.

Madame de la Tour pénétroit bien la cause du
mal de sa fille, mais elle n'osoit elle-même lui en
parler. « Mon enfant , lui disoit-elle , adresse-toi à
» Dieu, qui dispose à son gré de la santé et de la
» vie. Il t'éprouve aujourd'hui , pour te récompenser
» demain. Songe que nous ne sommes sur la terre
» que pour exercer la vertu ».

Cependant ces chaleurs excessives élevèrent de
l'Océan , des vapeurs qui couvrirent l'île comme un
vaste parasol. Les sommets des montagnes les rassembloient autour d'eux; et de longs sillons de feu
sortoient de temps en temps de leurs pitons embru-
més. Bientôt des tonnerres affreux firent retentir de
leurs éclats , les bois , les plaines et les vallons ;
des pluies épouvantables , semblables à des cataractes , tombèrent du ciel. Des torrens écumeux se
précipitoient le long des flancs de cette montagne ;
le fond de ce bassin étoit devenu une mer , le pla-
teau où sont assises les cabanes , une petite île , et
l'entrée de ce vallon , une écluse , par où sortoient
pêle-mêle , avec les eaux mugissantes , les terres ,
les arbres et les rochers.

Toute la famille tremblante prioit Dieu dans la

case de madame de la Tour, dont le toit craquoit horriblement par l'effort des vents. Quoique la porte et les contrevents en fussent bien fermés, tous les objets s'y distinguoient à travers les jointures de la charpente, tant les éclairs étoient vifs et fréquens. L'intrépide Paul, suivi de Domingue, alloit d'une case à l'autre, malgré la fureur de la tempête, assurant ici une paroi avec un arc-boutant, et enfonçant là un pieu; il ne rentroit que pour consoler sa famille par l'espoir prochain du retour du beau temps. En effet, sur le soir la pluie cessa; le vent alizé du sud-est reprit son cours ordinaire; les nuages orageux furent jetés vers le nord-ouest; et le soleil couchant parut à l'horizon.

Le premier desir de Virginie fut de revoir le lieu de son repos. Paul s'approcha d'elle d'un air timide, et lui présenta son bras pour l'aider à marcher. Elle l'accepta en souriant; et ils sortirent ensemble de la case. L'air étoit frais et sonore. Des fumées blanches s'élevoient sur les croupes de la montagne sillonnée çà et là de l'écume des torrens qui tarissoient de tous côtés. Pour le jardin, il étoit tout bouleversé par d'affreux ravins; la plupart des arbres fruitiers avoient leurs racines en haut, de grands amas de sable couvroient les lisières de prairies et avoient comblé le bain de Virginie. Cependant, les deux cocotiers étoient debout et bien verdoyans. Mais il n'y avoit plus aux environs, ni gazons, ni berceaux, ni oiseaux, excepté quelques bengalis, qui, sur la pointe des rochers voisins, déploroient par des chants plaintifs, la perte de leurs petits.

A la vue de cette désolation, Virginie dit à Paul : « Vous aviez apporté ici des oiseaux, l'ouragan les » a tués. Vous aviez planté ce jardin, il est détruit. » Tout périt sur la terre ; il n'y a que le ciel qui ne » change point ». Paul lui répondit : « Que ne puis-je » vous donner quelque chose du ciel ! mais je ne » possède rien, même sur la terre ». Virginie reprit, en rougissant : « Vous avez à vous le portrait de » Saint Paul ». A peine eut-elle parlé, qu'il courut le chercher dans la case de sa mère. Ce portrait étoit une petite miniature, représentant l'hermite Paul. Marguerite y avoit une grande dévotion. Elle l'avoit porté long-temps suspendu à son cou, étant fille ; ensuite, devenue mère, elle l'avoit mis à celui de son enfant. Il étoit même arrivé qu'étant enceinte de lui, et délaissée de tout le monde, à force de contempler l'image de ce bienheureux solitaire, son fruit en avoit contracté quelque ressemblance, ce qui l'avoit décidée à lui en faire porter le nom, et à lui donner pour patron un Saint qui avoit passé sa vie loin des hommes qui l'avoient abusée, puis abandonnée. Virginie, en recevant ce petit portrait des mains de Paul, lui dit d'un ton ému : « Mon frère, il ne me sera jamais » enlevé tant que je vivrai, et je n'oublierai jamais

» que tu m'as donné la seule chose que tu possèdes
» au monde ». A ce ton d'amitié, à ce retour ines-
péré de familiarité et de tendresse, Paul voulut
l'embrasser ; mais, aussi légère qu'un oiseau, elle
lui échappa, et le laissa hors de lui, ne concevant
rien à une conduite si extraordinaire.

Cependant Marguerite disoit à madame de la
Tour : « Pourquoi ne marions-nous pas nos enfans ?
» Ils ont l'un pour l'autre une passion extrême, dont
» mon fils ne s'aperçoit pas encore. Lorsque la nature
» lui aura parlé, en vain nous veillerons sur eux ; tout
» est à craindre ». Madame de la Tour lui répondit :
« Ils sont trop jeunes et trop pauvres. Quel chagrin
» pour nous, si Virginie mettoit au monde des enfans
» malheureux, qu'elle n'auroit peut-être pas la force
» d'élever ! Ton noir Domingue est bien cassé ;
» Marie est infirme. Moi-même, chère amie, depuis
» quinze ans, je me sens fort affoiblie. On vieillit
» promptement dans les pays chauds, et encore
» plus vîte dans le chagrin. Paul est notre unique
» espérance. Attendons que l'âge ait formé son tem-
» pérament, et qu'il puisse nous soutenir par son
» travail. A présent, tu le sais, nous n'avons guère
» que le nécessaire de chaque jour. Mais, en faisant
» passer Paul dans l'Inde, pour un peu de temps, le
» commerce lui fournira de quoi acheter quelque
» esclave, et à son retour ici, nous le marierons à
» Virginie ; car je crois que personne ne peut ren-

» dre ma chère fille aussi heureuse que ton fils
» Paul. Nous en parlerons à notre voisin ».

En effet, ces dames me consultèrent, et je fus de
leur avis. « Les mers de l'Inde sont belles, leur
» dis-je. En prenant une saison favorable pour pas-
» ser d'ici aux Indes, c'est un voyage de six se-
» maines au plus, et d'autant de temps pour en re-
» venir. Nous ferons dans notre quartier une paco-
» tille à Paul, car j'ai des voisins qui l'aiment beau-
» coup. Quand nous ne lui donnerions que du co-
» ton brut, dont nous ne faisons aucun usage faute
» de moulins pour l'éplucher ; du bois d'ébène si
» commun ici, qu'il sert au chauffage, et quelques
» résines qui se perdent dans nos bois ; tout cela se
» vend assez bien aux Indes, et nous est fort inutile
» ici ».

Je me chargeai de demander à M. de la Bourdonnais une permission d'embarquement pour ce
voyage, et avant tout je voulus en prévenir Paul ;
mais quel fut mon étonnement lorsque ce jeune
homme me dit avec un bon sens fort au-dessus de son
âge : « Pourquoi voulez-vous que je quitte ma fa-
» mille pour je ne sais quel projet de fortune ? Y
» a-t-il un commerce au monde plus avantageux que
» la culture d'un champ qui rend quelquefois cin-
» quante et cent pour un ? Si nous voulons faire le
» commerce, ne pouvons-nous pas le faire en por-
» tant notre superflu d'ici à la ville, sans que j'aille

» courir aux Indes ? Nos mères me disent que Do-
» mingue est vieux et cassé ; mais moi je suis jeune ;
» et je me renforce chaque jour. Il n'a qu'à leur
» arriver pendant mon absence quelque accident,
» sur-tout à Virginie, qui est déjà souffrante ! Oh !
» non, non ! je ne saurois me résoudre à les quit-
» ter ».

Sa réponse me jeta dans un grand embarras, car
madame de la Tour ne m'avoit pas caché l'état de
Virginie, et le desir qu'elle avoit de gagner quelques années sur l'âge de ces jeunes gens en les éloignant l'un de l'autre. C'étoient des motifs que je
n'osois même faire soupçonner à Paul.

Sur ces entrefaites un vaisseau arrivé de France
apporta à madame de la Tour une lettre de sa tante.
La crainte de la mort, sans laquelle les cœurs durs
ne seroient jamais sensibles, l'avoit frappée. Elle
sortoit d'une grande maladie dégénérée en langueur,
et que l'âge rendoit incurable. Elle mandoit à sa
nièce de repasser en France ; ou, si sa santé ne lui
permettoit pas de faire un si long voyage, elle lui
enjoignoit de lui envoyer Virginie, à laquelle elle
destinoit une bonne éducation, un parti à la cour,
et la donation de tous ses biens. Elle attachoit, disoit-
elle, le retour de ses bontés à l'exécution de ses
ordres.

A peine cette lettre fut lue dans la famille qu'elle
y répandit la consternation. Domingue et Marie se

mirent à pleurer. Paul, immobile d'étonnement, paroissoit prêt à se mettre en colère. Virginie, les yeux fixés sur sa mère, n'osoit proférer un mot. «Pourriez-vous nous quitter maintenant, dit Mar- » guerite à madame de la Tour ? — Non, mon amie ; » non, mes enfans, reprit madame de la Tour, je » ne vous quitterai point. J'ai vécu avec vous, et » c'est avec vous que je veux mourir. Je n'ai connu » le bonheur que dans votre amitié. Si ma santé est ».dérangée, d'anciens chagrins en sont cause. J'ai » été blessée au cœur par la dureté de mes parens » et par la perte de mon cher époux. Mais depuis » j'ai goûté plus de consolation et de félicité avec » vous, sous ces pauvres cabanes, que jamais les » richesses de ma famille ne m'en ont fait même es- » pérer dans ma Patrie ».

A ce discours, des larmes de joie coulèrent de tous les yeux. Paul, serrant madame de la Tour dans ses bras, lui dit : « Je ne vous quitterai pas » non plus. Je n'irai point aux Indes. Nous travail- » lerons tous pour vous, chère maman ; rien ne » vous manquera jamais avec nous». Mais de toute la société, la personne qui témoigna le moins de joie et qui y fut le plus sensible, fut Virginie. Elle fut le reste du jour d'une gaîté douce, et le retour de sa tranquillité mit le comble à la satisfaction gé- nérale.

Le lendemain, au lever du soleil, comme ils

venoient de faire tous ensemble, suivant leur coutume, la prière du matin qui précédoit le déjeûné,
Domingue les avertit qu'un monsieur à cheval, suivi
de deux esclaves, s'avançoit vers l'habitation. C'é-
toit M. de la Bourdonnais. Il entra dans la case, où
toute la famille étoit à table. Virginie venoit de
servir, suivant l'usage du pays, du café et du riz
cuit à l'eau. Elle y avoit joint des patates chaudes et
des bananes fraîches. Il y avoit pour toute vaisselle
des moitiés de calebasses, et pour linge des feuilles
de bananier. Le gouverneur témoigna d'abord quelque étonnement de la pauvreté de cette demeure.
Ensuite s'adressant à madame de la Tour, il lui dit
que les affaires générales l'empêchoient quelquefois
de songer aux particulières ; mais qu'elle avoit bien
des droits sur lui. « Vous avez, ajouta-t-il, madame,
» une tante de qualité et fort riche à Paris, qui
» vous réserve sa fortune et vous attend auprès
» d'elle ». Madame de la Tour répondit au gouverneur que sa santé altérée ne lui permettoit pas d'entreprendre un si long voyage. « Au moins, reprit
» M. de la Bourdonnais, pour mademoiselle votre
» fille, si jeune et si aimable, vous ne sauriez, sans
» injustice, la priver d'une si grande succession.
» Je ne vous cache pas que votre tante a employé
» l'autorité pour la faire venir auprès d'elle. Les
» bureaux m'ont écrit à ce sujet, d'user, s'il le fal-
» loit, de mon pouvoir ; mais ne l'exerçant que

» pour rendre heureux les habitans de cette colonie,
» j'attends de votre volonté seule un sacrifice de
» quelques années, d'où dépend l'établissement de
» votre fille et le bien-être de toute votre vie. Pour-
» quoi vient-on aux Isles? n'est-ce pas pour y faire
» fortune? N'est-il pas bien plus agréable de l'aller
» retrouver dans sa Patrie » ?

En disant ces mots, il posa sur la table un gros
sac de piastres que portoit un de ses noirs. « Voilà,
» ajouta-t-il, ce qui est destiné aux préparatifs de
» voyage de mademoiselle votre fille, de la part de
» votre tante ». Ensuite il finit par reprocher avec
bonté à madame de la Tour de ne s'être pas adressée à lui dans ses besoins, en la louant cependant
de son noble courage. Paul aussi-tôt prit la parole,
et dit au gouverneur : « Monsieur, ma mère s'est
» adressée à vous, et vous l'avez mal reçue. — Avez-
» vous un autre enfant, madame, dit M. de la Bour-
» donnais à madame de la Tour? — Non, mon-
» sieur, reprit-elle; celui-ci est le fils de mon amie,
» mais lui et Virginie nous sont communs et égale-
» ment chers. — Jeune homme, dit le gouverneur
» à Paul, quand vous aurez acquis l'expérience du
» monde, vous connoîtrez le malheur des gens en
» place; vous saurez combien il est facile de les
» prévenir, combien aisément ils donnent au vice
» intrigant ce qui appartient au mérite qui se cache ».

M. de la Bourdonnais invité par madame de la

Tour, s'assit à table auprès d'elle. Il déjeuna à la
manière des créoles, avec du café mêlé avec du
riz cuit à l'eau. Il fut charmé de l'ordre et de la
propreté de la petite case, de l'union de ces deux
familles charmantes, et du zèle même de leurs vieux
domestiques. « Il n'y a, dit-il, ici que des meubles
» de bois, mais on y trouve des visages sereins et
» des cœurs d'or ». Paul, charmé de la popularité
du gouverneur, lui dit : « Je desire être votre ami ;
» car vous êtes un honnête homme ». M. de la Bourdonnais reçut avec plaisir cette marque de cordialité insulaire. Il embrassa Paul en lui serrant la main,
et l'assura qu'il pouvoit compter sur son amitié.

Après déjeuné il prit madame de la Tour en particulier, et lui dit qu'il se présentoit une occasion
prochaine d'envoyer sa fille en France sur un vaisseau prêt à partir ; qu'il la recommanderoit à une
dame de ses parentes qui y étoit passagère ; qu'il
falloit bien se garder d'abandonner une fortune immense pour une satisfaction de quelques années.
« Votre tante, ajouta-t-il en s'en allant, ne peut pas
» traîner plus de deux ans. Ses amis me l'ont mandé.
» Songez-y bien. La fortune ne vient pas tous les
» jours. Consultez-vous. Tous les gens de bon sens
» seront de mon avis ». Elle lui répondit « que ne
» desirant désormais d'autre bonheur dans le monde
» que celui de sa fille, elle laisseroit son départ pour
» la France entièrement à sa disposition ».

Madame de la Tour n'étoit pas fâchée de trouver une occasion de séparer pour quelque temps Virginie et Paul, en procurant un jour leur bonheur mutuel. Elle prit donc sa fille à part, et lui dit : « Mon enfant, nos domestiques sont vieux, Paul » est bien jeune, Marguerite vient sur l'âge, je suis » déjà infirme ; si j'allois mourir, que deviendriez- » vous sans fortune, au milieu de ces déserts ? Vous » resteriez donc seule, n'ayant personne qui puisse » vous être d'un grand secours, et obligée, pour » vivre, de travailler sans cesse à la terre comme » une mercenaire. Cette idée me pénètre de dou- » leur ». Virginie lui répondit : « Dieu nous a con- » damnés au travail. Vous m'avez appris à travailler » et à le bénir chaque jour. Jusqu'à présent il ne » nous a point abandonnés, il ne nous abandonnera » point encore. Sa providence veille particulière- » ment sur les malheureux. Vous me l'avez dit tant de » fois, ma mère ! Je ne saurois me résoudre à vous » quitter ». Madame de la Tour émue, reprit : « Je » n'ai d'autre projet que de te rendre heureuse, et » de te marier un jour avec Paul, qui n'est point » ton frère. Songe maintenant que sa fortune dépend » de toi ».

Une jeune fille qui aime croit que tout le monde l'ignore. Elle met sur ses yeux le voile qu'elle a sur son cœur ; mais quand il est soulevé par une main amie, alors les peines secrètes de son amour s'é-

chappent comme par une barrière ouverte, et les
doux épanchemens de la confiance succèdent aux
réserves et aux mystères dont elle s'environnoit.
Virginie, sensible aux nouveaux témoignages de
bonté de sa mère, lui raconta quels avóient été ses
combats, qui n'avoient eu d'autres témoins que Dieu
seul; qu'elle voyoit le secours de sa providence dans
celui d'une mère tendre qui approuvoit son inclina-
tion, et qui la dirigeroit par ses conseils; que maintenant appuyée de son support, tout l'engageoit à
rester auprès d'elle sans inquiétude pour le présent
et sans crainte pour l'avenir.

Madame de la Tour voyant que sa confidence
avoit produit un effet contraire à celui qu'elle en
attendoit, lui dit : « Mon enfant, je ne veux point
» te contraindre; délibère à ton aise, mais cache
» ton amour à Paul. Quand le cœur d'une fille est
» pris, son amant n'a plus rien à lui demander ».

Vers le soir, comme elle étoit seule avec Virginie, il entra chez elle un grand homme vêtu d'une
soutane bleue. C'étoit un ecclésiastique missionnaire de l'île, et confesseur de madame de la Tour
et de Virginie. Il étoit envoyé par le gouverneur.
« Mes enfans, dit-il en entrant, Dieu soit loué! vous
» voilà riches. Vous pourrez écouter votre bon cœur,
» faire du bien aux pauvres. Je sais ce que vous a
» dit M. de la Bourdonnais, et ce que vous lui avez
» répondu. Bonne maman, votre santé vous oblige

» de rester ici ; mais vous, jeune demoiselle, vous
» n'avez point d'excuse. Il faut obéir à la provi-
» dence, à nos vieux parens, même injustes. C'est
» un sacrifice, mais c'est l'ordre de Dieu. Il s'est
» dévoué pour nous ; il faut, à son exemple, se
» dévouer pour le bien de sa famille. Votre voyage
» en France aura une fin heureuse. Ne voulez-vous
» pas bien y aller, ma chère demoiselle » ?

Virginie, les yeux baissés, lui répondit en tremblant : « Si c'est l'ordre de Dieu, je ne m'oppose à
» rien. Que la volonté de Dieu soit faite, dit-elle en
» pleurant ».

Le missionnaire sortit, et fut rendre compte au
gouverneur du succès de sa commission. Cependant madame de la Tour m'envoya prier par Domingue de passer chez elle, pour me consulter sur
le départ de Virginie. Je ne fus point du tout d'avis
qu'on la laissât partir. Je tiens pour principes certains du bonheur, qu'il faut préférer les avantages
de la nature à tous ceux de la fortune, et que nous
ne devons point aller chercher hors de nous ce
que nous pouvons trouver chez nous. J'étends
ces maximes à tout, sans exception. Mais que pouvoient mes conseils de modération contre les illusions d'une grande fortune, et mes raisons naturelles
contre les préjugés du monde, et une autorité
sacrée pour madame de la Tour ? Cette dame ne
me consulta donc que par bienséance, et elle ne

IV. K

délibéra plus depuis la décision de son confesseur. Marguerite même, qui, malgré les avantages qu'elle espéroit pour son fils de la fortune de Virginie, s'étoit opposée fortement à son départ, ne fit plus d'objections. Pour Paul, qui ignoroit le parti auquel on se détermineroit, étonné des conversations secrètes de madame de la Tour et de sa fille, il s'abandonnoit à une tristesse sombre. « On trame quelque » chose contre moi, disoit-il, puisqu'on se cache » de moi ».

Cependant le bruit s'étant répandu dans l'île que la fortune avoit visité ces rochers, on y vit grimper des marchands de toute espèce. Ils déployèrent au milieu de ces pauvres cabanes les plus riches étoffes de l'Inde ; les superbes bazins de Goudelour, des mouchoirs de Paliacate et de Mazulipatan, des mousselines de Daca, unies, rayées, brodées, transparentes comme le jour ; des baftas de Surate d'un si beau blanc, des chittes de toutes couleurs et des plus rares, à fond sablé et à rameaux verts. Ils déroulèrent de magnifiques étoffes de soie de la Chine, des lampas découpés à jour, des damas d'un blanc satiné, d'autres d'un vert de prairie, d'autres d'un rouge à éblouir ; des taffetas rose, des satins à pleine main, des pékins, moelleux comme le drap, des nankins blancs et jaunes, et jusqu'à des pagnes de Madagascar.

Madame de la Tour voulut que sa fille achetât tout

ce qui lui feroit plaisir ; elle veilla seulement sur les prix et les qualités des marchandises, de peur que les marchands ne la trompassent. Virginie choisit tout ce qu'elle crut être agréable à sa mère, à Marguerite et à son fils. « Ceci, disoit-elle, étoit bon » pour des meubles, cela pour l'usage de Marie et de » Domingue ». Enfin, le sac de piastres étoit employé, qu'elle n'avoit pas encore songé à ses besoins. Il fallut lui faire son partage sur les présens qu'elle avoit distribués à la société.

Paul, pénétré de douleur à la vue de ces dons de la fortune qui lui présageoient le départ de Virginie, s'en vint quelques jours après chez moi. Il me dit d'un air accablé : « Ma sœur s'en va ; elle fait » déjà les apprêts de son voyage. Passez chez nous, » je vous prie. Employez votre crédit sur l'esprit » de sa mère et de la mienne, pour la retenir ». Je me rendis aux instances de Paul, quoique bien persuadé que mes représentations seroient sans effet.

Si Virginie m'avoit paru charmante en toile bleue de Bengale, avec un mouchoir rouge autour de sa tête, ce fut encore toute autre chose quand je la vis parée à la manière des dames de ce pays. Elle étoit vêtue de mousseline blanche, doublée de taffetas rose. Sa taille légère et élevée se dessinoit parfaitement sous son corset ; et ses cheveux blonds, tressés à double tresse, accompagnoient admirablement sa tête virginale. Ses beaux yeux bleus étoient remplis de mélancolie; et son cœur, agité par une passion combattue, donnoit à son teint une couleur animée, et à sa voix des sons pleins d'émotion. Le contraste même de sa parure élégante, qu'elle sembloit porter malgré elle, rendoit sa langueur encore plus touchante. Personne ne pouvoit la voir ni l'entendre sans se sentir ému. La tristesse de Paul en augmenta. Marguerite, affligée de la situation de son fils, lui dit en particulier : « Pourquoi, mon fils, te nourrir » de fausses espérances, qui rendent les privations » encore plus amères ? Il est temps que je te dé- » couvre le secret de ta vie et de la mienne. Made- » moiselle de la Tour appartient, par sa mère, à une » parente riche et de grande condition. Pour toi tu » n'es que le fils d'une pauvre paysanne, et qui pis » est, tu es bâtard ».

Ce mot de bâtard étonna beaucoup Paul. Il ne l'avoit jamais ouï prononcer : il en demanda la signification à sa mère, qui lui répondit : « Tu n'as point » eu de père légitime. Lorsque j'étois fille, l'amour » me fit commettre une foiblesse, dont tu as été le » fruit. Ma faute t'a privé de ta famille paternelle, » et mon repentir, de ta famille maternelle. Infor- » tuné, tu n'as d'autres parens que moi seule dans » le monde » ! Et elle se mit à répandre des larmes. Paul la serrant dans ses bras, lui dit : « Oh, ma » mère ! puisque je n'ai d'autres parens que vous

» dans le monde, je vous en aimerai davantage.
» Mais quel secret venez-vous de me révéler! Je
» vois maintenant la raison qui éloigne de moi made-
» moiselle de la Tour, depuis deux mois, et qui la
» décide aujourd'hui à partir. Ah! sans doute elle
» me méprise » !

Cependant l'heure de souper étant venue, on se
mit à table, où chacun des convives, agité de passions différentes, mangea peu et ne parla point.
Virginie en sortit la première, et fut s'asseoir au
lieu où nous sommes. Paul la suivit bientôt après,
et vint se mettre auprès d'elle. L'un et l'autre
gardèrent quelque temps un profond silence. Il
faisoit une de ces nuits délicieuses, si communes
entre les tropiques, et dont le plus habile pinceau
ne rendroit pas la beauté. La lune paroissoit, au
milieu du firmament, entourée d'un rideau de nuages
que ses rayons dissipoient par degrés. Sa lumière se
répandoit insensiblement sur les montagnes de l'île
et sur leurs pitons, qui brilloient d'un vert argenté.
Les vents retenoient leurs haleines. On entendoit
dans les bois, au fond des vallées, au haut de ces
rochers, de petits cris, de doux murmures d'oiseaux
qui se caressoient dans leurs nids, réjouis par la
clarté de la nuit et la tranquillité de l'air. Tous,
jusqu'aux insectes, bruissoient sous l'herbe ; les
étoiles étinceloient au ciel, et se réfléchissoient
au sein de la mer, qui répétoit leurs images trem-

blantes. Virginie parcouroit avec des regards distraits
son vaste et sombre horizon, distingué du rivage de
l'île par les feux rouges des pêcheurs; elle aperçut à
l'entrée du port une lumière et une ombre. C'étoient
le fanal et le corps du vaisseau où elle devoit s'embarquer pour l'Europe, et qui, prêt à mettre à
la voile, attendoit à l'ancre la fin du calme. A cette
vue elle se troubla, et détourna la tête pour que
Paul ne la vît pas pleurer.

Madame de la Tour, Marguerite et moi, nous
étions assis à quelques pas de là, sous des bananiers;
et dans le silence de la nuit, nous entendîmes dis-
tinctement leur conversation, que je n'ai pas ou-
bliée.

Paul lui dit : « Mademoiselle, vous partez, dit-
» on, dans trois jours. Vous ne craignez pas de
» vous exposer aux dangers de la mer.... de la
» mer dont vous êtes si effrayée! — Il faut, répondit
» Virginie, que j'obéisse à mes parens, à mon de-
» voir. — Vous nous quittez, reprit Paul, pour une
» parente éloignée, que vous n'avez jamais vue !
» — Hélas ! dit Virginie, je voulois rester ici toute
» ma vie; ma mère ne l'a pas voulu. Mon confesseur
» m'a dit que la volonté de Dieu étoit que je par-
» tisse; que la vie étoit une épreuve.... Oh! c'est
» une épreuve bien dure » !

» Quoi ! repartit Paul, tant de raisons vous ont
» décidée, et aucune ne vous a retenue ! Ah! il en

» est encore que vous ne me dites pas. La richesse a
» de grands attraits. Vous trouverez bientôt dans un
» nouveau monde à qui donner le nom de frère,
» que vous ne me donnez plus. Vous le choisirez,
» ce frère, parmi des gens dignes de vous, par une
» naissance et une fortune que je ne peux vous offrir.
» Mais pour être plus heureuse, où voulez-vous
» aller ? Dans quelle terre aborderez-vous qui vous
» soit plus chère que celle où vous êtes née ? Où
» formerez-vous une société plus aimable que celle
» qui vous aime ? Comment vivrez-vous sans les
» caresses de votre mère, auxquelles vous êtes si
» accoutumée ? Que deviendra-t-elle elle-même,
» déjà sur l'âge, lorsqu'elle ne vous verra plus à ses
» côtés, à la table, dans la maison, à la promenade,
» où elle s'appuyoit sur vous ? Que deviendra la
» mienne, qui vous chérit autant qu'elle ? Que leur
» dirai-je à l'une et à l'autre, quand je les verrai
» pleurer de votre absence ? Cruelle ! je ne vous
» parle point de moi ; mais que deviendrai-je moi-
» même, quand le matin je ne vous verrai plus avec
» nous, et que la nuit viendra sans nous réunir ;
» quand j'apercevrai ces deux palmiers plantés à
» notre naissance, et si long-temps témoins de notre
» amitié mutuelle ? Ah ! puisqu'un nouveau sort te
» touche, que tu cherches d'autres pays que ton pays
» natal, d'autres biens que ceux de mes travaux,
» laisse-moi t'accompagner sur le vaisseau où tu

» pars. Je te rassurerai dans les tempêtes, qui te
» donnent tant d'effroi sur la terre. Je reposerai ta
» tête sur mon sein, je réchaufferai ton cœur contre
» mon cœur; et en France, où tu vas chercher de
» la fortune et de la grandeur, je te servirai comme
» ton esclave. Heureux de ton seul bonheur, dans
» ces hôtels où je te verrai servie et adorée, je serai
» encore assez riche et assez noble pour te faire le
» plus grand des sacrifices, en mourant à tes pieds ».

Les sanglots étouffèrent sa voix, et nous entendîmes aussi-tôt celle de Virginie qui lui disoit ces
mots entrecoupés de soupirs..... « C'est pour toi
» que je pars..... pour toi que j'ai vu chaque jour
» courbé par le travail pour nourrir deux familles
» infirmes. Si je me suis prêtée à l'occasion de deve-
» nir riche, c'est pour te rendre mille fois le bien que
» tu nous as fait. Est-il une fortune digne de ton ami-
» tié? Que me dis-tu de ta naissance? Ah! s'il m'étoit
» encore possible de me donner un frère, en choi-
» sirois-je un autre que toi? O Paul! ô Paul! tu m'es
» beaucoup plus cher qu'un frère! Combien m'en
» a-t-il coûté pour te repousser loin de moi? je vou-
» lois que tu m'aidasses à me séparer de moi-même,
» jusqu'à ce que le ciel pût bénir notre union.
» Maintenant, je reste, je pars, je vis, je meurs;
» fais de moi ce que tu veux. Fille sans vertu! j'ai
» pu résister à tes caresses, et je ne peux soutenir
» ta douleur »!

A ces mots, Paul la saisit dans ses bras, et la tenant étroitement serrée, il s'écria d'une voix terrible : « Je pars avec elle, rien ne pourra m'en » détacher ». Nous courûmes tous à lui. Madame de la Tour lui dit : « Mon fils, si vous nous quittez, » qu'allons-nous devenir » ?

Il répéta en tremblant ces mots : « Mon fils...... » mon fils.... Vous ma mère, lui dit-il, vous qui » séparez le frère d'avec la sœur ! Tous deux nous » avons sucé votre lait ; tous deux élevés sur vos » genoux, nous avons appris de vous à nous aimer ; » tous deux, nous nous le sommes dit mille fois. Et » maintenant vous l'éloignez de moi ! vous l'envoyez » en Europe, dans ce pays barbare qui vous a refusé » un asyle, et chez des parens cruels qui vous ont » vous-même abandonnée ! Vous me direz : Vous » n'avez plus de droits sur elle, elle n'est pas votre » sœur. Elle est tout pour moi, ma richesse, ma » famille, ma naissance, tout mon bien. Je n'en » connois plus d'autre. Nous n'avons eu qu'un toit, » qu'un berceau ; nous n'aurons qu'un tombeau. Si » elle part, il faut que je la suive. Le gouverneur » m'en empêchera ? M'empêchera-t-il de me jeter » à la mer ? Je la suivrai à la nage. La mer ne sau- » roit m'être plus funeste que la terre. Ne pouvant » vivre ici près d'elle, au moins je mourrai sous » ses yeux, loin de vous. Mère barbare ! femme » sans pitié ! Puisse cet Océan où vous l'exposez,

» ne jamais vous la rendre ! Puissent ses flots vous
» rapporter mon corps, et le roulant avec le sien
» parmi les cailloux de ces rivages, vous donner par
» la perte de vos deux enfans, un sujet éternel de
» douleur » !

A ces mots, je le saisis dans mes bras ; car le
désespoir lui ôtoit la raison. Ses yeux étinceloient ;
la sueur couloit à grosses gouttes sur son visage en
feu; ses genoux trembloient, et je sentois dans sa poitrine brûlante son cœur battre à coups redoublés.

Virginie effrayée lui dit : « Oh, mon ami ! j'atteste
» les plaisirs de notre premier âge, tes maux, les
» miens, et tout ce qui doit lier à jamais deux
» infortunés ; si je reste, de ne vivre que pour toi ;
» si je pars, de revenir un jour pour être à toi. Je
» vous prends à témoins, vous tous qui avez élevé
» mon enfance, qui disposez de ma vie, et qui
» voyez mes larmes. Je le jure par ce ciel qui m'en-
» tend, par cette mer que je dois traverser, par
» l'air que je respire, et que je n'ai jamais souillé du
» mensonge ».

Comme le soleil fond et précipite un rocher de
glace du sommet des Apennins, ainsi tomba la colère
impétueuse de ce jeune homme, à la voix de l'objet aimé. Sa tête altière étoit baissée, et un torrent
de pleurs couloit de ses yeux. Sa mère, mêlant ses
larmes aux siennes, le tenoit embrassé sans pouvoir parler. Madame de la Tour hors d'elle, me

dit : « Je n'y puis tenir. Mon ame est déchirée. Ce
» malheureux voyage n'aura pas lieu. Mon voisin,
» tâchez d'emmener mon fils. Il y a huit jours que
» personne ici n'a dormi ».

Je dis à Paul : « Mon ami, votre sœur restera.
» Demain nous en parlerons au gouverneur, laissez
» reposer votre famille, et venez passer cette nuit
» chez moi. Il est tard ; il est minuit. La croix du
» sud est droite sur l'horizon ».

Il se laissa emmener sans rien dire ; et après une
nuit fort agitée, il se leva au point du jour, et s'en
retourna à son habitation.

Mais qu'est-il besoin de vous continuer plus long-
temps le récit de cette histoire ? Il n'y a jamais
qu'un côté agréable à connoître dans la vie humaine.
Semblable au globe sur lequel nous tournons, notre
révolution rapide n'est que d'un jour, et une partie
de ce jour ne peut recevoir la lumière que l'autre
ne soit livrée aux ténèbres.

« Mon père, lui dis-je, je vous en conjure ;
» achevez de me raconter ce que vous avez com-
» mencé d'une manière si touchante. Les images du
» bonheur nous plaisent, mais celles du malheur nous
» instruisent. Que devint, je vous prie, l'infortuné
» Paul » ?

Le premier objet que vit Paul, en retournant à
l'habitation, fut la négresse Marie, qui, montée sur
un rocher, regardoit vers la pleine mer. Il lui cria

du plus loin qu'il l'aperçut : « Où est Virginie » ?
Marie tourna la tête vers son jeune maître, et se
mit à pleurer. Paul, hors de lui, revint sur ses pas,
et courut au port. Il y apprit que Virginie s'étoit
embarquée au point du jour, que son vaisseau avoit
mis à la voile aussi-tôt, et qu'on ne le voyoit plus.
Il revint à l'habitation, qu'il traversa sans parler à
personne.

Quoique cette enceinte de rochers paroisse derrière nous presque perpendiculaire, ces plateaux
verts qui en divisent la hauteur, sont autant d'étages par lesquels on parvient, au moyen de quelques sentiers difficiles, jusqu'au pied de ce cône de
rocher incliné et inaccessible, qu'on appelle le
Pouce. A la base de ce rocher est une esplanade
couverte de grands arbres, mais si élevée et si
escarpée, qu'elle est comme une grande forêt dans
l'air, environnée de précipices effroyables. Les nuages que le sommet du Pouce attire sans cesse autour
de lui, y entretiennent plusieurs ruisseaux qui tombent à une si grande profondeur au fond de la
vallée située au revers de cette montagne ; que de
cette hauteur on n'entend point le bruit de leur
chute. De ce lieu, on voit une grande partie de
l'île avec ses mornes surmontés de leurs pitons ;
entr'autres, Piterboth et les Trois-Mamelles avec
leurs vallons remplis de forêts ; puis la pleine mer,
et l'île Bourbon qui est à 40 lieues de-là vers l'oc-

cident. Ce fut de cette élévation que Paul aperçut
le vaisseau qui emmenoit Virginie. Il le vit à plus de
dix lieues au large, comme un point noir au milieu
du vaste Océan. Il resta une partie du jour tout
occupé à le considérer ; il étoit déjà disparu, qu'il
croyoit le voir encore ; et quand il fut perdu dans
la vapeur de l'horizon, il s'assit dans ce lieu sauvage, toujours battu des vents qui y agitent sans
cesse les sommets des palmistes et des tatamaques.
Leur murmure sourd et mugissant ressemble au
bruit lointain des orgues, et inspire une profonde
mélancolie. Ce fut là que je trouvai Paul, la tête
appuyée contre le rocher, et les yeux fixés vers la
terre. Je marchois après lui depuis le lever du
soleil : j'eus beaucoup de peine à le déterminer à
descendre, et à revoir sa famille. Je le remenai
cependant à son habitation ; et son premier mouvement, en revoyant madame de la Tour, fut de se
plaindre amèrement qu'elle l'avoit trompé. Madame
de la Tour nous dit que le vent s'étant levé vers les
trois heures du matin, le vaisseau étant au moment
d'appareiller, le gouverneur, suivi d'une partie de
son état-major et du missionnaire, étoit venu chercher Virginie en palanquin ; et que, malgré ses
propres raisons, ses larmes et celles de Marguerite,
tout le monde criant que c'étoit pour leur bien à tous,
ils avoient emmené sa fille à demi mourante. « Au
» moins, répondit Paul, si je lui avois fait mes

» adieux, je serois tranquille à présent. Je lui aurois
» dit : Virginie, si pendant le temps que nous avons
» vécu ensemble il m'est échappé quelque parole
» qui vous ait offensée, avant de me quitter pour
» jamais, dites-moi que vous me le pardonnez. Je
» lui aurois dit : Puisque je ne suis plus destiné à
» vous revoir, adieu, ma chère Virginie ! adieu !
» vivez loin de moi, contente et heureuse » ! Et
comme il vit que sa mère et madame de la Tour
pleuroient : « Cherchez maintenant, leur dit-il, quel-
» qu'autre que moi qui essuie vos larmes » ! Puis
il s'éloigna d'elles en gémissant, et se mit à errer
çà et là dans l'habitation. Il en parcouroit tous les
endroits qui avoient été les plus chers à Virginie.
Il disoit à ses chèvres, et à leurs petits chevreaux,
qui le suivoient en bêlant : « Que me demandez-
» vous ? vous ne reverrez plus avec moi, celle qui
» vous donnoit à manger dans sa main ». Il fut au
repos de Virginie ; et, à la vue des oiseaux qui vol-
tigeoient autour, il s'écria : « Pauvres oiseaux ! vous
» n'irez plus au-devant de celle qui étoit votre bonne
» nourrice ». En voyant Fidèle qui flairoit çà et là,
et marchoit devant lui en quêtant, il soupira, et
lui dit : « Oh ! tu ne la trouveras plus jamais ». Enfin,
il fut s'asseoir sur le rocher où il lui avoit parlé la
veille, et à l'aspect de la mer où il avoit vu dis-
paroître le vaisseau qui l'avoit emmenée, il pleura
abondamment.

Cependant nous le suivions pas à pas, craignant quelque suite funeste de l'agitation de son esprit. Sa mère et madame de la Tour le prioient, par les termes les plus tendres, de ne pas augmenter leur douleur par son désespoir. Enfin celle-ci parvint à le calmer en lui prodiguant les noms les plus propres à réveiller ses espérances. Elle l'appeloit son fils, son cher fils, son gendre, celui à qui elle destinoit sa fille. Elle l'engagea à rentrer dans la maison, et à y prendre quelque peu de nourriture. Il s'y mit à table avec nous, auprès de la place où se mettoit la compagne de son enfance : et comme si elle l'eût encore occupée, il lui adressoit la parole, et lui présentoit les mets qu'il savoit lui être les plus agréables ; mais dès qu'il s'apercevoit de son erreur, il se mettoit à pleurer. Les jours suivans, il recueillit tout ce qui avoit été à son usage particulier, les derniers bouquets qu'elle avoit portés, une tasse de coco où elle avoit coutume de boire ; et comme si ces restes de son amie eussent été les choses du monde les plus précieuses, il les baisoit et les mettoit dans son sein. L'ambre ne répand pas un parfum aussi doux que les objets touchés par l'objet que l'on aime. Enfin, voyant que ses regrets augmentoient ceux de sa mère et de madame de la Tour, et que les besoins de la famille demandoient un travail continuel, il se mit, avec l'aide de Domingue, à réparer le jardin.

Bientôt ce jeune homme, indifférent comme un
créole pour tout ce qui se passe dans le monde, me
pria de lui apprendre à lire et à écrire, afin qu'il
pût entretenir une correspondance avec Virginie. Il
voulut ensuite s'instruire dans la géographie, pour
se faire une idée du pays où elle débarqueroit, et
dans l'histoire, pour connoître les mœurs de la
société où elle alloit vivre. Ainsi, il s'étoit perfec-
tionné dans l'agriculture, et dans l'art de disposer
avec agrément le terrein le plus irrégulier, par le
sentiment de l'amour. Sans doute, c'est aux jouissances que se propose cette passion ardente et inquiète, que les hommes doivent la plupart des
sciences et des arts ; et c'est de ses privations qu'est
née la philosophie, qui apprend à se consoler de
tout. Ainsi la nature ayant fait l'amour le lien de tous
les êtres, l'a rendu le premier mobile de nos sociétés, et l'instigateur de nos lumières et de nos
plaisirs.

Paul ne trouva pas beaucoup de goût dans l'étude
de la géographie, qui, au lieu de nous décrire la
nature de chaque pays, ne nous en présente que les
divisions politiques. L'histoire, et sur-tout l'histoire
moderne, ne l'intéressa guère davantage. Il n'y
voyoit que des malheurs généraux et périodiques,
dont il n'apercevoit pas les causes ; des guerres sans
sujet et sans objet ; des intrigues obscures ; des
nations sans caractère, et des princes sans humanité.

Il préféroit à cette lecture celle des romans, qui, s'occupant davantage des sentimens et des intérêts des hommes, lui offroient quelquefois des situations pareilles à la sienne. Aussi aucun livre ne lui fit autant de plaisir que le Télémaque, par ses tableaux de la vie champêtre et des passions naturelles au cœur humain. Il en lisoit à sa mère et à madame de la Tour, les endroits qui l'affectoient davantage ; alors, ému par de touchans ressouvenirs, sa voix s'étouffoit, et les larmes couloient de ses yeux. Il lui sembloit trouver dans Virginie la dignité et la sagesse d'Antiope, avec les malheurs et la tendresse d'Eucharis. D'un autre côté, il fut tout bouleversé par la lecture de nos romans à la mode, pleins de mœurs et de maximes licencieuses ; et quand il sut que ces romans renfermoient une peinture véritable des sociétés de l'Europe, il craignit, non sans quelque apparence de raison, que Virginie ne vînt à s'y corrompre et à l'oublier.

En effet, plus d'un an et demi s'étoit écoulé sans que madame de la Tour eût des nouvelles de sa tante et de sa fille ; seulement elle avoit appris par une voie étrangère que celle-ci étoit arrivée heureusement en France. Enfin elle reçut par un vaisseau qui alloit aux Indes, un paquet et une lettre écrite de la propre main de Virginie. Malgré la circonspection de son aimable et indulgente fille, elle jugea qu'elle étoit fort malheureuse. Cette lettre peignoit

si bien sa situation et son caractère, que je l'ai retenue presque mot pour mot.

« TRÈS-CHÈRE ET BIEN AIMÉE MAMAN,

» Je vous ai déjà écrit plusieurs lettres de mon
» écriture ; et comme je n'en ai pas eu de réponse,
» j'ai lieu de craindre qu'elles ne vous soient point
» parvenues. J'espère mieux de celle-ci par les pré-
» cautions que j'ai prises pour vous donner de mes
» nouvelles et pour recevoir des vôtres.

» J'ai versé bien des larmes depuis notre sépara-
» tion, moi qui n'avois presque jamais pleuré que
» sur les maux d'autrui ! Ma grand'tante fut bien
» surprise à mon arrivée, lorsque m'ayant ques-
» tionnée sur mes talens, je lui dis que je ne savois
» ni lire ni écrire. Elle me demanda qu'est-ce que
» j'avois donc appris depuis que j'étois au monde ;
» et quand je lui eus répondu que c'étoit à avoir
» soin d'un ménage et à faire votre volonté, elle me
» dit que j'avois reçu l'éducation d'une servante.
» Elle me mit, dès le lendemain, en pension dans
» une grande abbaye auprès de Paris, où j'ai des
» maîtres de toute espèce : ils m'enseignent, entre
» autres choses, l'histoire, la géographie, la gram-
» maire, la mathématique, et à monter à cheval ;
» mais j'ai de si foibles dispositions pour toutes ces
» sciences, que je ne profiterai pas beaucoup avec
» ces messieurs. Je sens que je suis une pauvre

» créature qui ai peu d'esprit, comme ils le font
» entendre. Cependant les bontés de ma tante ne se
» refroidissent point. Elle me donne des robes nou-
» velles à chaque saison. Elle a mis près de moi
» deux femmes-de-chambre qui sont aussi bien pa-
» rées que de grandes dames. Elle m'a fait prendre
» le titre de comtesse, mais elle m'a fait quitter
» mon nom de LA TOUR, qui m'étoit aussi cher
» qu'à vous - même, par tout ce que vous m'avez
» raconté des peines que mon père avoit souffertes
» pour vous épouser. Elle a remplacé votre nom de
» femme par celui de votre famille, qui m'est en-
» core cher cependant, parce qu'il a été votre nom
» de fille. Me voyant dans une situation aussi bril-
» lante, je l'ai suppliée de vous envoyer quelque
» secours. Comment vous rendre sa réponse ? mais
» vous m'avez recommandé de vous dire toujours la
» vérité. Elle m'a donc répondu que peu ne vous
» serviroit à rien, et que dans la vie simple que
» vous menez, beaucoup vous embarrasseroit. J'ai
» cherché d'abord à vous donner de mes nouvelles
» par une main étrangère, au défaut de la mienne.
» Mais n'ayant à mon arrivée ici personne en qui je
» pusse prendre confiance, je me suis appliquée
» nuit et jour à apprendre à lire et à écrire. Dieu
» m'a fait la grace d'en venir à bout en peu de temps.
» J'ai chargé de l'envoi de mes premières lettres les
» dames qui sont auprès de moi ; mais j'ai lieu de

» croire qu'elles les ont remises à ma grand'tante.
» Cette fois j'ai eu recours à une pensionnaire de
» mes amies, et c'est sous son adresse ci-jointe que
» je vous prie de me faire passer vos réponses. Ma
» grand'tante m'a interdit toute correspondance
» au-dehors, qui pourroit, selon elle, mettre obs-
» tacle aux grandes vues qu'elle a sur moi. Il n'y a
» qu'elle qui puisse me voir à la grille, ainsi qu'un
» vieux seigneur de ses amis qui a, dit-elle, beau-
» coup de goût pour ma personne. Pour dire la
» vérité, je n'en ai point du tout pour lui, quand
» même j'en pourrois prendre pour quelqu'un.

» Je vis au milieu de l'éclat de la fortune, et je
» ne peux disposer d'un sou. On dit que si j'avois
» de l'argent cela tireroit à conséquence. Mes robes
» même appartiennent à mes femmes-de-chambre,
» qui se les disputent avant que je les aie quittées.
» Au sein des richesses je suis bien plus pauvre que
» je ne l'étois auprès de vous, car je n'ai rien à don-
» ner. Lorsque j'ai vu que les grands talens que l'on
» m'enseignoit ne me procuroient pas la facilité de
» faire le plus petit bien, j'ai eu recours à mon ai-
» guille, dont heureusement vous m'avez appris à
» faire usage. Je vous envoie donc plusieurs paires
» de bas de ma façon, pour vous et maman Mar-
» guerite, un bonnet pour Domingue, et un de
» mes mouchoirs rouges pour Marie ; je joins à ce
» paquet des pepins et des noyaux des fruits de mes

» collations, avec des graines de toutes sortes d'arbres
» que j'ai cueillies à mes heures de récréation dans
» le parc de l'abbaye. J'y ai ajouté aussi des semences
» de violettes, de marguerites, de bassinets, de co-
» quelicots, de bluets, de scabieuses, que j'ai ra-
» massées dans les champs. Il y a dans les prairies
» de ce pays de plus belles fleurs que dans les nôtres,
» mais personne ne s'en soucie. Je suis sûre que
» vous et maman Marguerite serez plus contentes de
» ce sac de graines que du sac de piastres qui a été
» la cause de notre séparation et de mes larmes. Ce
» sera une grande joie pour moi si vous avez un jour
» la satisfaction de voir des pommiers croître auprès
» de nos bananiers, et des hêtres mêler leurs feuil-
» lages à celui de nos cocotiers. Vous vous croirez
» dans la Normandie, que vous aimez tant.

» Vous m'avez enjoint de vous mander mes
» joies et mes peines; je n'ai plus de joie loin de
» vous : pour mes peines, je suis dans un poste où
» vous m'avez mise par la volonté de Dieu. Mais le
» plus grand chagrin que j'y éprouve, est que per-
» sonne ne me parle ici de vous, et que je n'en
» puis parler à personne. Mes femmes-de-chambre,
» ou plutôt celles de ma grand'tante, car elles sont
» plus à elle qu'à moi, me disent, lorsque je cherche
» à amener la conversation sur ces objets qui me
» sont si chers : Mademoiselle, souvenez-vous que
» vous êtes française, et que vous devez oublier le

» pays des sauvages. Ah ! je m'oublierois plutôt
» moi-même que d'oublier le lieu où je suis née et
» où vous vivez ! C'est ce pays-ci qui est pour moi
» un pays de sauvages, car j'y vis seule, n'ayant
» personne à qui je puisse faire part de l'amour que
» vous portera jusqu'au tombeau,

» Très-chère et bien-aimée maman, votre
» obéissante et tendre fille,

» VIRGINIE DE LA TOUR ».

« Je recommande à vos bontés Marie et Domingue,
» qui ont pris tant de soin de mon enfance : cares-
» sez pour moi Fidèle, qui m'a trouvée dans les
» bois ».

Paul fut bien étonné de ce que Virginie ne parloit pas du tout de lui, elle qui n'avoit pas oublié
dans ses ressouvenirs le chien même de la maison ;
mais il ne savoit pas que, quelque longue que soit
la lettre d'une femme, elle n'y met jamais sa pensée
la plus chère qu'à la fin.

Dans un *post-scriptum*, Virginie recommandoit
particulièrement à Paul deux espèces de graines,
celles de violette et de scabieuse. Elle lui donnoit
quelques instructions sur les caractères de ces plantes
et sur les lieux les plus propres à les semer. « La
» violette, lui mandoit-elle, produit une petite
» fleur d'un violet foncé, qui aime à se cacher sous
» des buissons ; mais son charmant parfum l'y fait

» bientôt découvrir ». Elle lui enjoignoit de la semer sur le bord de la fontaine, au pied de son cocotier. « La scabieuse, ajoutoit-elle, donne une
» jolie fleur d'un bleu mourant et à fond noir pi-
» queté de blanc. On la croiroit en deuil. On l'ap-
» pelle aussi pour cette raison fleur de veuve. Elle
» se plaît dans les lieux âpres et battus des vents ».
Elle le prioit de la semer sur le rocher où elle lui
avoit parlé la nuit la dernière fois, et de donner à
ce rocher, pour l'amour d'elle, le nom du Rocher
des Adieux.

Elle avoit renfermé ces semences dans une petite
bourse dont le tissu étoit fort simple, mais qui parut sans prix à Paul, lorsqu'il y aperçut un P. et un
V. entrelacés, et formés de cheveux qu'il reconnut
à leur beauté pour être ceux de Virginie.

La lettre de cette sensible et vertueuse demoiselle fit verser des larmes à toute la famille. Sa mère
lui répondit, au nom de la société, de rester ou de
revenir à son gré, l'assurant qu'ils avoient tous perdu
la meilleure partie de leur bonheur depuis son départ, et que pour elle en particulier elle en étoit
inconsolable.

Paul lui écrivit une lettre fort longue, où il l'as-
suroit qu'il alloit rendre le jardin digne d'elle, et y
mêler des plantes de l'Europe à celles de l'Afrique,
ainsi qu'elle avoit entrelacé leurs noms dans son
ouvrage. Il lui envoyoit des fruits des cocotiers de

sa fontaine, parvenus à une maturité parfaite. Il n'y joignoit, ajoutoit-il, aucune autre semence de l'île, afin que le desir d'en revoir les productions la déterminât à y revenir promptement. Il la supplioit de se rendre au plutôt aux vœux ardens de leur famille, et aux siens particuliers, puisqu'il ne pouvoit désormais goûter aucune joie loin d'elle.

Paul sema avec le plus grand soin les graines européennes, et sur-tout celles de violette et de scabieuse, dont les fleurs sembloient avoir quelque analogie avec le caractère et la situation de Virginie, qui les lui avoit si particulièrement recommandées; mais, soit qu'elles eussent été éventées dans le trajet, soit plutôt que le climat de cette partie de l'Afrique ne leur soit pas favorable, il n'en germa qu'un petit nombre qui ne put venir à sa perfection.

Cependant l'envie, qui va même au-devant du bonheur des hommes, sur-tout dans les colonies françaises, répandit dans l'île des bruits qui donnoient beaucoup d'inquiétude à Paul. Les gens du vaisseau qui avoient apporté la lettre de Virginie assuroient qu'elle étoit sur le point de se marier; ils nommoient le Seigneur de la Cour qui devoit l'épouser; quelques-uns même disoient que la chose étoit faite, et qu'ils en avoient été témoins. D'abord Paul méprisa des nouvelles apportées par un vaisseau de commerce, qui en répand souvent de fausses

sur les lieux de son passage. Mais comme plusieurs
habitans de l'île, par une pitié perfide, s'empressoient de le plaindre de cet événement, il commença à y ajouter quelque croyance. D'ailleurs,
dans quelques-uns des romans qu'il avoit lus, il
voyoit la trahison traitée de plaisanterie; et comme
il savoit que ces livres renfermoient des peintures
assez fidèles des mœurs de l'Europe, il craignit
que la fille de madame de la Tour ne vînt à s'y corrompre et à oublier ses anciens engagemens. Ses lumières le rendoient déjà malheureux. Ce qui acheva
d'augmenter ses craintes, c'est que plusieurs vaisseaux d'Europe arrivèrent ici depuis, dans l'espace
de six mois, sans qu'aucun d'eux apportât des nouvelles de Virginie.

Cet infortuné jeune homme livré à toutes les agitations de son cœur, venoit me voir souvent pour
confirmer ou pour bannir ses inquiétudes par mon
expérience du monde.

Je demeure, comme je vous l'ai dit, à une lieue
et demie d'ici, sur les bords d'une petite rivière qui
coule le long de la montagne Longue. C'est là que
je passe ma vie seul, sans femmes, sans enfans et
sans esclaves.

Après le rare bonheur de trouver une compagne
qui nous soit bien assortie, l'état le moins malheureux de la vie est sans doute de vivre seul.
Tout homme qui a eu beaucoup à se plaindre des

hommes , cherche la solitude. Il est même très-
remarquable que tous les peuples malheureux par
leurs opinions , leurs mœurs ou leurs gouvernemens , ont produit des classes nombreuses de citoyens entièrement dévoués à la solitude et au cé-
libat. Tels ont été les Egyptiens dans leur décadence, les Grecs du bas-empire ; et tels sont, de
nos jours , les Indiens , les Chinois , les Grecs modernes , les Italiens et la plupart des peuples orien-
taux et méridionaux de l'Europe. La solitude ramène en partie l'homme au bonheur naturel , en
éloignant de lui le malheur social. Au milieu de nos
sociétés divisées par tant de préjugés , l'ame est dans
une agitation continuelle; elle roule sans cesse en
elle-même mille opinions turbulentes et contradic-
toires , dont les membres d'une société ambitieuse
et misérable cherchent à se subjuguer les uns les
autres. Mais dans la solitude elle dépose ces illusions étrangères qui la troublent ; elle reprend le
sentiment simple d'elle-même, de la nature et de
son auteur. Ainsi l'eau bourbeuse d'un torrent qui
ravage les campagnes venant à se répandre dans
quelque petit bassin écarté de son cours , dépose
ses vases au fond de son lit, reprend sa première
limpidité , et , redevenue transparente , réfléchit
avec ses propres rivages la verdure de la terre et la
lumière des cieux. La solitude rétablit aussi bien
les harmonies du corps que celles de l'ame. C'est

dans la classe des solitaires que se trouvent les hommes qui poussent le plus loin la carrière de la vie ; tels sont les Brames de l'Inde. Enfin, je la crois si nécessaire au bonheur dans le monde même, qu'il me paroît impossible d'y goûter un plaisir durable de quelque sentiment que ce soit, ou de régler sa conduite sur quelque principe stable, si l'on ne se fait une solitude intérieure, d'où notre opinion sorte bien rarement, et où celle d'autrui n'entre jamais. Je ne veux pas dire toutefois que l'homme doive vivre absolument seul ; il est lié avec tout le genre humain par ses besoins ; il doit donc ses travaux aux hommes ; il se doit aussi au reste de la nature. Mais comme Dieu a donné à chacun de nous des organes parfaitement assortis aux élémens du globe où nous vivons, des pieds pour le sol, des poumons pour l'air, des yeux pour la lumière, sans que nous puissions intervertir l'usage de ces sens, il s'est réservé pour lui seul, qui est l'auteur de la vie, le cœur, qui en est le principal organe.

Je passe donc mes jours loin des hommes que j'ai voulu servir, et qui m'ont persécuté. Après avoir parcouru une grande partie de l'Europe et quelques cantons de l'Amérique et de l'Afrique, je me suis fixé dans cette île peu habitée, séduit par sa douce température et par ses solitudes. Une cabane que j'ai bâtie dans la forêt, au pied d'un arbre, un petit champ défriché de mes mains, une

rivière qui coule devant ma porte, suffisent à mes
besoins et à mes plaisirs. Je joins à ces jouissances
celle de quelques bons livres qui m'apprennent à
devenir meilleur. Ils font encore servir à mon bonheur le monde même que j'ai quitté; ils me présentent
des tableaux des passions qui en rendent les habitans si misérables; et, par la comparaison que je
fais de leur sort au mien, ils me font jouir d'un
bonheur négatif. Comme un homme sauvé du naufrage sur un rocher, je contemple de ma solitude
les orages qui frémissent dans le reste du monde.
Mon repos même redouble par le bruit lointain de
la tempête. Depuis que les hommes ne sont plus
sur mon chemin, et que je ne suis plus sur le leur,
je ne les hais plus, je les plains. Si je rencontre
quelque infortuné, je tâche de venir à son secours
par mes conseils, comme un passant sur le bord
d'un torrent tend la main à un malheureux qui s'y
noye. Mais je n'ai guère trouvé que l'innocence
attentive à ma voix. La nature appelle en vain à elle
le reste des hommes, chacun d'eux se fait d'elle
une image qu'il revêt de ses propres passions. Il
poursuit toute sa vie ce vain fantôme qui l'égare, et
il se plaint ensuite au ciel de l'erreur qu'il s'est formée lui-même. Parmi un grand nombre d'infortunés que j'ai quelquefois essayé de ramener à la nature, je n'en ai pas trouvé un seul qui ne fût enivré
de ses propres misères. Ils m'écoutoient d'abord avec

attention, dans l'espérance que je les aiderois à acquérir de la gloire ou de la fortune ; mais voyant que je ne voulois leur apprendre qu'à s'en passer, *ils me* trouvoient moi-même misérable de ne pas courir après leur malheureux bonheur ; ils blâmoient ma vie solitaire ; ils prétendoient qu'eux seuls étoient utiles aux hommes, et ils s'efforçoient de m'entraîner dans leur tourbillon. Mais si je me communique à tout le monde, je ne me livre à personne. Souvent il me suffit de moi pour me servir de leçon à moi-même. Je repasse dans le calme présent les agitations passées de ma propre vie, auxquelles j'ai donné tant de prix ; les protections, la fortune, la réputation, les voluptés et les opinions qui se combattent par toute la terre. Je compare tant d'hommes que j'ai vu se disputer avec fureur ces chimères, et qui ne sont plus, aux flots de ma rivière, qui se brisent en écumant contre les rochers de son lit, et disparoissent pour ne revenir jamais. Pour moi je me laisse entraîner en paix au fleuve du temps vers l'océan de l'avenir qui n'a plus de rivages ; et par le spectacle des harmonies actuelles de la nature, je m'élève vers son auteur, et j'espère dans un autre monde de plus heureux destins.

Quoiqu'on n'aperçoive pas de mon hermitage situé au milieu d'une forêt, cette multitude d'objets que nous présente l'élévation du lieu où nous sommes, il s'y trouve des dispositions intéressantes, sur-tout pour un homme qui, comme moi, aime mieux rentrer en lui-même que s'étendre au-dehors. La rivière qui coule devant ma porte passe en ligne droite à travers les bois, en sorte qu'elle me présente un long canal ombragé d'arbres de toute sorte de feuillages ; il y a des tatamaques, des bois d'ébène, et de ceux qu'on appelle ici bois de pomme, bois d'olive et bois de cannelle ; des bosquets de palmistes élèvent çà et là leurs colonnes nues et longues de plus de cent pieds, surmontées à leurs sommets d'un bouquet de palmes, et paroissent au-dessus des autres arbres comme une forêt plantée sur une autre forêt. Il s'y joint des lianes de divers feuillages, et qui s'enlaçant d'un arbre à l'autre, forment ici des arcades de fleurs, là de longues courtines de verdure. Des odeurs aromatiques sortent de la plupart de ces arbres, et leurs parfums ont tant d'influence sur les vêtemens même, qu'on sent ici un homme qui a traversé une forêt quelques heures après qu'il en est sorti. Dans la saison où ils donnent leurs fleurs vous les diriez à demi-couverts de neige. A la fin de l'été plusieurs espèces d'oiseaux étrangers viennent, par un instinct incompréhensible, des régions inconnues au-delà des vastes mers, récolter les graines des végétaux de cette île, et opposent l'éclat de leurs couleurs à la verdure des arbres rembrunie par le soleil. Telles sont, entre autres, diverses espèces de perruches et les pigeons bleus, appelés ici pigeons hollandais. Les singes, habitans domiciliés de ces forêts, se jouent dans leurs sombres rameaux, dont ils se détachent par leur poil gris et verdâtre; et leur face toute noire; quelques-uns s'y suspendent par la queue et se balancent en l'air; d'autres sautent de branche en branche, portant leurs petits dans leurs bras. Jamais le fusil meurtrier n'y a effrayé ces paisibles enfans de la nature. On n'y entend que des cris de joie, des gazouillemens et des ramages inconnus de quelques oiseaux des terres australes, que répètent au loin les échos de ces forêts. La rivière qui coule en bouillonnant sur un lit de roche, à travers les arbres, réfléchit çà et là dans ses eaux limpides, leurs masses vénérables de verdure et d'ombre, ainsi que les jeux de leurs heureux habitans; à mille pas de là elle se précipite de différens étages de rochers, et forme à sa chute une nappe d'eau unie comme le cristal, qui se brise en tombant en bouillons d'écume. Mille bruits confus sortent de ces eaux tumultueuses; et, dispersés par les vents dans la forêt, tantôt ils fuient au loin, tantôt ils se rapprochent tous à la fois et assourdissent comme les sons des cloches d'une cathédrale. L'air sans cesse renouvelé par le mouvement des eaux entretient sur les bords de cette rivière, malgré les ardeurs de l'été, une verdure et une fraîcheur qu'on trouve rarement dans cette île , sur le haut même des montagnes.

A quelque distance de là est un rocher assez éloigné de la cascade pour qu'on n'y soit pas étourdi du bruit de ses eaux , et qui en est assez voisin pour y jouir de leur vue , de leur fraîcheur et de leur murmure. Nous allions quelquefois, dans les grandes chaleurs , dîner à l'ombre de ce rocher , madame de la Tour , Marguerite , Virginie , Paul et moi. Comme Virginie dirigeoit toujours au bien d'autrui ses actions , même les plus communes, elle ne mangeoit pas un fruit à la campagne qu'elle n'en mît en terre les noyaux ou les pepins. «Il en viendra , » disoit-elle , des arbres qui donneront leurs fruits à » quelque voyageur, ou au moins à un oiseau ». Un jour donc qu'elle avoit mangé une papaye au pied de ce rocher, elle y planta les semences de ce fruit. Bientôt après il y crût plusieurs papayers , parmi lesquels il y en avoit un femelle , c'est-à-dire qui porte des fruits. Cet arbre n'étoit pas si haut que le genou de Virginie à son départ; mais comme il croît vite , trois ans après il avoit vingt pieds de hauteur, et son tronc étoit entouré , dans sa partie supérieure, de plusieurs rangs de fruits mûrs. Paul s'étant rendu par hasard dans ce lieu , fut rempli de joie en voyant ce grand arbre sorti d'une petite graine qu'il avoit vu planter par son amie ; et en même temps il fut saisi d'une tristesse profonde par ce témoignage de sa longue absence. Les objets que nous voyons habituellement ne nous font pas apercevoir de la rapidité de notre vie : ils vieillissent avec nous d'une vieillesse insensible ; mais ce sont ceux que nous revoyons tout-à-coup après les avoir perdus quelques années de vue, qui nous avertissent de la vîtesse avec laquelle s'écoule le fleuve de nos jours. Paul fut aussi surpris et aussi troublé à la vue de ce grand papayer chargé de fruits, qu'un voyageur l'est, après une longue absence de son pays, de n'y plus retrouver ses contemporains, et d'y voir leurs enfans, qu'il avoit laissés à la mamelle, devenus eux-mêmes pères de famille. Tantôt il vouloit l'abattre, parce qu'il lui rendoit trop sensible la longueur du temps qui s'étoit écoulé depuis le départ de Virginie ; tantôt le considérant comme un monument de sa bienfaisance, il baisoit son tronc et lui adressoit des paroles pleines d'amour et de regrets. O arbre ! dont la postérité existe encore dans nos bois, je vous ai vu moi-même avec plus d'intérêt et de vénération que les arcs de triomphe des Romains ! Puisse la nature, qui détruit chaque jour les monumens de l'ambition des rois, multiplier dans nos forêts ceux de la bienfaisance d'une jeune et pauvre fille !

C'étoit donc au pied de ce papayer que j'étois sûr de rencontrer Paul quand il venoit dans mon quartier. Un jour je l'y trouvai accablé de mélancolie, et j'eus avec lui une conversation que je vais vous rapporter, si je ne vous suis point trop ennuyeux par mes longues digressions, pardonnables à mon âge et à mes dernières amitiés. Je vous la raconterai en forme de dialogue, afin que vous jugiez du bon sens naturel de ce jeune homme; et il vous sera aisé de faire la différence des interlocuteurs, par le sens de ses questions et de mes réponses.

Il me dit :

« Je suis bien chagrin. Mademoiselle de la Tour
» est partie depuis deux ans et deux mois ; et depuis
» trois mois et demi elle ne nous a pas donné de
» ses nouvelles. Elle est riche; je suis pauvre : elle
» m'a oublié. J'ai envie de m'embarquer; j'irai en
» France, j'y servirai le roi, j'y ferai fortune, et la
» grand'tante de mademoiselle de la Tour me don-
» nera sa petite-nièce en mariage quand je serai
» devenu grand seigneur.

LE VIEILLARD.

» O mon ami! ne m'avez-vous pas dit que vous
» n'aviez pas de naissance ?

PAUL.

» Ma mère me l'a dit; car pour moi, je ne sais ce
» que c'est que la naissance. Je ne me suis jamais
» aperçu que j'en eusse moins qu'un autre, ni que
» les autres en eussent plus que moi.

LE VIEILLARD.

» Le défaut de naissance vous ferme en France
» le chemin aux grands emplois. Il y a plus ; vous
» ne pouvez même être admis dans aucun corps
» distingué.

PAUL.

» Vous m'avez dit plusieurs fois qu'une des causes
» de la grandeur de la France étoit que le moindre
» sujet pouvoit y parvenir à tout, et vous m'avez
» cité beaucoup d'hommes célèbres qui, sortis de
» petits états, avoient fait honneur à leur Patrie.
» Vous vouliez donc tromper mon courage ?

LE VIEILLARD.

» Mon fils, jamais je ne l'abattrai. Je vous ai dit
» la vérité sur les temps passés ; mais les choses sont
» bien changées à présent : tout est devenu vénal en
» France ; tout y est aujourd'hui le patrimoine d'un
» petit nombre de familles, ou le partage des corps.
» Le roi est un soleil que les grands et les corps
» environnent comme des nuages ; il est presque
» impossible qu'un de ses rayons tombe sur vous.
» Autrefois, dans une administration moins com-
» pliquée, on a vu ces phénomènes. Alors, les talens
» et le mérite se sont développés de toutes parts,
» comme des terres nouvelles qui, venant à être
» défrichées, produisent avec tout leur suc. Mais
» les grands rois, qui savent connoître les hommes

» et les choisir, sont rares. Le vulgaire des rois ne
» se laisse aller qu'aux impulsions des grands et des
» corps qui les environnent.

PAUL.

» Mais je trouverai peut-être un de ces grands
» qui me protégera.

LE VIEILLARD.

» Pour être protégé des grands, il faut servir
» leur ambition ou leurs plaisirs. Vous n'y réussirez
» jamais, car vous êtes sans naissance, et vous avez
» de la probité.

PAUL.

» Mais je ferai des actions si courageuses ; je
» serai si fidèle à ma parole, si exact dans mes de-
» voirs, si zélé et si constant dans mon amitié, que
» je mériterai d'être adopté par quelqu'un d'eux,
» comme j'ai vu que cela se pratiquoit dans les
» histoires anciennes que vous m'avez fait lire.

LE VIEILLARD.

» O mon ami! chez les Grecs et chez les Romains,
» même dans leur décadence, les grands avoient du
» respect pour la vertu ; mais nous avons eu une
» foule d'hommes célèbres en tout genre, sortis des
» classes du peuple, et je n'en sache pas un seul
» qui ait été adopté par une grande maison. La
» vertu, sans nos rois, seroit condamnée en France
» à être éternellement plébéienne. Comme je vous
» l'ai dit, ils la mettent quelquefois en honneur

» lorsqu'ils l'aperçoivent; mais aujourd'hui, les dis-
» tinctions qui lui étoient réservées ne s'accordent
» plus que pour de l'argent.

PAUL.

» Au défaut d'un grand, je chercherai à plaire à
» un corps. J'épouserai entièrement son esprit et
» ses opinions; je m'en ferai aimer.

LE VIEILLARD.

» Vous ferez donc comme les autres hommes;
» vous renoncerez à votre conscience pour parvenir
» à la fortune ?

PAUL.

» Oh ! non; je ne chercherai jamais que la vé-
» rité.

LE VIEILLARD.

» Au lieu de vous faire aimer, vous pourriez bien
» vous faire haïr. D'ailleurs, les corps s'intéressent
» fort peu à la découverte de la vérité. Toute opi-
» nion est indifférente aux ambitieux, pourvu qu'ils
» gouvernent.

PAUL.

» Que je suis infortuné! tout me repousse. Je suis
» condamné à passer ma vie dans un travail obscur,
» loin de Virginie »! Et il soupira profondément.

LE VIEILLARD.

« Que Dieu soit votre unique patron, et le genre
» humain votre corps. Soyez constamment attaché

» à l'un et à l'autre. Les familles, les corps, les
» peuples, les rois, ont leurs préjugés et leurs pas-
» sions; il faut souvent les servir par des vices :
» Dieu et le genre humain ne nous demandent que
» des vertus.

» Mais pourquoi voulez-vous être distingué du
» reste des hommes? C'est un sentiment qui n'est pas
» naturel, puisque si chacun l'avoit, chacun seroit
» en état de guerre avec son voisin. Contentez-vous
» de remplir votre devoir dans l'état où la Provi-
» dence vous a mis; bénissez votre sort, qui vous
» permet d'avoir une conscience à vous, et qui ne
» vous oblige pas, comme les grands, de mettre
» votre bonheur dans l'opinion des petits, et comme
» les petits, de ramper sous les grands pour avoir
» de quoi vivre. Vous êtes dans un pays et dans une
» condition où, pour subsister, vous n'avez besoin
» ni de tromper, ni de flatter, ni de vous avilir,
» comme font la plupart de ceux qui cherchent la
» fortune en Europe; où votre état ne vous interdit
» aucune vertu; où vous pouvez être impunément
» bon, vrai, sincère, instruit, patient, tempérant,
» chaste, indulgent, pieux, sans qu'aucun ridicule
» vienne flétrir votre sagesse, qui n'est encore qu'en
» fleur. Le Ciel vous a donné de la liberté, de la
» santé, une bonne conscience et des amis : les
» rois, dont vous ambitionnez la faveur, ne sont
» pas si heureux.

PAUL.

» Ah ! il me manque Virginie. Sans elle, je n'ai
» rien ; avec elle, j'aurois tout. Elle seule est ma
» naissance, ma gloire et ma fortune. Mais puis-
» qu'enfin sa parente veut lui donner pour mari un
» homme d'un grand nom, avec de l'étude et des
» livres on devient savant et célèbre ; je m'en vais
» étudier. J'acquerrai de la science. Je servirai uti-
» lement ma Patrie par mes lumières, sans nuire à
» personne et sans en dépendre ; je deviendrai fa-
» meux, et ma gloire n'appartiendra qu'à moi.

LE VIEILLARD.

» Mon fils ! les talens sont encore plus rares que
» la naissance et que les richesses ; et sans doute ils
» sont de plus grands biens, puisque rien ne peut
» les ôter, et que par-tout ils nous concilient l'estime
» publique. Mais ils coûtent cher. On ne les acquiert
» que par des privations en tout genre, par une
» sensibilité exquise qui nous rend malheureux au-
» dedans, et au-dehors par les persécutions de nos
» contemporains. L'homme de robe n'envie point,
» en France, la gloire du militaire, ni le militaire
» celle de l'homme de mer ; mais tout le monde y
» traversera votre chemin, parce que tout le monde
» s'y pique d'avoir de l'esprit. Vous servirez les
» hommes, dites-vous ? Mais celui qui fait produire
» à un terrein une gerbe de blé de plus, leur rend

» un plus grand service que celui qui leur donne
» un livre.

PAUL.

» Oh ! celle qui a planté ce papayer, a fait aux
» habitans de ces forêts un présent plus utile et plus
» doux que si elle leur avoit donné une bibliothè-
» que ». Et en même temps il saisit cet arbre dans
ses bras, et le baisa avec transport.

LE VIEILLARD.

« Le meilleur des livres, qui ne prêche que l'éga-
» lité, l'amitié, l'humanité et la concorde, l'Évan-
» gile a servi pendant des siècles de prétexte aux
» fureurs des Européens. Combien de tyrannies
» publiques et particulières s'exercent encore en
» son nom sur la terre ! Après cela, qui se flattera
» d'être utile aux hommes par un livre ? Rappelez-
» vous quel a été le sort de la plupart des philoso-
» phes qui leur ont prêché la sagesse. Homère, qui
» l'a revêtue de vers si beaux, demandoit l'aumône
» pendant sa vie. Socrate, qui en donna aux Athé-
» niens de si aimables leçons par ses discours et
» par ses mœurs, fut empoisonné juridiquement par
» eux. Son sublime disciple, Platon, fut livré à
» l'esclavage par l'ordre du prince même qui le pro-
» tégeoit ; et avant eux, Pythagore, qui étendoit
» l'humanité jusqu'aux animaux, fut brûlé vif par
» les Crotoniates. Que dis-je ? la plupart même de
» ces noms illustres sont venus à nous défigurés par

» quelques traits de satire qui les caractérisent, l'in-
» gratitude humaine se plaisant à les reconnoître là ;
» et si dans la foule, la gloire de quelques-uns est
» venue nette et pure jusqu'à nous, c'est que ceux
» qui les ont portés ont vécu loin de la société de
» leurs contemporains : semblables à ces statues
» qu'on tire entières des champs de la Grèce et de
» l'Italie, et qui, pour avoir été ensevelies dans
» le sein de la terre, ont échappé à la fureur des
» barbares.

» Vous voyez donc que pour acquérir la gloire
» orageuse des lettres, il faut bien de la vertu, et
» être prêt à sacrifier sa propre vie. D'ailleurs, croyez-
» vous que cette gloire intéresse en France les gens
» riches? Ils se soucient bien des gens de lettres,
» auxquels la science ne rapporte ni dignités dans
» la Patrie, ni gouvernemens, ni entrée à la Cour !
» On persécute peu dans ce siècle indifférent à tout,
» hors à la fortune et aux voluptés ; mais les lumières
» et la vertu n'y mènent à rien de distingué, parce
» que tout est dans l'état le prix de l'argent. Autre-
» fois, elles trouvoient des récompenses assurées
» dans les différentes places de l'église, de la magis-
» trature et de l'administration : aujourd'hui, elles
» ne servent qu'à faire des livres. Mais ce fruit
» peu prisé des gens du monde, est toujours digne
» de son origine céleste. C'est à ces mêmes livres
» qu'il est réservé particulièrement de donner de

» l'éclat à la vertu obscure, de consoler les mal-
» heureux, d'éclairer les nations, et de dire la
» vérité même aux rois. C'est, sans contredit, la
» fonction la plus auguste dont le ciel puisse hono-
» rer un mortel sur la terre. Quel est l'homme qui
» ne se console de l'injustice ou du mépris de ceux
» qui disposent de la fortune, lorsqu'il pense que
» son ouvrage ira de siècle en siècle et de nations
» en nations, servir de barrière à l'erreur et aux
» tyrans; et que, du sein de l'obscurité où il a
» vécu, il jaillira une gloire qui effacera celle de
» la plupart des rois, dont les monumens périssent
» dans l'oubli, malgré les flatteurs qui les élèvent
» et qui les vantent?

PAUL.

» Ah! je ne voudrois cette gloire que pour la
» répandre sur Virginie, et la rendre chère à l'uni-
» vers. Mais vous, qui avez tant de connoissances,
» dites-moi si nous nous marierons? Je voudrois
» être savant, au moins pour connoître l'avenir.

LE VIEILLARD.

» Qui voudroit vivre, mon fils, s'il connoissoit
» l'avenir? Un seul malheur prévu nous donne tant
» de vaines inquiétudes! la vue d'un malheur cer-
» tain empoisonneroit tous les jours qui le précéde-
» roient. Il ne faut pas même trop approfondir ce
» qui nous environne; et le ciel qui nous donna la
» réflexion pour prévoir nos besoins, nous a donné

» les besoins pour mettre des bornes à notre ré-
» flexion.

PAUL.

» Avec de l'argent , dites-vous , on acquiert en
» Europe des dignités et des honneurs. J'irai m'en-
» richir au Bengale , pour aller épouser Virginie à
» Paris. Je vais m'embarquer.

LE VIEILLARD.

» Quoi ! vous quitteriez sa mère et la vôtre ?

PAUL.

» Vous m'avez vous-même donné le conseil de
» passer aux Indes.

LE VIEILLARD.

» Virginie étoit alors ici. Mais vous êtes mainte-
» nant l'unique soutien de votre mère et de la
» sienne.

PAUL.

» Virginie leur fera du bien par sa riche parente.

LE VIEILLARD.

» Les riches n'en font guère qu'à ceux qui leur
» font honneur dans le monde. Ils ont des parens
» bien plus à plaindre que madame de la Tour , qui,
» faute d'être secourus par eux , sacrifient leur
» liberté pour avoir du pain , et passent leur vie ren-
» fermés dans des couvens.

PAUL.

» Quel pays que l'Europe ! Oh ! il faut que
» Virginie revienne ici. Qu'a-t-elle besoin d'avoir

» une parente riche ? Elle étoit si contente sous ces
» cabanes , si jolie et si bien parée avec un mou-
» choir rouge ou des fleurs autour de sa tête ?
» Reviens, Virginie ! Quitte tes hôtels et tes gran-
» deurs. Reviens dans ces rochers, à l'ombre de
» ces bois et de nos cocotiers. Hélas ! tu es peut-
» être maintenant malheureuse....». Et il se mettoit à pleurer. « Mon père, ne me cachez rien : si
» vous ne pouvez me dire si j'épouserai Virginie ,
» au moins apprenez-moi si elle m'aime encore au
» milieu de ces grands seigneurs qui parlent au roi ,
» et qui la vont voir ?

LE VIEILLARD.

» Oui, mon ami, je suis sûr qu'elle vous aime,
» par plusieurs raisons, mais sur-tout parce qu'elle
» a de la vertu ». A ces mots, il me sauta au cou,
transporté de joie.

PAUL.

« Mais , croyez-vous les femmes d'Europe fausses
» comme on les représente dans les comédies et
» dans les livres que vous m'avez prêtés ?

LE VIEILLARD.

» Les femmes sont fausses dans les pays où les
» hommes sont tyrans. Par-tout la violence produit
» la ruse.

PAUL.

» Comment peut-on être tyran des femmes ?

LE VIEILLARD.

» En les mariant sans les consulter ; une jeune
» fille avec un vieillard, une femme sensible avec
» un homme indifférent.

PAUL.

» Pourquoi ne pas marier ensemble ceux qui se
» conviennent ; les jeunes avec les jeunes, les amans
» avec les amantes ?

LE VIEILLARD.

» C'est que la plupart des jeunes gens en France
» n'ont pas assez de fortune pour se marier, et
» qu'ils n'en acquièrent qu'en devenant vieux. Jeu-
» nes, ils corrompent les femmes de leurs voisins ;
» vieux, ils ne peuvent fixer l'affection de leurs
» femmes. Ils ont trompé étant jeunes ; on les trompe
» à leur tour étant vieux. C'est une des réactions de
» la justice universelle qui gouverne le monde : un
» excès y balance toujours un autre excès. Ainsi la
» plupart des Européens passent leur vie dans ce
» double désordre, et ce désordre augmente dans
» une société à mesure que les richesses s'y accu-
» mulent sur un moindre nombre de têtes. L'état est
» semblable à un jardin, où les petits arbres ne
» peuvent venir s'il y en a de trop grands qui les
» ombragent ; mais il y a cette différence, que la
» beauté d'un jardin peut résulter d'un petit nombre
» de grands arbres, et que la prospérité d'un état
» dépend toujours de la multitude et de l'égalité

» des sujets, et non pas d'un petit nombre de
» riches.

PAUL.

» Mais, qu'est-il besoin d'être riche pour se
» marier ?

LE VIEILLARD.

» Afin de passer ses jours dans l'abondance, sans
» rien faire.

PAUL.

» Eh ! pourquoi ne pas travailler ? Je travaille
» bien, moi !

LE VIEILLARD.

» C'est qu'en Europe le travail des mains désho-
» nore : on l'appelle travail mécanique. Celui même
» de labourer la terre y est le plus méprisé de tous.
» Un artisan y est bien plus estimé qu'un paysan.

PAUL.

» Quoi ! l'art qui nourrit les hommes est méprisé
» en Europe ! Je ne vous comprends pas.

LE VIEILLARD.

» Oh ! il n'est pas possible à un homme élevé dans
» la nature, de comprendre les dépravations de la
» société. On se fait une idée précise de l'ordre,
» mais non pas du désordre. La beauté, la vertu, le
» bonheur, ont des proportions ; la laideur, le
» vice et le malheur n'en ont point.

PAUL.

» Les gens riches sont donc bien heureux ! Ils ne

» trouvent d'obstacle à rien ; ils peuvent combler de
» plaisirs les objets qu'ils aiment.

LE VIEILLARD.

» Ils sont la plupart usés sur tous les plaisirs , par
» cela même qu'ils ne leur coûtent aucunes peines.
» N'avez-vous pas éprouvé que le plaisir du repos
» s'achète par la fatigue ; celui de manger , par la
» faim ; celui de boire , par la soif ! Eh bien ! celui
» d'aimer et d'être aimé ne s'acquiert que par une
» multitude de privations et de sacrifices. Les riches-
» ses ôtent aux riches tous ces plaisirs-là , en préve-
» nant leurs besoins. Joignez à l'ennui qui suit leur
» satiété , l'orgueil qui naît de leur opulence , et
» que la moindre privation blesse , lors même que
» les plus grandes jouissances ne les flattent plus.
» Le parfum de mille roses ne plaît qu'un instant ;
» mais la douleur que cause une seule de leurs épi-
» nes dure long-temps après sa piqûre. Un mal,
» au milieu des plaisirs , est pour les riches une
» épine au milieu des fleurs. Pour les pauvres , au
» contraire , un plaisir au milieu des maux est une
» fleur au milieu des épines : ils en goûtent vivement
» la jouissance. Tout effet augmente par son con-
» traste. La nature a tout balancé. Quel état , à tout
» prendre , croyez-vous préférable , de n'avoir pres-
» que rien à espérer et tout à craindre , ou presque
» rien à craindre et tout à espérer ? Le premier état
» est celui des riches, et le second celui des pauvres.

» Mais ces extrêmes sont également difficiles à sup-
» porter aux hommes, dont le bonheur consiste
» dans la médiocrité et la vertu.

PAUL.

» Qu'entendez-vous par la vertu ?

LE VIEILLARD.

» Mon fils ! vous qui soutenez vos parens par vos
» travaux, vous n'avez pas besoin qu'on vous la
» définisse. La vertu est un effort fait sur nous-
» mêmes pour le bien d'autrui, dans l'intention de
» plaire à Dieu seul.

PAUL.

» Oh ! que Virginie est vertueuse ! C'est par vertu
» qu'elle a voulu être riche, afin d'être bienfai-
» sante. C'est par vertu qu'elle est partie de cette
» île ; la vertu l'y ramènera ». L'idée de son retour
prochain allumant l'imagination de ce jeune homme,
toutes ses inquiétudes s'évanouissoient. Virginie
n'avoit point écrit, parce qu'elle alloit arriver. Il
falloit si peu de temps pour venir d'Europe avec un
bon vent ! Il faisoit l'énumération des vaisseaux qui
avoient fait ce trajet de quatre mille cinq cents lieues,
en moins de trois mois. Le vaisseau où elle s'étoit
embarquée n'en mettroit pas plus de deux. Les
constructeurs étoient aujourd'hui si savans, et les
marins si habiles ! Il parloit des arrangemens qu'il
alloit faire pour la recevoir ; du nouveau logement
qu'il alloit bâtir ; des plaisirs et des surprises qu'il

lui ménageroit chaque jour, quand elle seroit sa femme. Sa femme!... cette idée le ravissoit. Au moins, mon père, me disoit-il, vous ne ferez plus rien que pour votre plaisir. Virginie étant riche, nous aurons beaucoup de noirs qui travailleront pour vous. Vous serez toujours avec nous, n'ayant d'autre souci que celui de vous amuser et de vous réjouir. Et il alloit, hors de lui, porter à sa famille la joie dont il étoit enivré.

En peu de temps, les grandes craintes succèdent aux grandes espérances. Les passions violentes jettent toujours l'ame dans les extrémités opposées. Souvent, dès le lendemain, Paul revenoit me voir, accablé de tristesse. Il me disoit : « Virginie ne » m'écrit point. Si elle étoit partie d'Europe, elle » m'auroit mandé son départ. Ah! les bruits qui » ont couru d'elle ne sont que trop fondés! Sa tante » l'a mariée à un grand seigneur. L'amour des riches-» ses l'a perdue, comme tant d'autres. Dans ces » livres qui peignent si bien les femmes, la vertu » n'est qu'un sujet de roman. Si Virginie avoit eu » de la vertu, elle n'auroit pas quitté sa propre mère » et moi. Pendant que je passe ma vie à penser à » elle, elle m'oublie. Je m'afflige, et elle se diver-» tit. Ah! cette pensée me désespère. Tout travail » me déplaît; toute société m'ennuie. Plût à Dieu » que la guerre fût déclarée dans l'Inde! J'irois y » mourir ».

IV.   N

« Mon fils, lui répondis-je, le courage qui nous
» jette dans la mort, n'est que le courage d'un
» instant. Il est souvent excité par les vains applau-
» dissemens des hommes. Il en est un plus rare et
» plus nécessaire, qui nous fait supporter chaque
» jour, sans témoins et sans éloges, les traverses de
» la vie : c'est la patience. Elle s'appuie non sur
» l'opinion d'autri ou sur l'impulsion de nos passions,
» mais sur la volonté de Dieu. La patience est le
» courage de la vertu ».

« Ah ! s'écria-t-il, je n'ai donc point de vertu !
» Tout m'accable et me désespère. » — « La vertu,
» repris-je, toujours égale, constante, invariable,
» n'est pas le partage de l'homme. Au milieu de tant
» de passions qui nous agitent, notre raison se trouble
» et s'obscurcit ; mais il est des phares où nous
» pouvons en rallumer le flambeau : ce sont les
» lettres.

» Les lettres, mon fils, sont un secours du ciel.
» Ce sont des rayons de cette sagesse qui gouverne
» l'univers, que l'homme, inspiré par un art céleste,
» a appris à fixer sur la terre. Semblables aux rayons
» du soleil, elles éclairent, elles réjouissent, elles
» échauffent ; c'est un feu divin. Comme le feu,
» elles approprient toute la nature à notre usage.
» Par elles, nous réunissons autour de nous, les
» choses, les lieux, les hommes et les temps. Ce
» sont elles qui nous rappellent aux règles de la

» vie humaine. Elles calment les passions ; elles
» répriment les vices ; elles excitent les vertus par
» les exemples augustes des gens de bien qu'elles
» célèbrent, et dont elles nous présentent les ima-
» ges toujours honorées. Ce sont des filles du ciel,
» qui descendent sur la terre pour calmer les maux
» du genre humain. Les grands écrivains qu'elles
» inspirent ont toujours paru dans les temps les
» plus difficiles à supporter à toute société, les
» temps de barbarie et ceux de dépravation. Mon
» fils, les lettres ont consolé une infinité d'hommes
» plus malheureux que vous ; Xénophon, exilé de
» sa patrie après y avoir ramené dix mille Grecs ;
» Scipion l'Africain, lassé des calomnies des Romains;
» Lucullus, de leurs brigues ; Catinat, de l'ingrati-
» tude de la Cour. Les Grecs, si ingénieux, avoient
» réparti à chacune des Muses qui président aux
» lettres, une partie de notre entendement pour
» le gouverner : nous devons donc leur donner
» nos passions à régir, afin qu'elles leur imposent
» un joug et un frein. Elles doivent remplir, par
» rapport aux puissances de notre ame, les mêmes
» fonctions que les heures qui atteloient et condui-
» soient les chevaux du soleil.

» Lisez donc, mon fils. Les sages qui ont écrit
» avant nous, sont des voyageurs qui nous ont pré-
» cédés dans les sentiers de l'infortune, qui nous
» tendent la main et nous invitent à nous joindre à

» leur compagnie, lorsque tout nous abandonne. Un
» bon livre est un bon ami ».

« Ah ! s'écrioit Paul, je n'avois pas besoin de
» savoir lire quand Virginie étoit ici. Elle n'avoit
» pas plus étudié que moi ; mais, quand elle me
» regardoit, en m'appelant mon ami, il m'étoit
» impossible d'avoir du chagrin ».

« Sans doute, lui disois-je, il n'y a point d'ami
» aussi agréable qu'une maîtresse qui nous aime. Il
» y a de plus, dans la femme, une gaîté légère
» qui dissipe la tristesse de l'homme. Ses graces
» font évanouir les noirs fantômes de la réflexion.
» Sur son visage, sont les doux attraits et la con-
» fiance. Quelle joie n'est rendue plus vive par sa
» joie ? Quel front ne se déride pas à son sourire ?
» Quelle colère résiste à ses larmes ? Virginie revien-
» dra avec plus de philosophie que vous. Elle sera
» bien surprise de ne pas retrouver le jardin tout-à-
» fait rétabli, elle qui ne songe qu'à l'embellir mal-
» gré les persécutions de sa parente, loin de sa mère
» et de vous ».

L'idée du retour prochain de Virginie renouve-
loit le courage de Paul, et le ramenoit à ses occupations champêtres. Heureux, au milieu de ses peines, de proposer à son travail une fin qui plaisoit
à sa passion !

Un matin au point du jour, c'étoit le 24 décembre 1744, Paul, en se levant, aperçut un pavillon

blanc arboré sur la montagne de la Découverte. Ce pavillon étoit le signalement d'un vaisseau qu'on voyoit en mer. Paul courut à la ville pour savoir s'il n'apportoit pas de nouvelles de Virginie. Il y resta jusqu'au retour du pilote du port, qui s'étoit embarqué pour aller le reconnoître, suivant l'usage. Cet homme ne revint que le soir. Il rapporta au gouverneur que le vaisseau signalé étoit le Saint-Géran, du port de 700 tonneaux, commandé par un capitaine appelé M. Aubin ; qu'il étoit à quatre lieues au large, et qu'il ne mouilleroit au Port-Louis que le lendemain dans l'après-midi, si le vent étoit favorable. Il n'en faisoit point du tout alors. Le pilote remit au gouverneur les lettres que ce vaisseau apportoit de France. Il y en avoit une pour madame de la Tour, de l'écriture de Virginie. Paul s'en saisit aussi-tôt, la baisa avec transport, la mit dans son sein, et courut à l'habitation. Du plus loin qu'il aperçut la famille, qui attendoit son retour sur le rocher des Adieux, il éleva la lettre en l'air sans pouvoir parler ; et aussi-tôt, tout le monde se rassembla chez madame de la Tour pour en entendre la lecture. Virginie mandoit à sa mère, qu'elle avoit éprouvé beaucoup de mauvais procédés de la part de sa grand'tante, qui l'avoit voulu marier malgré elle, ensuite déshéritée, et enfin renvoyée dans un temps qui ne lui permettoit d'arriver à l'île de France que dans la saison des ouragans ; qu'elle

avoit essayé en vain de la fléchir, en lui représentant ce qu'elle devoit à sa mère et aux habitudes du
premier âge; qu'elle en avoit été traitée de fille insen-
sée, dont la tête étoit gâtée par les romans; qu'elle
n'étoit maintenant sensible qu'au bonheur de revoir
et d'embrasser sa chère famille, et qu'elle eût satisfait cet ardent desir dès le jour même, si le capitaine lui eût permis de s'embarquer dans la cha-
loupe du pilote; mais qu'il s'étoit opposé à son
départ à cause de l'éloignement de la terre, et d'une
grosse mer qui régnoit au large, malgré le calme
des vents.

A peine cette lettre fut lue, que toute la famille
transportée de joie, s'écria : « Virginie est arri-
» vée » ! Maîtres et serviteurs, tous s'embrassèrent.
Madame de la Tour dit à Paul : « Mon fils, allez pré-
» venir notre voisin de l'arrivée de Virginie ». Aussi-
tôt Domingue alluma un flambeau de bois de ronde,
et Paul et lui s'acheminèrent vers mon habitation.

Il pouvoit être dix heures du soir. Je venois
d'éteindre ma lampe et de me coucher, lorsque
j'aperçus à travers les palissades de ma cabane une
lumière dans les bois. Bientôt après j'entendis la
voix de Paul qui m'appeloit. Je me lève, et à peine
j'étois habillé, que Paul, hors de lui et tout essou-
flé, me saute au cou en me disant : « Allons, allons,
» Virginie est arrivée; allons au port, le vaisseau y
» mouillera au point du jour ».

Sur-le-champ nous nous mettons en route. Comme nous traversions les bois de la montagne Longue, et que nous étions déjà sur le chemin qui mène des Pamplemousses au port, j'entendis quelqu'un marcher derrière nous. C'étoit un noir qui s'avançoit à grands pas. Dès qu'il nous eut atteints, je lui demandai d'où il venoit et où il alloit en si grande hâte. Il me répondit : « Je viens du quartier de l'île » appelé la Poudre - d'Or ; on m'envoie au port » avertir le gouverneur qu'un vaisseau de France est » mouillé sous l'île d'Ambre. Il tire du canon pour » demander du secours, car la mer est bien mau- » vaise ». Cet homme ayant ainsi parlé, continua sa route sans s'arrêter davantage.

Je dis alors à Paul : « Allons vers le quartier de » la Poudre - d'Or, au - devant de Virginie, il n'y a » que trois lieues d'ici ». Nous nous mîmes donc en route vers le nord de l'île. Il faisoit une chaleur étouffante. La lune étoit levée ; on voyoit autour d'elle trois grands cercles noirs. Le ciel étoit d'une obscurité affreuse. On distinguoit à la lueur fréquente des éclairs de longues files de nuages épais, sombres, peu élevés, qui s'entassoient vers le milieu de l'île, et venoient de la mer avec une grande vîtesse, quoiqu'on ne sentît pas le moindre vent à terre. Chemin faisant nous crûmes entendre rouler le tonnerre ; mais ayant prêté l'oreille attentivement, nous reconnûmes que c'étoient des coups

de canon répétés par les échos. Ces coups de canon
lointains, joints à l'aspect d'un ciel orageux, me
firent frémir. Je ne pouvois douter qu'ils ne fussent
les signaux de détresse d'un vaisseau en perdition.
Une demi-heure après nous n'entendîmes plus tirer
du tout, et ce silence me parut encore plus effrayant
que le bruit lugubre qui l'avoit précédé.

Nous nous hâtions d'avancer sans dire un mot et
sans oser nous communiquer nos inquiétudes. Vers
minuit nous arrivâmes tout en nage sur le bord de la
mer, au quartier de la Poudre-d'Or. Les flots s'y
brisoient avec un bruit épouvantable ; ils en couvroient les rochers et les grèves d'écumes d'un blanc
éblouissant et d'étincelles de feu. Malgré les ténèbres
nous distinguâmes à ces lueurs phosphoriques les
pirogues des pêcheurs qu'on avoit tirées bien avant
sur le sable.

A quelque distance de là nous vîmes à l'entrée du
bois un feu autour duquel plusieurs habitans s'étoient
rassemblés. Nous fûmes nous y reposer en attendant
le jour. Pendant que nous étions assis auprès de ce
feu, un des habitans nous raconta que dans l'après-
midi il avoit vu un vaisseau en pleine mer porté sur
l'île par les courans ; que la nuit l'avoit dérobé à sa
vue ; que deux heures après le coucher du soleil il
l'avoit entendu tirer du canon pour appeler du secours, mais que la mer étoit si mauvaise, qu'on
n'avoit pu mettre aucun bateau dehors pour aller à

lui ; que bientôt après il avoit cru apercevoir ses
fanaux allumés , et que dans ce cas il craignoit que
le vaisseau venu si près du rivage n'eût passé entre
la terre et la petite île d'Ambre , prenant celle-ci
pour le coin de Mire près duquel passent les vaisseaux qui arrivent au Port-Louis ; que si cela étoit ,
ce qu'il ne pouvoit toutefois affirmer , ce vaisseau
étoit dans le plus grand péril. Un autre habitant
prit la parole , et nous dit qu'il avoit traversé plusieurs fois le canal qui sépare l'île d'Ambre de la
côte ; qu'il l'avoit sondé , que la tenure et le mouillage
en étoient très-bons , et que le vaisseau y étoit en
parfaite sûreté comme dans le meilleur port. « J'y
» mettrois toute ma fortune , ajouta-t-il , et j'y dor-
» mirois aussi tranquillement qu'à terre ». Un troisième habitant dit qu'il étoit impossible que ce vaisseau pût entrer dans ce canal , où à peine les cha-
loupes pouvoient naviguer. Il assura qu'il l'avoit vu
mouiller au-delà de l'île d'Ambre , en sorte que si
le vent venoit à s'élever au matin , il seroit le maître
de pousser au large ou de gagner le port. D'autres
habitans ouvrirent d'autres opinions. Pendant qu'ils
contestoient entre eux , suivant la coutume des
créoles oisifs , Paul et moi nous gardions un profond
silence. Nous restâmes là jusqu'au petit point du jour ;
mais il faisoit trop peu de clarté au ciel pour qu'on
pût distinguer aucun objet sur la mer , qui d'ailleurs
étoit couverte de brume : nous n'entrevîmes au

large qu'un nuage sombre qu'on nous dit être l'île
d'Ambre, située à un quart de lieue de la côte. On
n'apercevoit dans ce jour ténébreux que la pointe
du rivage où nous étions, et quelques pitons des
montagnes de l'intérieur de l'île, qui apparoissoient
de temps en temps au milieu des nuages qui circu-
loient autour.

Vers les sept heures du matin nous entendîmes
dans les bois un bruit de tambours ; c'étoit le gouverneur, M. de la Bourdonnais, qui arrivoit à cheval suivi d'un détachement de soldats armés de
fusils et d'un grand nombre d'habitans et de noirs.
Il plaça ses soldats sur le rivage , et leur ordonna de
faire feu de leurs armes tous à la fois. A peine leur
décharge fut faite que nous aperçûmes sur la mer
une lueur suivie presque aussi-tôt d'un coup de
canon. Nous jugeâmes que le vaisseau étoit à peu
de distance de nous, et nous courûmes tous du côté
où nous avions vu son signal. Nous aperçûmes alors
à travers le brouillard le corps et les vergues d'un
grand vaisseau. Nous en étions si près, que malgré
le bruit des flots nous entendîmes le sifflet du maître
qui commandoit la manœuvre , et les cris des matelots qui crièrent trois fois VIVE LE ROI ; car c'est
le cri des Français dans les dangers extrêmes, ainsi
que dans les grandes joies , comme si dans les dan-
-gers ils appeloient leur prince à leur secours, ou

comme s'ils vouloient témoigner alors qu'ils sont prêts à périr pour lui.

Depuis le moment où le Saint-Géran aperçut que nous étions à portée de le secourir, il ne cessa de tirer du canon de trois minutes en trois minutes. M. de la Bourdonnais fit allumer de grands feux de distance en distance sur la grève, et envoya chez tous les habitans du voisinage chercher des vivres, des planches, des cables et des tonneaux vides. On en vit arriver bientôt une foule, accompagnée de leurs noirs chargés de provisions et d'agrès qui venoient des habitations de la Poudre-d'Or, du quartier de Flacque et de la rivière du Rempart. Un des plus anciens de ces habitans s'approcha du gouverneur, et lui dit : « Monsieur, on a entendu toute » la nuit des bruits sourds dans la montagne. Dans » les bois les feuilles des arbres remuent sans qu'il » fasse de vent. Les oiseaux de marine se réfugient » à terre ; certainement tous ces signes annoncent » un ouragan. — Eh bien ! mes amis, répondit le » gouverneur, nous y sommes préparés, et sûre- » ment le vaisseau l'est aussi ».

En effet, tout présageoit l'arrivée prochaine d'un ouragan. Les nuages qu'on distinguoit au zénith étoient à leur centre d'un noir affreux, et cuivrés sur leurs bords. L'air retentissoit des cris des paille-en-culs, des frégates, des coupeurs d'eau, et d'une multitude d'oiseaux de marine qui, malgré l'obscurité de l'atmosphère, venoient de tous les points de l'horizon chercher des retraites dans l'île.

Vers les neuf heures du matin, on entendit du côté de la mer des bruits épouvantables, comme si des torrens d'eau, mêlés à des tonnerres, eussent roulé du haut des montagnes. Tout le monde s'écria : « Voilà l'ouragan » ! et dans l'instant, un tourbillon affreux de vent enleva la brume qui couvroit l'île d'Ambre et son canal. Le Saint-Géran parut alors à découvert avec son pont chargé de monde, ses vergues et ses mâts de hune amenés sur le tillac, son pavillon en berne, quatre câbles sur son avant, et un de retenue sur son arrière. Il étoit mouillé entre l'île d'Ambre et la terre, en deçà de la ceinture de récifs qui entoure l'île de France, et qu'il avoit franchie par un endroit où jamais vaisseau n'avoit passé avant lui. Il présentoit son avant aux flots qui venoient de la pleine mer, et à chaque lame d'eau qui s'engageoit dans le canal, sa proue se soulevoit toute entière ; de sorte qu'on en voyoit la carène en l'air ; mais dans ce mouvement, sa poupe venant à plonger, disparoissoit à la vue jusqu'au couronnement, comme si elle eût été submergée. Dans cette position, où le vent et la mer le jetoient à terre, il lui étoit également impossible de s'en aller par où il étoit venu, ou, en coupant ses câbles, d'échouer sur le rivage dont il étoit séparé par de hauts-fonds semés de récifs. Chaque lame qui venoit briser sur la côte, s'avançoit en mugissant jusqu'au fond des anses, et y jetoit des galets à plus de cinquante pieds dans les terres ; puis, venant à se retirer, elle découvroit une grande partie du lit du rivage. dont elle rouloit les cailloux avec un bruit rauque et affreux. La mer, soulevée par le vent, grossissoit à chaque instant, et tout le canal compris entre cette île et l'île d'Ambre, n'étoit qu'une vaste nappe d'écumes blanches, creusée de vagues noires et profondes. Ces écumes s'amassoient dans le fond des anses à plus de six pieds de hauteur, et le vent qui en balayoit la surface, les portoit pardessus l'escarpement du rivage à plus d'une demi-lieue dans les terres. A leurs flocons blancs et innombrables qui étoient chassés horizontalement jusqu'au pied des montagnes, on eût dit d'une neige qui sortoit de la mer. L'horizon offroit tous les signes d'une longue tempête : la mer y paroissoit confondue avec le ciel. Il s'en détachoit sans cesse des nuages d'une forme horrible, qui traversoient le zénith avec la vîtesse des oiseaux, tandis que d'autres y paroissoient immobiles comme de grands rochers. On n'apercevoit aucune partie azurée du firmament ; une lueur olivâtre et blafarde éclairoit seule tous les objets de la terre, de la mer et des cieux.

Dans les balancemens du vaisseau, ce qu'on craignoit arriva. Les cables de son avant rompirent ; et comme il n'étoit plus retenu que par une seule ansière, il fut jeté sur les rochers à une demi-enca-blure du rivage. Ce ne fut qu'un cri de douleur parmi nous. Paul alloit s'élancer à la mer, lorsque je le saisis par le bras. « Mon fils, lui dis-je, voulez- » vous périr? » — «Que j'aille à son secours, s'écria-t- » il, ou que je meure »! Comme le désespoir lui ôtoit la raison, pour prévenir sa perte, Domingue et moi lui attachâmes à la ceinture une longue corde dont nous saisîmes l'une des extrémités. Paul alors s'avança vers le Saint-Géran, tantôt nageant, tan-tôt marchant sur les récifs. Quelquefois il avoit l'espoir de l'aborder; car la mer, dans ses mouve-mens irréguliers, laissoit le vaisseau presque à sec, de manière qu'on en eût pu faire le tour à pied : mais bientôt après, revenant sur ses pas avec une nouvelle furie, elle le couvroit d'énormes voûtes d'eau qui soulevoient tout l'avant de sa carène, et rejetoient bien loin sur le rivage le malheureux Paul, les jambes en sang, la poitrine meurtrie, et à demi-noyé. A peine ce jeune homme avoit-il repris l'usage de ses sens, qu'il se relevoit, et retournoit avec une nouvelle ardeur vers le vaisseau que la mer cepen-dant entr'ouvroit par d'horribles secousses. Tout l'équipage désespérant alors de son salut, se préci-pitoit en foule à la mer, sur des vergues, des plan-ches, des cages à poules, des tables et des tonneaux. On vit alors un objet digne d'une éternelle pitié :

une jeune demoiselle parut dans la galerie de la poupe du Saint-Géran, tendant les bras vers celui qui faisoit tant d'efforts pour la joindre. C'étoit Virginie! Elle avoit reconnu son amant à son intrépidité. La vue de cette aimable personne exposée à un si terrible danger, nous remplit de douleur et de désespoir. Pour Virginie, d'un port noble et assuré, elle nous faisoit signe de la main, comme nous disant un éternel adieu. Tous les matelots s'étoient jetés à la mer. Il n'en restoit plus qu'un sur le pont, qui étoit nu et nerveux comme Hercule. Il s'approcha de Virginie avec respect; nous le vîmes se jeter à ses genoux, et s'efforcer même de lui ôter ses habits; mais elle, le repoussant avec dignité, détourna de lui sa vue. On entendit aussi-tôt ces cris redoublés des spectateurs : « Sauvez-la, sau- » vez-la, ne la quittez pas ». Mais dans ce moment, une montagne d'eau d'une effroyable grandeur s'engouffra entre l'île d'Ambre et la côte, et s'avança en rugissant vers le vaisseau qu'elle menaçoit de ses flancs noirs et de ses sommets écumans. A cette terrible vue, le matelot s'élança seul à la mer; et Virginie, voyant la mort inévitable, posa une main sur ses habits, l'autre sur son cœur, et levant en haut des yeux sereins, parut un ange qui prend son vol vers les cieux.

O jour affreux! hélas! tout fut englouti. La lame jeta bien avant dans les terres, une partie des

spectateurs qu'un mouvement d'humanité avoit portés à s'avancer vers Virginie, ainsi que le matelot
qui l'avoit voulu sauver à la nage. Cet homme,
échappé à une mort presque certaine, s'agenouilla sur
le sable en disant : « O mon Dieu ! vous m'avez sauvé
» la vie, mais je l'aurois donnée de bon cœur pour
» cette digne demoiselle qui n'a jamais voulu se
» déshabiller comme moi ». Domingue et moi, nous
retirâmes des flots le malheureux Paul sans connoissance, rendant le sang par la bouche et par les
oreilles. Le gouverneur le fit mettre entre les mains
des chirurgiens, et nous cherchâmes de notre côté,
le long du rivage, si la mer n'y apporteroit point le
corps de Virginie : mais le vent ayant tourné subi-
tement, comme il arrive dans les ouragans, nous
eûmes le chagrin de penser que nous ne pourrions
pas même rendre à cette fille infortunée les devoirs
de la sépulture. Nous nous éloignâmes de ce lieu,
accablés de consternation, tous l'esprit frappé d'une
seule perte, dans un naufrage où un grand nombre
de personnes avoient péri, la plupart doutant, par
une fin aussi funeste d'une fille si vertueuse, qu'il
existât une Providence ; car il y a des maux si terribles et si peu mérités, que l'espérance même du
sage en est ébranlée.

Cependant, on avoit mis Paul, qui commençoit à
reprendre ses sens, dans une maison voisine, jusqu'à ce qu'il fût en état d'être transporté à son habi-

tation. Pour moi, je m'en revins avec Domingue,
afin de préparer la mère de Virginie et son amie à ce
désastreux événement. Quand nous fûmes à l'entrée
du vallon de la rivière des Lataniers, des noirs nous
dirent que la mer jetoit beaucoup de débris du vaisseau dans la baie vis-à-vis. Nous y descendîmes, et
un des premiers objets que j'aperçus sur le rivage,
fut le corps de Virginie. Elle étoit à moitié couverte
de sable, dans l'attitude où nous l'avions vue périr.
Ses traits n'étoient point sensiblement altérés. Ses
yeux étoient fermés; mais la sérénité étoit encore
sur son front : seulement les pâles violettes de la
mort se confondoient sur ses joues avec les roses de
la pudeur. Une de ses mains étoit sur ses habits, et
l'autre, qu'elle appuyoit sur son cœur, étoit fortement fermée et roidie. J'en dégageai avec peine une
petite boîte : mais quelle fut ma surprise, lorsque
je vis que c'étoit le portrait de Paul, qu'elle lui avoit
promis de ne jamais abandonner tant qu'elle vivroit !
A cette dernière marque de la constance et de
l'amour de cette fille infortunée, je pleurai amèrement. Pour Domingue, il se frappoit la poitrine, et
perçoit l'air de ses cris douloureux. Nous portâmes
le corps de Virginie dans une cabane de pêcheurs,
où nous le donnâmes à garder à de pauvres femmes
malabares, qui prirent soin de le laver.

Pendant qu'elles s'occupoient de ce triste office,
nous montâmes en tremblant à l'habitation. Nous y

IV. O

trouvâmes madame de la Tour et Marguerite, en
prières, en attendant des nouvelles du vaisseau.
Dès que madame de la Tour m'aperçut, elle s'écria :
« Où est ma fille ? ma chère fille ? mon enfant » ? Ne
pouvant douter de son malheur à mon silence et à
mes larmes, elle fut saisie tout-à-coup d'étouffe-
mens et d'angoisses douloureuses ; sa voix ne faisoit plus entendre que des soupirs et des sanglots.
Pour Marguerite, elle s'écria : « Où est mon fils ?
» Je ne vois point mon fils » ; et elle s'évanouit.
Nous courûmes à elle ; et, l'ayant fait revenir, je
l'assurai que Paul étoit vivant, et que le gouverneur
en faisoit prendre soin. Elle ne reprit ses sens, que
pour s'occuper de son amie qui tomboit de temps
en temps dans de longs évanouissemens. Madame
de la Tour passa toute la nuit dans ces cruelles souf-
frances ; et par leurs longues périodes, j'ai jugé
qu'aucune douleur n'étoit égale à la douleur maternelle. Quand elle recouvroit la connoissance, elle
tournoit des regards fixes et mornes vers le ciel. En
vain, son amie et moi, nous lui pressions les mains
dans les nôtres, en vain nous l'appellions par les
noms les plus tendres ; elle paroissoit insensible à
ces témoignages de notre ancienne affection, et il
ne sortoit de sa poitrine oppressée, que de sourds
gémissemens.

Dès le matin, on apporta Paul couché dans un
palanquin. Il avoit repris l'usage de ses sens, mais

il ne pouvoit proférer une parole. Son entrevue avec sa mère et madame de la Tour, que j'avois d'abord redoutée, produisit un meilleur effet que tous les soins que j'avois pris jusques-là. Un rayon de consolation parut sur le visage de ces deux malheureuses mères. Elles se mirent l'une et l'autre auprès de lui, le saisirent dans leurs bras, le baisèrent, et leurs larmes, qui avoient été suspendues jusqu'alors par l'excès de leur chagrin, commencèrent à couler. Paul y mêla bientôt les siennes. La nature s'étant ainsi soulagée dans ces trois infortunés, un long assoupissement succéda à l'état convulsif de leur douleur, et leur procura un repos léthargique semblable, à la vérité, à celui de la mort.

M. de la Bourdonnais m'envoya avertir secrètement que le corps de Virginie avoit été apporté à la ville par son ordre, et que de là on alloit le transférer à l'église des Pamplemousses. Je descendis aussi-tôt au Port-Louis, où je trouvai des habitans de tous les quartiers rassemblés pour assister à ses funérailles, comme si l'île eût perdu en elle ce qu'elle avoit de plus cher. Dans le port les vaisseaux avoient leurs vergues croisées, leurs pavillons en berne, et tiroient du canon par longs intervalles. Des grenadiers ouvroient la marche du convoi. Ils portoient leurs fusils baissés, leurs tambours couverts de longs crêpes ne faisoient entendre que des

sons lugubres, et on voyoit l'abattement peint dans
les traits de ces guerriers, qui avoient tant de fois
affronté la mort dans les combats sans changer de
visage. Huit jeunes demoiselles des plus considérables de l'île, vêtues de blanc et tenant des palmes
à la main, portoient le corps de leur vertueuse compagne couvert de fleurs. Un chœur de petits enfans
le suivoit en chantant des hymnes; après eux venoit
tout ce que l'île avoit de plus distingué dans ses
habitans et dans son état-major, à la suite duquel
marchoit le gouverneur suivi de la foule du peuple.

Voilà ce que l'administration avoit ordonné pour
rendre quelques honneurs à la vertu de Virginie.
Mais quand son corps fut arrivé au pied de cette
montagne, à la vue de ces mêmes cabanes dont elle
avoit fait si long-temps le bonheur, et que sa mort
remplissoit maintenant de désespoir, toute la pompe
funèbre fut dérangée; les hymnes et les chants ces-
sèrent; on n'entendit plus dans la plaine que des
soupirs et des sanglots. On vit accourir alors des
troupes de jeunes filles des habitations voisines,
pour faire toucher au cercueil de Virginie des mouchoirs, des chapelets et des couronnes de fleurs, en
l'invoquant comme une sainte. Les mères demandoient à Dieu une fille comme elle, les garçons des
amantes aussi constantes, les pauvres une amie
aussi tendre, les esclaves une maîtresse aussi bonne.

Lorsqu'elle fut arrivée au lieu de sa sépulture,

des négresses de Madagascar et des Cafres de Mo-
sambique déposèrent autour d'elle des paniers de
fruits, et suspendirent des pièces d'étoffes aux arbres
voisins, suivant l'usage de leur pays. Des Indiennes
du Bengale et de la côte malabare apportèrent des
cages pleines d'oiseaux, auxquelles elles donnèrent
la liberté sur son corps, tant la perte d'un objet
aimable intéresse toutes les nations, et tant est
grand le pouvoir de la vertu malheureuse, puisqu'elle réunit toutes les religions autour de son
tombeau !

Il fallut mettre des gardes auprès de sa fosse, et
en écarter quelques filles de pauvres habitans qui
vouloient s'y jeter à toute force, disant qu'elles
n'avoient plus de consolation à espérer dans le
monde, et qu'il ne leur restoit qu'à mourir avec
celle qui étoit leur unique bienfaitrice.

On l'enterra près de l'église des Pamplemousses,
sur son côté occidental, au pied d'une touffe de
bambous, où, en venant à la messe avec sa mère
et Marguerite, elle aimoit à se reposer assise à côté
de celui qu'elle appeloit alors son frère.

Au retour de cette pompe funèbre, M. de la
Bourdonnais monta ici suivi d'une partie de son
nombreux cortège. Il offrit à madame de la Tour et
à son amie tous les secours qui dépendoient de lui.
Il s'exprima en peu de mots, mais avec indignation
contre sa tante dénaturée ; et s'approchant de Paul,

il lui dit tout ce qu'il crut propre à le consoler. « Je
» desirois, lui dit-il, votre bonheur et celui de votre
» famille, Dieu m'en est témoin. Mon ami, il faut
» aller en France, je vous y ferai avoir du service.
» Dans votre absence j'aurai soin de votre mère
» comme de la mienne ». Et en même temps il lui
présenta la main, mais Paul retira la sienne et détourna la tête pour ne le pas voir.

Pour moi je restai dans l'habitation de mes amies
infortunées pour leur donner, ainsi qu'à Paul, tous
les secours dont j'étois capable. Au bout de trois
semaines Paul fut en état de marcher, mais son chagrin paroissoit augmenter à mesure que son corps
reprenoit des forces. Il étoit insensible à tout; ses
regards étoient éteints, et il ne répondoit rien à
toutes les questions qu'on pouvoit lui faire. Madame
de la Tour, qui étoit mourante, lui disoit souvent:
« Mon fils, tant que je vous verrai, je croirai voir
» ma chère Virginie ». A ce nom de Virginie il
tressailloit et s'éloignoit d'elle malgré les invitations
de sa mère, qui le rappeloit auprès de son amie.
Il alloit seul se retirer dans le jardin, et s'asseyoit
au pied du cocotier de Virginie, les yeux fixés sur
sa fontaine. Le chirurgien du gouverneur, qui avoit
pris le plus grand soin de lui et de ces dames, nous
dit que pour le tirer de sa noire mélancolie il falloit lui laisser faire tout ce qu'il lui plairoit sans
le contrarier en rien, qu'il n'y avoit que ce seul

moyen de vaincre le silence auquel il s'obstinoit.

Je résolus de suivre son conseil. Dès que Paul sentit ses forces un peu rétablies, le premier usage qu'il en fit fut de s'éloigner de l'habitation. Comme je ne le perdois pas de vue, je me mis en marche après lui, et je dis à Domingue de prendre des vivres et de nous accompagner. A mesure que ce jeune homme descendoit cette montagne, sa joie et ses forces sembloient renaître. Il prit d'abord le chemin des Pamplemousses; et quand il fut auprès de l'église, dans l'allée des bambous, il s'en fut droit au lieu où il vit de la terre fraîchement remuée; là il s'agenouilla, et levant les yeux au ciel, il fit une longue prière. Sa démarche me parut de bon augure pour le retour de sa raison, puisque cette marque de confiance envers l'Être suprême faisoit voir que son ame commençoit à reprendre ses fonctions naturelles. Domingue et moi nous nous mîmes à genoux à son exemple, et nous priâmes avec lui. Ensuite il se leva, et prit sa route au nord de l'île sans faire beaucoup d'attention à nous. Comme je savois qu'il ignoroit non-seulement où on avoit déposé le corps de Virginie, mais même s'il avoit été retiré de la mer, je lui demandai pourquoi il avoit été prier Dieu au pied de ces bambous; il me répondit : « Nous y avons été si souvent » !

Il continua sa route jusqu'à l'entrée de la forêt, où la nuit nous surprit. Là, je l'engageai par mon exemple à prendre quelque nourriture ; ensuite nous dormîmes sur l'herbe, au pied d'un arbre. Le lendemain je crus qu'il se détermineroit à revenir sur ses pas. En effet, il regarda quelque temps dans la plaine l'église des Pamplemousses avec ses longues avenues de bambous, et il fit quelques mouvemens comme pour y retourner ; mais il s'enfonça brusquement dans la forêt, en dirigeant toujours sa route vers le nord. Je pénétrai son intention, et je m'efforçai en vain de l'en distraire. Nous arrivâmes sur le milieu du jour au quartier de la Poudre-d'Or. Il descendit précipitamment au bord de la mer, vis-à-vis du lieu où avoit péri le Saint-Géran. À la vue de l'île d'Ambre et de son canal, alors uni comme un miroir, il s'écria : « Virginie ! ô ma chère » Virginie. » ! et aussi-tôt il tomba en défaillance. Domingue et moi nous le portâmes dans l'intérieur de la forêt, où nous le fîmes revenir avec bien de la peine. Dès qu'il eut repris ses sens, il voulut retourner sur les bords de la mer ; mais l'ayant supplié de ne pas renouveler sa douleur et la nôtre par de si cruels ressouvenirs, il prit une autre direction. Enfin, pendant huit jours il se rendit dans tous les lieux où il s'étoit trouvé avec la compagne de son enfance. Il parcourut le sentier par où elle avoit été demander la grace de l'esclave de la rivière Noire ; il revit ensuite les bords de la rivière des Trois-Mamelles, où elle s'assit ne pouvant plus

marcher, et la partie du bois où elle s'étoit éga-
rée. Tous les lieux qui lui rappeloient les inquiétudes, les jeux, les repas, la bienfaisance
de sa bien-aimée ; la rivière de la montagne Longue,
ma petite maison, la cascade voisine, le papayer
qu'elle avoit planté, les pelouses où elle aimoit à
courir, les carrefours de la forêt où elle se plaisoit
à chanter, firent tour-à-tour couler ses larmes ; et
les mêmes échos qui avoient retenti tant de fois de
leurs cris de joie communs, ne répétoient plus
maintenant que ces mots douloureux : « Virginie !
« ô ma chère Virginie » !

Dans cette vie sauvage et vagabonde, ses yeux se
cavèrent, son teint jaunit, et sa santé s'altéra de
plus en plus. Persuadé que le sentiment de nos
maux redouble par le souvenir de nos plaisirs, et
que les passions s'accroissent dans la solitude ; je
résolus d'éloigner mon infortuné ami des lieux qui
lui rappeloient le souvenir de sa perte, et de le
transférer dans quelque endroit de l'île où il y eût
beaucoup de dissipation. Pour cet effet, je le conduisis sur les hauteurs habitées du quartier de Williams, où il n'avoit jamais été. L'agriculture et le
commerce répandoient alors dans cette île beaucoup de mouvement et de variété. Il y avoit des
troupes de charpentiers qui équarrissoient des bois,
et d'autres qui les scioient en planches ; des voi-
tures alloient et venoient le long de ses chemins :

de grands troupeaux de bœufs et de chevaux y
paissoient dans de vastes pâturages, et la campagne
y étoit parsemée d'habitations. L'élévation du sol
y permettoit en plusieurs lieux la culture de diverses
espèces de végétaux de l'Europe. On y voyoit çà et
là des moissons de blé dans la plaine, des tapis de
fraisiers dans les éclaircis des bois, et des haies de
rosiers le long des routes. La fraîcheur de l'air, en
donnant de la tension aux nerfs, y étoit même favorable à la santé des blancs. De ces hauteurs situées
vers le milieu de l'île, et entourées de grands bois,
où n'apercevoit ni la mer, ni le Port-Louis, ni
l'église des Pamplemousses, ni rien qui pût rappeler à Paul le souvenir de Virginie. Les montagnes
même qui présentent différentes branches du côté
du Port-Louis, n'offrent plus, du côté des plaines de
Williams, qu'un long promontoire en ligne droite
et perpendiculaire, d'où s'élèvent plusieurs longues
pyramides de rochers où se rassemblent les nuages.

Ce fut donc dans ces plaines où je conduisis
Paul. Je le tenois sans cesse en action, marchant
avec lui au soleil et à la pluie, de jour et de nuit,
l'égarant exprès dans les bois, les défrichés, les
champs, afin de distraire son esprit par la fatigue
de son corps, et de donner le change à ses réflexions
par l'ignorance du lieu où nous étions, et du chemin que nous avions perdu. Mais l'ame d'un amant
retrouve par-tout les traces de l'objet aimé. La nuit

et le jour, le calme des solitudes et le bruit des habitations, le temps même qui emporte tant de souvenirs, rien ne peut l'en écarter. Comme l'aiguille touchée de l'aimant, elle a beau être agitée, dès qu'elle rentre dans son repos, elle se tourne vers le pôle qui l'attire. Quand je demandois à Paul, égaré au milieu des plaines de Williams : « Où irons-» nous maintenant » ? Il se tournoit vers le nord, et me disoit : « Voilà nos montagnes ; retournons-y ».

Je vis bien que tous les moyens que je tentois pour le distraire étoient inutiles, et qu'il ne me restoit d'autre ressource que d'attaquer sa passion en elle-même, en y employant toutes les forces de ma foible raison. Je lui répondis donc : « Oui, voilà les » montagnes où demeuroit votre chère Virginie, et » voilà le portrait que vous lui aviez donné, et qu'en » mourant elle portoit sur son cœur, dont les der-» niers mouvemens ont encore été pour vous ». Je présentai alors à Paul le petit portrait qu'il avoit donné à Virginie au bord de la fontaine des cocotiers. À cette vue, une joie funeste parut dans ses regards. Il saisit avidement ce portrait de ses foibles mains, et le porta sur sa bouche. Alors sa poitrine s'oppressa, et dans ses yeux à demi-sanglans, des larmes s'arrêtèrent sans pouvoir couler.

Je lui dis : « Mon fils, écoutez-moi, qui suis votre » ami, qui ai été celui de Virginie, et qui au milieu » de vos espérances, ai souvent tâché de fortifier

» votre raison contre les accidens imprévus de la
» vie : que déplorez-vous avec tant d'amertume ?
» Est-ce votre malheur ? est-ce celui de Virginie ?

» Votre malheur ? Oui, sans doute, il est grand.
» Vous avez perdu la plus aimable des filles, qui
» auroit été la plus digne des femmes. Elle avoit
» sacrifié ses intérêts aux vôtres, et vous avoit pré-
» féré à la fortune, comme la seule récompense
» digne de sa vertu. Mais que savez-vous si l'objet
» de qui vous deviez attendre un bonheur si pur,
» n'eût pas été pour vous la source d'une infinité de
» peines ? Elle étoit sans bien et déshéritée. Vous
» n'aviez désormais à partager avec elle que votre
» seul travail. Revenue plus délicate par son édu-
» cation, et plus courageuse par son malheur même,
» vous l'auriez vue chaque jour succomber, en s'ef-
» forçant de partager vos fatigues. Quand elle vous
» auroit donné des enfans, ses peines et les vôtres
» auroient augmenté par la difficulté de soutenir
» seule avec vous de vieux parens et une famille
» naissante.

» Vous me direz : Le gouverneur nous auroit
» aidés. Que savez-vous si, dans une colonie qui
» change si souvent d'administrateurs, vous aurez
» souvent des la Bourdonnais ? s'il ne viendra pas
» ici des chefs sans mœurs et sans morale ? si, pour
» obtenir quelque misérable secours, votre épouse
» n'eût pas été obligée de leur faire sa cour ? Ou elle

» eût été foible, et vous eussiez été à plaindre ; ou
» elle eût été sage, et vous fussiez resté pauvre :
» heureux si, à cause de sa beauté et de sa vertu,
» vous n'eussiez pas été persécuté par ceux même
» de qui vous espériez de la protection !

» Il me fût resté, me direz-vous, le bonheur
» indépendant de la fortune, de protéger l'objet
» aimé qui s'attache à nous, à proportion de sa foi-
» blesse même ; de le consoler par mes propres in-
» quiétudes ; de le réjouir de ma tristesse, et d'ac-
» croître notre amour de nos peines mutuelles. Sans
» doute la vertu et l'amour jouissent de ces plaisirs
» amers. Mais elle n'est plus ; et il vous reste ce
» qu'après vous elle a le plus aimé, sa mère et la
» vôtre, que votre douleur inconsolable conduira
» au tombeau. Mettez votre bonheur à les aider,
» comme elle l'y avoit mis elle-même. Mon fils, la
» bienfaisance est le bonheur de la vertu ; il n'y en
» a point de plus assuré et de plus grand sur la terre.
» Les projets de plaisirs, de repos, de délices,
» d'abondance, de gloire, ne sont point faits pour
» l'homme foible, voyageur et passager. Voyez
» comme un pas vers la fortune nous a précipités
» tous d'abîme en abîme. Vous vous y êtes opposé,
» il est vrai ; mais qui n'eût pas cru que le voyage de
» Virginie devoit se terminer par son bonheur et par
» le vôtre ? Les invitations d'une parente riche et
» âgée, les conseils d'un sage gouverneur, les

» applaudissemens d'une colonie, les exhortations et
» l'autorité d'un prêtre, ont décidé du malheur de
» Virginie. Ainsi nous courons à notre perte, trom-
» pés par la prudence même de ceux qui nous gou-
» vernent. Il eût mieux valu sans doute ne pas les
» croire, ni se fier à la voix et aux espérances d'un
» monde trompeur. Mais enfin, de tant d'hommes
» que nous voyons si occupés dans ces plaines, de
» tant d'autres qui vont chercher la fortune aux
» Indes, ou qui, sans sortir de chez eux, jouissent en
» repos en Europe des travaux de ceux-ci, il n'y en a
» aucun qui ne soit destiné à perdre un jour ce qu'il
» chérit le plus, grandeurs, fortune, femme, en-
» fans, amis. La plupart auront à joindre à leur
» perte le souvenir de leur propre imprudence. Pour
» vous, en rentrant en vous-même, vous n'avez
» rien à vous reprocher. Vous avez été fidèle à votre
» foi. Vous avez eu, à la fleur de la jeunesse, la
» prudence d'un sage, en ne vous écartant pas du
» sentiment de la nature. Vos vues seules étoient
» légitimes, parce qu'elles étoient pures, simples,
» désintéressées, et que vous aviez sur Virginie des
» droits sacrés qu'aucune fortune ne pouvoit ba-
» lancer. Vous l'avez perdue, et ce n'est ni votre
» imprudence, ni votre avarice, ni votre fausse
» sagesse qui vous l'ont fait perdre, mais Dieu
» même, qui a employé les passions d'autrui pour
» vous ôter l'objet de votre amour; Dieu, de qui

» vous tenez tout, qui voit tout ce qui vous con-
» vient, et dont la sagesse ne vous laisse aucun lieu
» au repentir et au désespoir qui marchent à la
» suite des maux dont nous avons été la cause.

   » Voilà ce que vous pouvez vous dire dans votre
» infortune : je ne l'ai pas méritée. Est-ce donc le
» malheur de Virginie, sa fin, son état présent,
» que vous déplorez? Elle a subi le sort réservé à
» la naissance, à la beauté et aux empires même.
» La vie de l'homme, avec tous ses projets, s'élève
» comme une petite tour dont la mort est le cou-
» ronnement. En naissant, elle étoit condamnée à
» mourir. Heureuse d'avoir dénoué les liens de la
» vie avant sa mère, avant la vôtre, avant vous, c'est-
» à-dire, de n'être pas morte plusieurs fois avant la
» dernière !

   » La mort, mon fils, est un bien pour tous les
» hommes. Elle est la nuit de ce jour inquiet qu'on
» appelle la vie. C'est dans le sommeil de la mort
» que reposent pour jamais les maladies, les dou-
» leurs, les chagrins, les craintes qui agitent sans
» cesse les malheureux vivans. Examinez les hommes
» qui paroissent les plus heureux : vous verrez qu'ils
» ont acheté leur prétendu bonheur bien chèrement;
» la considération publique, par des maux domes-
» tiques; la fortune, par la perte de la santé; le
» plaisir si rare d'être aimé, par des sacrifices con-
» tinuels ; et souvent, à la fin d'une vie sacrifiée

» aux intérêts d'autrui, ils ne voient autour d'eux
» que des amis faux et des parens ingrats. Mais Vir-
» ginie a été heureuse jusqu'au dernier moment.
» Elle l'a été avec nous par les biens de la nature;
» loin de nous par ceux de la vertu : et, même dans
» le moment terrible où nous l'avons vue périr, elle
» étoit encore heureuse; car, soit qu'elle jetât les
» yeux sur une colonie entière à qui elle causoit une
» désolation universelle, ou sur vous qui couriez
» avec tant d'intrépidité à son secours, elle a vu
» combien elle nous étoit chère à tous. Elle s'est
» fortifiée contre l'avenir, par le souvenir de l'inno-
» cence de sa vie; et elle a reçu alors le prix que
» le ciel réserve à la vertu, un courage supérieur
» au danger. Elle a présenté à la mort un visage
» serein.

» Mon fils, Dieu donne à la vertu tous les évé-
» nemens de la vie à supporter, pour faire voir
» qu'elle seule peut en faire usage et y trouver du
» bonheur et de la gloire. Quand il lui réserve une
» réputation illustre, il l'élève sur un grand théâtre
» et la met aux prises avec la mort : alors son cou-
» rage sert d'exemple, et le souvenir de ses mal-
» heurs reçoit à jamais un tribut de larmes de la
» postérité. Voilà le monument immortel qui lui est
» réservé sur une terre où tout passe, et où la
» mémoire même de la plupart des rois est bientôt
» ensevelie dans un éternel oubli.

» Mais Virginie existe encore. Mon fils, voyez
» que tout change sur la terre, et que rien ne s'y
» perd. Aucun art humain ne pourroit anéantir la
» plus petite particule de matière ; et ce qui fut rai-
» sonnable, sensible, aimant, vertueux, religieux,
» auroit péri, lorsque les élémens dont il étoit
» revêtu sont indestructibles ! Ah ! si Virginie a été
» heureuse avec nous, elle l'est maintenant bien
» davantage. Il y a un Dieu, mon fils : toute la na-
» ture l'annonce ; je n'ai pas besoin de vous le prou-
» ver. Il n'y a que la méchanceté des hommes qui
» leur fasse nier une justice qu'ils craignent. Son
» sentiment est dans votre cœur, ainsi que ses
» ouvrages sont sous vos yeux. Croyez-vous donc
» qu'il laisse Virginie sans récompense ? Croyez-
» vous que cette même puissance qui avoit revêtu
» cette ame si noble d'une forme si belle, où vous
» sentiez un art divin, n'auroit pu la tirer des flots ?
» que celui qui a arrangé le bonheur actuel des
» hommes par des loix que vous ne connoissez pas,
» ne puisse en préparer un autre à Virginie par des
» loix qui vous sont également inconnues ? Quand
» nous étions dans le néant, si nous eussions été
» capables de penser, aurions-nous pu nous former
» une idée de notre existence ? Et maintenant que
» nous sommes dans cette existence ténébreuse et
» fugitive, pouvons-nous prévoir ce qu'il y a au-
» delà de la mort par où nous en devons sortir ? Dieu

IV.   P

» a-t-il besoin, comme l'homme, du petit globe de
» notre terre, pour servir de théâtre à son intelli-
» gence et à sa bonté, et n'a-t-il pu propager la vie
» humaine que dans les champs de la mort? Il n'y
» a pas dans l'Océan une seule goutte d'eau qui ne
» soit pleine d'êtres vivans, qui ressortissent à nous;
» et il n'existeroit rien pour nous parmi tant d'astres
» qui roulent sur nos têtes! Quoi! il n'y auroit
» d'intelligence suprême et de bonté divine préci-
» sément que là où nous sommes! et dans ces globes
» rayonnans et innombrables, dans ces champs
» infinis de lumière qui les environnent, que ni les
» orages ni les nuits n'obscurcissent jamais, il n'y
» auroit qu'un espace vain et un néant éternel! Si
» nous, qui ne nous sommes rien donné, osions
» assigner des bornes à la puissance de laquelle
» nous avons tout reçu, nous pourrions croire que
» nous sommes ici sur les limites de son empire, où
» la vie se débat avec la mort, et l'innocence avec
» la tyrannie.

» Sans doute, il est quelque part un lieu où la
» vertu reçoit sa récompense. Virginie maintenant
» est heureuse. Ah! si du séjour des anges elle pou-
» voit se communiquer à vous, elle vous diroit,
» comme dans ses adieux : O Paul! la vie n'est
» qu'une épreuve. J'ai été trouvée fidelle aux loix
» de la nature, de l'amour et de la vertu. J'ai tra-
» versé les mers pour obéir à mes parens; j'ai

» renoncé aux richesses pour conserver ma foi, et
» j'ai mieux aimé perdre la vie que de violer la
» pudeur. Le Ciel a trouvé ma carrière suffisam-
» ment remplie. J'ai échappé pour toujours à la
» pauvreté, à la calomnie, aux tempêtes, au spec-
» tacle des douleurs d'autrui. Aucun des maux qui
» effrayent les hommes ne peut plus désormais m'at-
» teindre ; et vous me plaignez ! Je suis pure et
» inaltérable comme une particule de lumière, et
» vous me rappelez dans la nuit de la vie ! O Paul !
» ô mon ami ! souviens-toi de ces jours de bonheur
» où, dès le matin, nous goûtions la volupté des
» cieux, se levant avec le soleil sur les pitons de ces
» rochers, et se répandant avec ses rayons au sein
» de nos forêts. Nous éprouvions un ravissement
» dont nous ne pouvions comprendre la cause. Dans
» nos souhaits innocens, nous desirions être toute
» vue, pour jouir des riches couleurs de l'aurore ;
» tout odorat, pour sentir les parfums de nos plantes;
» tout ouïe, pour entendre les concerts de nos
» oiseaux; tout cœur, pour reconnoître ces bien-
» faits. Maintenant, à la source de la beauté d'où
» découle tout ce qui est agréable sur la terre, mon
» ame voit, goûte, entend, touche immédiatement
» ce qu'elle ne pouvoit sentir alors que par de foi-
» bles organes. Ah! quelle langue pourroit décrire
» ces rivages d'un orient éternel que j'habite pour
» toujours? Tout ce qu'une puissance infinie et une

» bonté céleste ont pu créer pour consoler un être
» malheureux ; tout ce que l'amitié d'une infinité
» d'êtres, réjouis de la même félicité, peut mettre
» d'harmonie dans des transports communs, nous
» l'éprouvons sans mélange. Soutiens donc l'épreuve
» qui t'est donnée, afin d'accroître le bonheur de
» ta Virginie par des amours qui n'auront plus de
» terme, par un hymen dont les flambeaux ne pour-
» ront plus s'éteindre. Là, j'appaiserai tes regrets ;
» là, j'essuierai tes larmes. O mon ami ! mon jeune
» époux ! élève ton âme vers l'infini, pour suppor-
» ter des peines d'un moment ».

Ma propre émotion mit fin à mon discours. Pour
Paul, me regardant fixement, il s'écria : « Elle n'est
» plus ! elle n'est plus » ! et une longue foiblesse
succéda à ces douloureuses paroles. Ensuite, revenant à lui, il dit : « Puisque la mort est un bien
» et que Virginie est heureuse, je veux aussi mou-
» rir pour me rejoindre à Virginie ». Ainsi mes
motifs de consolation ne servirent qu'à nourrir son
désespoir. J'étois comme un homme qui veut sauver son ami, coulant à fond au milieu d'un fleuve
sans vouloir nager. La douleur l'avoit submergé.
Hélas ! les malheurs du premier âge préparent
l'homme à entrer dans la vie, et Paul n'en avoit
jamais éprouvé.

Je le ramenai à son habitation. J'y trouvai sa
mère et madame de la Tour dans un état de lan-

gueur qui avoit encore augmenté. Marguerite étoit la plus abattue. Les caractères vifs sur lesquels glissent les peines légères, sont ceux qui résistent le moins aux grands chagrins.

Elle me dit : « O mon bon voisin ! il m'a semblé » cette nuit voir Virginie vêtue de blanc, au milieu » de bocages et de jardins délicieux. Elle m'a dit : » Je jouis d'un bonheur digne d'envie. Ensuite elle » s'est approchée de Paul d'un air riant, et l'a en- » levé avec elle. Comme je m'efforçois de retenir » mon fils, j'ai senti que je quittois moi-même la » terre, et que je le suivois avec un plaisir inex- » primable. Alors j'ai voulu dire adieu à mon amie, » mais je l'ai vue qui nous suivoit avec Marie et » Domingue. Mais ce que je trouve encore de plus » étrange, c'est que madame de la Tour a fait cette » même nuit un songe accompagné des mêmes cir- » constances ».

Je lui répondis : « Mon amie, je crois que rien » n'arrive dans le monde sans la permission de Dieu. » Les songes annoncent quelquefois la vérité ».

Madame de la Tour me fit le récit d'un songe tout-à-fait semblable qu'elle avoit eu cette même nuit. Je n'avois jamais remarqué dans ces deux dames aucun penchant à la superstition ; je fus donc frappé de la concordance de leur songe, et je ne doutai pas en moi-même qu'il ne vînt à se réaliser. Cette opinion, que la vérité se présente quelquefois

à nous pendant le sommeil, est répandue chez tous
les peuples de la terre. Les plus grands hommes de
l'antiquité y ont ajouté foi, entre autres, Alexandre,
César, les Scipions, les deux Catons et Brutus, qui
n'étoient pas des esprits foibles. L'ancien et le nouveau Testament nous fournissent quantité d'exemples
de songes qui se sont réalisés. Pour moi je n'ai
besoin à cet égard que de ma propre expérience, et
j'ai éprouvé plus d'une fois que les songes sont des
avertissemens que nous donne quelque intelligence
qui s'intéresse à nous. Que si l'on veut combattre
ou défendre avec des raisonnemens des choses qui
surpassent la lumière de la raison humaine, c'est ce
qui n'est pas possible. Cependant si la raison de
l'homme n'est qu'une image de celle de Dieu, puisque l'homme trouve bien le moyen de faire parvenir ses intentions jusqu'au bout du monde par des
moyens secrets et cachés, pourquoi l'intelligence
qui gouverne l'univers n'en emploieroit-elle pas de
semblables pour la même fin? Un ami console son
ami par une lettre qui traverse une multitude de
royaumes, circule au milieu des haines des nations,
et vient apporter de la joie et de l'espérance à un
seul homme; pourquoi le souverain protecteur de
l'innocence ne peut-il venir, par quelque voie secrète, au secours d'une ame vertueuse qui ne met
sa confiance qu'en lui seul? A-t-il besoin d'employer quelque signe extérieur pour exécuter sa

volonté, lui qui agit sans cesse dans tous ses ouvrages par un travail intérieur?

Pourquoi douter des songes? La vie, remplie de
tant de projets passagers et vains, est-elle autre
chose qu'un songe?

Quoi qu'il en soit, celui de mes amies infortunées se réalisa bientôt. Paul mourut deux mois
après la mort de sa chère Virginie, dont il pronon-
çoit sans cesse le nom. Marguerite vit venir sa fin
huit jours après celle de son fils, avec une joie qu'il
n'est donné qu'à la vertu d'éprouver. Elle fit les
plus tendres adieux à madame de la Tour, « dans
» l'espérance, lui dit-elle, d'une douce et éter-
» nelle réunion. La mort est le plus grand des biens,
» ajouta-t-elle; on doit la desirer. Si la vie est une
» punition, on doit en souhaiter la fin; si c'est une
» épreuve, on doit la demander courte.»

Le gouvernement prit soin de Domingue et de
Marie, qui n'étoient plus en état de servir, et qui
ne survécurent pas long-temps à leur maîtresse. Pour
le pauvre Fidèle il étoit mort de langueur à-peu-près
dans le même temps que son maître.

J'amenai chez moi madame de la Tour, qui se
soutenoit au milieu de si grandes pertes avec une
grandeur d'ame incroyable. Elle avoit consolé Paul
et Marguerite jusqu'au dernier instant, comme si
elle n'avoit eu que leur malheur à supporter. Quand
elle ne les vit plus, elle m'en parloit chaque jour

comme d'amis chéris qui étoient dans le voisinage.
Cependant elle ne leur survécut que d'un mois.
Quant à sa tante, loin de lui reprocher ses maux,
elle prioit Dieu de les lui pardonner et d'appaiser les
troubles affreux d'esprit où nous apprîmes qu'elle
étoit tombée immédiatement après qu'elle eut ren-
voyé Virginie avec tant d'inhumanité.

Cette parente dénaturée ne porta pas loin la punition de sa dureté. J'appris par l'arrivée successive
de plusieurs vaisseaux, qu'elle étoit agitée de vapeurs qui lui rendoient la vie et la mort également
insupportables. Tantôt elle se reprochoit la fin prématurée de sa charmante petite-nièce, et la perte
de sa mère, qui s'en étoit suivie. Tantôt elle s'ap-
plaudissoit d'avoir repoussé loin d'elle deux malheureuses qui, disoit-elle, avoient déshonoré sa
maison par la bassesse de leurs inclinations. Quelquefois se mettant en fureur à la vue de ce grand
nombre de misérables dont Paris est rempli : « Que
» n'envoie-t-on, s'écrioit-elle, ces fainéans périr
» dans nos colonies » ? Elle ajoutoit que les idées
d'humanité, de vertu, de religion, adoptées par
tous les peuples, n'étoient que des inventions de la
politique de leurs princes. Puis, se jetant tout-à-
coup dans une extrémité opposée, elle s'abandonnoit à des terreurs superstitieuses qui la remplissoient de frayeurs mortelles. Elle couroit porter
d'abondantes aumônes à de riches moines qui la di-

rigeoient, les suppliant d'appaiser la divinité par le
sacrifice de sa fortune, comme si des biens qu'elle
avoit refusés aux malheureux pouvoient plaire au
père des hommes ! Souvent son imagination lui représentoit des campagnes de feu, des montagnes
ardentes, où des spectres hideux erroient en l'appelant à grands cris. Elle se jetoit aux pieds de ses
directeurs, et elle imaginoit contre elle-même des
tortures et des supplices ; car le ciel, le juste ciel,
envoie aux ames cruelles des religions effroyables.

Ainsi elle passa plusieurs années tour-à-tour athée
et superstitieuse, ayant également en horreur la
mort et la vie. Mais ce qui acheva la fin d'une si
déplorable existence, fut le sujet même auquel elle
avoit sacrifié les sentimens de la nature. Elle eut le
chagrin de voir que sa fortune passeroit après elle
à des parens qu'elle haïssoit. Elle chercha donc à
en aliéner la meilleure partie ; mais ceux-ci profi-
tant des accès de vapeurs auxquels elle étoit sujette,
la firent enfermer comme folle, et mettre ses biens
en direction. Ainsi ses richesses même achevèrent
sa perte ; et, comme elles avoient endurci le cœur
de celle qui les possédoit, elles dénaturèrent de
même le cœur de ceux qui les desiroient. Elle mourut donc, et, ce qui est le comble du malheur,
avec assez d'usage de sa raison pour connoître qu'elle
étoit dépouillée et méprisée par les mêmes personnes dont l'opinion l'avoit dirigée toute sa vie.

On a mis auprès de Virginie, au pied des mêmes roseaux, son ami Paul, et autour d'eux leurs tendres mères et leurs fidèles serviteurs. On n'a point élevé de marbres sur leurs humbles tertres, ni gravé d'inscriptions à leurs vertus; mais leur mémoire est restée ineffaçable dans le cœur de ceux qu'ils ont obligés. Leurs ombres n'ont pas besoin de l'éclat qu'ils ont fui pendant leur vie; mais si elles s'intéressent encore à ce qui se passe sur la terre, sans doute elles aiment à errer sur les toits de chaume qu'habite la vertu laborieuse, à consoler la pauvreté mécontente de son sort, à nourrir dans les jeunes amans une flamme durable, le goût des biens naturels, l'amour du travail et la crainte des richesses.

La voix du peuple qui se tait sur les monumens élevés à la gloire des rois, a donné à quelques parties de cette île des noms qui éterniseront la perte de Virginie. On voit près de l'île d'Ambre, au milieu des écueils, un lieu appelé la PASSE DU SAINT-GÉRAN, du nom de ce vaisseau qui y périt en la ramenant d'Europe. L'extrémité de cette longue pointe de terre que vous apercevez à trois lieues d'ici, à demi-couverte des flots de la mer, que le Saint-Géran ne put doubler la veille de l'ouragan pour entrer dans le port, s'appelle le CAP MALHEUREUX, et voici devant nous, au bout de ce vallon, la BAIE DU TOMBEAU, où Virginie fut trouvée ensevelie dans le sable, comme si la mer eût voulu

rapporter son corps à sa famille et rendre les derniers devoirs à sa pudeur sur les mêmes rivages
qu'elle avoit honorés de son innocence.

Jeunes gens si tendrement unis ! mères infortunées ! chère famille ! ces bois qui vous donnoient
leurs ombrages, ces fontaines qui couloïent pour
vous, ces coteaux où vous reposiez ensemble, dé-
plorent encore votre perte. Nul, depuis vous, n'a
osé cultiver cette terre désolée, ni relever ces
humbles cabanes.

Vos chèvres sont devenues sauvages, vos vergers
sont détruits, vos oiseaux sont enfuis, et on n'entend plus que les cris des éperviers qui volent en
rond au haut de ce bassin de rochers. Pour moi,
depuis que je ne vous vois plus, je suis comme un
ami qui n'a plus d'amis, comme un père qui a
perdu ses enfans, comme un voyageur qui erre sur
la terre où je suis resté seul.

En disant ces mots, ce bon vieillard s'éloigna en
versant des larmes, et les miennes avoient coulé
plus d'une fois pendant ce funeste récit.

FIN DE PAUL ET VIRGINIE.

L'ARCADIE.

AVIS.

Comme il y a des notes un peu longues dans les deux fragmens qui suivent, j'ai jugé convenable de les reléguer à la fin de chacun de ces articles. L'usage des notes, si commun aujourd'hui dans nos livres, vient, d'une part, de la maladresse des auteurs, qui se trouvent embarrassés pour interpoler dans leurs ouvrages des observations qu'ils croient intéressantes; et de l'autre, de la délicatesse des lecteurs, qui ne veulent point être interrompus dans leur lecture, par des digressions. Les anciens, qui écrivoient mieux que nous, n'ajoutoient point de notes à leur texte; mais ils s'y écartoient à droite et à gauche suivant leurs besoins. C'est ainsi qu'ont écrit les philosophes et les historiens les plus célèbres de l'antiquité, tels qu'Hérodote, Platon, Xénophon, Tacite, le bon Plutarque..... Leurs digressions répandent, à mon avis, une agréable variété dans leurs ouvrages. Ils vous font voir bien du pays en peu de temps, et vous promènent par des lacs, des montagnes, des forêts, en vous conduisant toutefois au but, ce qui n'est pas aisé. Mais cette marche fatigue nos auteurs et nos lecteurs modernes, qui ne veulent voyager que dans des plaines. Pour ôter donc aux autres, et sur-tout à moi, une partie de l'embarras du chemin, j'ai fait des notes, et je les ai mises à part. Cet ordre, de plus, a cela de commode pour le lecteur, qu'il ne sera point obligé de les lire, si le texte l'ennuie.

FRAGMENT

SERVANT DE PRÉAMBULE

A L'ARCADIE.

.....Lorsqu'ils virent qu'après une si fâcheuse expérience des hommes je ne soupirois qu'après une vie solitaire ; que j'avois des principes dont je ne me départois pas ; que mes opinions sur la nature étoient contraires à leurs systêmes ; que je n'étois propre à être ni leur prôneur ni leur protégé ; et qu'enfin ils m'avoient brouillé avec mon protecteur, dont ils m'avoient dit souvent du mal pour m'en éloigner, et auquel ils faisoient assidument la cour, alors ils devinrent mes ennemis. On reproche bien des vices aux grands ; mais j'en ai toujours trouvé davantage dans les petits qui cherchent à leur plaire.

Ceux-ci étoient trop rusés pour m'attaquer ouvertement auprès d'une personne à laquelle j'avois donné, au milieu même de mes infortunes, des preuves si désintéressées de mon amitié. Au contraire, ils faisoient devant elle ; ainsi que devant moi, de grands éloges de mes principes, et de quelques actes faciles de modération qui en avoient été la suite ; mais ils y mettoient tant d'exagération,

Q

et ils paroissoient si inquiets de l'opinion qu'en prendroit le monde, qu'il étoit aisé de voir qu'ils ne cherchoient qu'à m'y faire renoncer, et qu'ils ne louoient tant ma patience que pour me la faire perdre. Ainsi ils me calomnièrent en faisant semblant de me louer, et me perdirent de réputation en feignant de me plaindre : comme ces sorcières de Thessalie, dont parle Pline, qui faisoient périr les moissons, les troupeaux et les laboureurs, en disant du bien d'eux.

Je m'éloignai donc de ces hommes artificieux, qui se justifièrent encore à mes dépens, en me faisant passer pour méfiant, après avoir abusé en tant de manières de ma confiance.

Ce n'est pas que je n'aie à reprendre en moi une sensibilité trop vive pour la douleur, soit physique, soit morale. Une seule épine me fait plus de mal, que l'odeur de cent roses ne me fait de plaisir. La meilleure compagnie me semble mauvaise, si j'y rencontre un important, un envieux, un médisant, un méchant, un perfide. Je sais bien que de fort honnêtes gens vivent tous les jours avec tous ces gens-là, les supportent, les flattent même, et en tirent parti ; mais je sais bien aussi que ces honnêtes gens n'apportent dans la société que le jargon du monde, et que moi, j'y mets mon cœur ; qu'ils paient les trompeurs de leur propre monnoie, et moi de tout mon avoir, c'est-à-dire de mes sentimens. Quoique mes ennemis m'aient fait passer pour méfiant, la plupart des erreurs de ma vie, sur-tout à leur égard, sont venues de trop de confiance; et après tout, j'aime mieux qu'ils se plaignent que je me suis méfié d'eux sans raison, que s'ils avoient eu eux-mêmes quelque raison de se méfier de moi.

Je cherchai des amis dans des hommes d'un parti contraire, qui m'avoient témoigné le plus grand desir de m'y attirer quand je n'en étois pas, mais qui, dès que j'en fus, ne firent plus aucun compte de mon prétendu mérite. Quand ils virent que je n'adoptois pas tous leurs préjugés; que je ne cherchois que la vérité; que, ne voulant médire ni de leurs ennemis ni des miens, je n'étois propre ni à intriguer ni à cabaler; que mes foibles vertus, qu'ils avoient tant exaltées, ne m'avoient mené à rien d'utile; qu'elles ne pouvoient nuire à personne, et qu'enfin je ne tenois plus à eux, ni à leurs antagonistes, ils me négligèrent tout-à-fait, et me persécutèrent même à leur tour. Ainsi j'éprouvai que, dans un siècle foible et corrompu, nos amis ne mesurent leur considération pour nous, que sur celle que nous portent leurs propres ennemis, et qu'ils ne nous recherchent qu'autant que nous leur sommes utiles ou à craindre. J'ai vu par-tout bien des sortes de confédérations, et j'y ai toujours trouvé la même espèce d'hommes. Ils marchent,

à la vérité , sous des drapeaux de diverses couleurs ;
mais ce sont toujours ceux de l'ambition. Ils n'ont
tous qu'un but, celui de dominer. Cependant, l'intérêt de leur corps excepté, je n'en ai pas rencontré
deux dont les opinions ne différassent comme leurs
visages. Ce qui fait la joie de l'un , fait le désespoir
de l'autre ; à l'un , l'évidence paroît absurdité , à
l'autre , l'absurdité évidence. Que dis-je ? Dans
l'exacte étude que j'ai faite des hommes pour y
trouver un consolateur , j'ai vu les mieux renommés différer totalement d'eux-mêmes du matin au
soir , à jeun ou après dîné , en particulier ou en
public. Les livres , même les plus vantés , sont remplis de contradictions. Ainsi, je sentis que les maux
de l'ame n'avoient pas moins de systêmes pour leur
guérison que ceux du corps , et que c'étoit bien
imprudemment que j'ajoutois l'impéritie des médecins à mes propres infirmités , puisqu'il y a plus
de malades en tous genres tués par les remèdes que
par les maladies.

Cependant mes malheurs n'étoient pas encore à
leur dernier période. L'ingratitude des hommes
dont j'avois le mieux mérité , des chagrins de famille imprévus , l'épuisement total de mon foible
patrimoine dispersé dans des voyages entrepris pour
le service de ma Patrie , les dettes dont j'étois resté
grevé à cette occasion , mes espérances de fortune
évanouies , tous ces maux combinés ébranlèrent

à-la-fois ma santé et ma raison. Je fus frappé d'un mal étrange ; des feux semblables à ceux des éclairs sillonnoient ma vue. Tous les objets se présentoient à moi doubles et mouvans : comme Œdipe, je voyois deux soleils. Mon cœur n'étoit pas moins troublé que ma tête. Dans le plus beau jour d'été, je ne pouvois traverser la Seine en bateau, sans éprouver des anxiétés intolérables ; moi qui avois conservé le calme de mon ame dans une tempête du Cap de Bonne-Espérance, sur un vaisseau frappé de la foudre. Si je passois seulement dans un jardin public, près d'un bassin plein d'eau, j'éprouvois des mouvemens de spasme et d'horreur. Il y avoit des momens où je croyois avoir été mordu, sans le savoir, par quelque chien enragé. Il m'étoit arrivé bien pis : je l'avois été par la calomnie.

Ce qu'il y a de certain, c'est que mon mal ne me prenoit que dans la société des hommes. Il m'étoit impossible de rester dans un appartement où il y avoit du monde, sur-tout si les portes en étoient fermées. Je ne pouvois même traverser une allée de jardin public où se trouvoient plusieurs personnes rassemblées. Dès qu'elles jetoient les yeux sur moi, je les croyois occupées à en médire. Elles avoient beau m'être inconnues ; je me rappelois que j'avois été calomnié par mes propres amis, et pour les actions les plus honnêtes de ma vie. Lorsque j'étois seul, mon mal se dissipoit ; il se calmoit

encore dans les lieux où je ne voyois que des enfans. J'allois, pour cet effet, m'asseoir assez souvent sur les buis du fer-à-cheval aux Tuileries, pour
voir des enfans se jouer sur les gazons du parterre
avec de jeunes chiens qui couroient après eux.
C'étoient-là mes spectacles et mes tournois. Leur
innocence me réconcilioit avec l'espèce humaine,
bien mieux que tout l'esprit de nos drames et que
les sentences de nos philosophes. Mais à la vue de
quelque promeneur dans mon voisinage, je me
sentois tout agité, et je m'éloignois. Je me disois
souvent : Je n'ai cherché qu'à bien mériter des
hommes, pourquoi est-ce que je me trouble à leur
vue ? En vain j'appelois la raison à mon secours ;
ma raison ne pouvoit rien contre un mal qui lui
ôtoit ses propres forces (1). Les efforts même
qu'elle faisoit pour le surmonter, l'affoiblissoient
encore, parce qu'elle les employoit contre elle-
même. Il ne lui falloit pas de combats, mais du
repos.

A la vérité, la médecine m'offrit des secours.
Elle m'apprit que le foyer de mon mal étoit dans
les nerfs. Je le sentois bien mieux qu'elle ne pouvoit
me le définir. Mais quand je n'aurois pas été trop
pauvre pour exécuter ses ordonnances, j'étois trop
expérimenté pour y croire. Trois hommes, à ma
connoissance, tourmentés du même mal, périrent
en peu de temps de trois remèdes différens, et soi-

disant spécifiques pour la guérison du mal des nerfs.
Le premier, par les bains et les saignées ; le second, par l'usage de l'opium, et le troisième, par
celui de l'éther. Ces deux derniers étoient deux
fameux médecins (2) de la faculté de Paris, tous
deux renommés par leurs écrits sur la médecine,
et particulièrement sur les maladies du genre
nerveux.

J'éprouvai de nouveau, mais cette fois par l'expérience d'autrui, combien je m'étois fait illusion
en attendant des hommes la guérison de mes maux;
combien vaines étoient leurs opinions et leurs doc-
trines, et combien j'avois été insensé, dans tous les
temps de ma vie, de me rendre misérable en cherchant à les rendre heureux, et de me détordre moi-
même pour redresser les autres.

Cependant, je tirai de la multitude de mes infortunes un grand motif de résignation. En comparant
les biens et les maux dont nos jours si rapides étoient
mélangés, j'entrevis une grande vérité bien peu connue, c'est qu'il n'y a rien de haïssable dans la nature,
et que son Auteur nous ayant mis dans une carrière
où nous devons nécessairement mourir, il nous a
donné autant de raisons d'aimer la mort que d'aimer la vie.

Toutes les branches de notre vie en sont mortelles
comme le tronc. Nos fortunes, nos réputations,
nos amitiés, nos amours, tous les objets de nos

affections les plus chères , périssent plus d'une fois
avant nous ; et si les destinées les plus heureuses se
manifestoient avec tous les malheurs qui les ont
accompagnées , elles nous paroîtroient comme ces
chênes qui embellissent la terre de leurs vastes
rameaux , mais qui en élèvent vers le ciel encore de
plus grands que la foudre a frappés.

Pour moi , foible arbrisseau brisé par tant d'orages , il ne me restoit plus rien à perdre. Voyant , de
plus , que désormais je n'avois rien à espérer ni des
autres , ni de moi-même , je m'abandonnai à Dieu
seul , et je lui promis de ne jamais rien attendre
d'essentiel à mon bonheur d'aucun homme en particulier , à quelque extrémité que je me trouvasse
réduit , et dans quelque genre que ce pût être.

Ma confiance fut agréable à celui que jamais on
n'implore en vain. Le premier fruit de ma résignation fut le soulagement de mes maux. Mes anxiétés se calmèrent dès que je n'y résistai plus. Bientôt
il m'échut , sans la moindre sollicitation , par le
crédit d'une personne que je ne connoissois pas (3) ,
et dans le département d'un ministère auquel je
n'avois jamais été utile , un secours annuel du roi.
Comme Virgile , j'eus part aux pains d'Auguste.
C'étoit un bienfait médiocre , annuel , incertain ,
dépendant de la volonté d'un ministre fort sujet lui-
même aux révolutions ; du caprice des intermédiai-
res , et de la malignité de mes ennemis qui pouvoient

m'en priver tôt ou tard par leurs intrigues ; mais après y avoir un peu réfléchi, je trouvai que la Providence me traitoit précisément comme le genre humain, auquel elle ne donne, depuis l'origine du monde, dans la récolte des moissons, qu'une subsistance annuelle, incertaine, portée par des herbes sans cesse battues des vents, et exposée aux déprédations des oiseaux et des insectes. Mais elle me distinguoit bien avantageusement de la plupart des hommes, en ce que ma récolte ne me coûtoit ni sueurs ni travaux, et qu'elle me laissoit l'exercice plein de ma liberté.

Le premier usage que j'en fis, fut de m'éloigner des hommes trompeurs que je n'avois plus besoin de solliciter. Dès que je ne les vis plus, mon ame se calma. La solitude est une grande montagne d'où ils paroissent bien petits. La solitude m'étoit cependant contraire, en ce qu'elle porte trop à la méditation. Ce fut à J. Jacques Rousseau que je dus le retour de ma santé. J'avois lu dans ses immortels écrits, entre autres vérités naturelles, que l'homme est fait pour travailler et non pour méditer. Jusqu'alors j'avois exercé mon ame et reposé mon corps ; je changeai de régime : j'exerçai le corps et je reposai l'ame. Je renonçai à la plupart des livres. Je jetai les yeux sur les ouvrages de la nature, qui parloit à tous mes sens un langage que ni le temps ni les nations ne peuvent altérer. Mon histoire et mes journaux étoient les herbes des champs et des prairies. Ce n'étoient pas mes pensées qui alloient péniblement à elles, comme dans les systêmes des hommes; mais leurs pensées qui venoient paisiblement à moi, sous mille formes agréables. J'y étudiois, sans effort, les loix de cette sagesse universelle qui m'environnoit dès le berceau, et à laquelle je n'avois jamais donné qu'une attention frivole. J'en suivois les traces dans toutes les parties du monde, par la lecture des livres de voyage. Ce furent les seuls des livres modernes pour lesquels je conservai du goût, parce qu'ils me transportoient dans d'autres sociétés que celle où j'étois malheureux, et sur-tout parce qu'ils me parloient des divers ouvrages de la nature.

Je connus, par leur moyen, qu'il y avoit dans chaque partie de la terre une portion de bonheur pour tous les hommes, dont presque par-tout ils étoient privés, et qu'en état de guerre dans notre ordre politique qui les divise, ils étoient en état de paix dans l'ordre de la nature qui les invite à se rapprocher. Ces consolantes méditations me ramenèrent insensiblement à mes anciens projets de félicité publique; non pas pour les exécuter moi-même comme autrefois, mais au moins pour en faire un tableau intéressant. La simple spéculation d'un bonheur général suffisoit maintenant à mon bonheur particulier. Je pensois aussi que mes plans imagi-

naires pourroient un jour se réaliser par des hommes
plus heureux. Ce desir redoubloit en moi, à la vue
des malheureux dont nos sociétés sont composées.
Je sentois, sur-tout par mes propres privations, la
nécessité d'un ordre politique conforme à l'ordre
naturel. Enfin, j'en composai un d'après l'instinct
et les besoins de mon propre cœur.

A portée par mes voyages, et plus encore par la
lecture de ceux d'autrui, de choisir à la surface du
globe un site propre à tracer le plan d'une société
heureuse, je le plaçai au sein de l'Amérique méridionale, sur les rivages riches et déserts de l'Ama-
zone.

Je m'étendis en imagination au sein de ses vastes
forêts. J'y bâtis des forts, j'y défrichai des terres,
je les couvris d'abondantes moissons et de vergers
chargés de toutes sortes de fruits étrangers à l'Europe. J'y offris des asyles aux hommes de toutes les
nations dont j'avois connu des individus malheureux. Il y avoit des Hollandais et des Suisses sans
territoires dans leur Patrie, et des Russes sans
moyens pour s'établir dans leurs vastes solitudes ;
des Anglais, las des convulsions de leur liberté
populaire, et des Italiens, de la léthargie de leurs
gouvernemens aristocratiques ; des Prussiens, de leur
despotisme militaire, et des Polonais, de leur anarchie républicaine ; des Espagnols, de l'intolérance
de leurs opinions, et des Français, de l'inconstance

des leurs ; des chevaliers de Malte et des Algériens ;
des paysans bohémiens , polonais, russes , francs-
comtois, bas-bretons, échappés à la tyrannie de leurs
propres compatriotes ; des esclaves nègres fugitifs
de nos colonies barbares ; des protecteurs et des
protégés de toutes les nations ; des gens de cour ,
de robe , de lettres , de guerre , de commerce, de
finance , tous infortunés tourmentés des maladies
des opinions européennes , africaines et asiatiques,
tous pour la plupart cherchant à s'opprimer mutuellement , et réagissant les uns sur les autres par
la violence ou la ruse , l'impiété ou la superstition.
Ils abjuroient les préjugés nationaux qui les avoient
rendus dès la naissance les ennemis des autres
hommes , et sur-tout celui qui est la source de
toutes les haines du genre humain, et que l'Europe
inspire dès la mamelle à chacun de ses enfans , le
desir d'être le premier. Ils adoptoient , sous la protection immédiate de l'Auteur de la nature , des
principes de tolérance universelle , et par cet acte
de justice générale, ils rentroient sans obstacle dans
l'exercice libre de leur caractère particulier. Le
Hollandais y portoit l'agriculture et le commerce
jusqu'au sein des marais , le Suisse jusqu'au sommet des rochers, et le Russe habile à manier la
hache , jusqu'au centre des plus épaisses forêts.
L'Anglais s'y livroit à la navigation et aux arts utiles
qui font la force des sociétés ; l'Italien aux arts libé-

raux qui les font fleurir ; le Prussien aux exercices militaires ; le Polonais à ceux de l'équitation ; l'Espagnol solitaire aux talens qui demandent de la constance ; le Français à ceux qui rendent la vie agréable , et à l'instinct sociable qui le rend propre à être le lien de toutes les nations. Tous ces hommes d'opinions si différentes se communiquoient par la tolérance ce que leur caractère a de meilleur , et tempéroient les défauts des uns par les excès des autres. Il en résultoit pour l'éducation , les loix et les habitudes , un ensemble d'arts , de talens , de vertus et de principes religieux , qui n'en formoit qu'un seul peuple propre à exister au-dedans dans une harmonie parfaite, à résister au-dehors aux conquérans , et à s'amalgamer avec tout le reste du genre humain.

Je jetai donc sur le papier toutes les études que j'avois faites à ce sujet ; mais lorsque je voulus les rassembler pour me donner à moi-même et aux autres une idée d'une république dirigée suivant les loix de la nature , je vis qu'avec tout mon travail je ne ferois jamais illusion à aucun esprit raisonnable.

A la vérité, Platon dans son Atlantide , Xénophon dans sa Cyropédie, Fénélon dans son Télémaque, ont peint le bonheur de plusieurs sociétés politiques qui n'ont peut-être jamais existé ; mais en liant leurs fictions à des traditions historiques , et les reléguant dans des siècles reculés , ils leur ont

donné assez de vraisemblance pour qu'un lecteur
indulgent croie véritables des récits qu'il n'est plus
à portée de vérifier. Il n'en étoit pas de même de
mon ouvrage. J'y supposois de nos jours, et dans
une partie du monde connu, l'existence d'un peuple
considérable formé presque en entier des débris
malheureux des nations européennes, parvenu tout-
à-coup au plus grand degré de félicité ; et ce rare
phénomène, si digne au moins de la curiosité de
l'Europe, cessoit de faire illusion dès qu'il étoit
certain qu'il n'existoit pas. D'ailleurs le peu de
théorie que je m'étois procuré sur un pays si différent du nôtre, et si superficiellement décrit par nos
voyageurs, n'auroit fourni à mes tableaux qu'un
coloris faux et des traits indécis.

J'abandonnai donc mon vaisseau politique, quoique j'y eusse travaillé plusieurs années avec constance. Semblable au canot de Robinson, je le laissai
dans la forêt où je l'avois dégrossi, faute de pouvoir
le remuer et le faire voguer sur la mer des opinions
humaines.

En vain mon imagination fit le tour du globe. Au
milieu de tant de sites offerts au bonheur des
hommes par la nature, je n'y trouvai pas seulement
de quoi asseoir l'illusion d'un peuple heureux suivant ses loix ; car ni la république de Saint-Paul
près du Brésil, formée de brigands qui faisoient la
guerre à tout le monde ; ni l'évangélique société de

Guillaume Penn dans l'Amérique septentrionale, qui ne se défend seulement pas contre ses ennemis ; ni les conventuelles rédemptions (4) des jésuites dans le Paraguay ; ni les voluptueux insulaires de la mer du Sud, qui, au milieu de leurs plaisirs sacrifient des hommes (5), ne me paroissoient propres à représenter un peuple usant dans l'état de nature de toutes ses facultés physiques et morales.

D'ailleurs, quoique ces peuplades m'offrissent des images de république, la première n'étoit qu'une anarchie, la seconde une simple société protégée par l'état où elle étoit renfermée, et les deux autres ne formoient que des aristocraties héréditaires, où une classe particulière de citoyens s'étant réservé jusqu'au pouvoir de disposer de la subsistance nationale, tenoit le peuple dans un état constant de tutéle, sans qu'il pût jamais sortir de la classe des néophytes ou des toutous (6).

Mon ame mécontente des siècles présens, prit son vol vers les siècles anciens, et se reposa d'abord sur les peuples de l'Arcadie.

Cette portion heureuse de la Grèce m'offrit des climats et des sites semblables à ceux qui sont épars dans le reste de l'Europe. J'en pouvois faire au moins des tableaux variés et vraisemblables. Elle étoit remplie de montagnes fort élevées, dont quelques-unes, comme celle de Phoé, couvertes de neige

toute l'année, la rendoient semblable à la Suisse.
D'un autre côté, ses marais, tel que celui de Stym-
phale, la faisoient ressembler dans cette partie de
son territoire à la Hollande. Ses végétaux et ses
animaux étoient les mêmes que ceux qui sont répandus sur le sol de l'Italie, de la France et du
nord de l'Europe. Il y avoit des oliviers, des vignes,
des pommiers, des blés, des pâturages; des forêts
de chênes, de pins et de sapins; des bœufs, des
chevaux, des moutons, des chèvres, des loups......
Les occupations des Arcadiens étoient les mêmes
que celles de nos paysans. Il y avoit parmi eux des
laboureurs, des bergers, des vignerons, des chasseurs. Mais, ce qui ne ressemble pas aux nôtres, ils
étoient fort belliqueux au-dehors et fort paisibles
au-dedans. Dès que leur État étoit menacé de la
guerre, ils se présentoient d'eux-mêmes pour le
défendre chacun à ses dépens. Il y avoit un grand
nombre d'Arcadiens parmi les dix mille Grecs qui
firent, sous Xénophon, cette retraite fameuse de
la Perse. Ils étoient fort religieux, car la plupart
des dieux de la Grèce étoient nés dans leur pays:
Mercure au mont Cyllène, Jupiter au mont Lycée,
Pan au mont Ménale, ou, selon d'autres, dans
les forêts du mont Lycée, où il étoit particulièrement honoré. C'étoit dans l'Arcadie qu'Hercule
avoit exercé ses plus grands travaux.

A ces sentimens de patriotisme et de religion,

les Arcadiens mêloient celui de l'amour, qui a enfin
prévalu comme l'idée principale que ce peuple nous
a laissée de lui. Car les institutions politiques et
religieuses varient dans chaque pays avec les siècles,
et lui sont particulières ; mais les loix de la nature
sont de tous les temps, et intéressent toutes les
nations. Il est donc arrivé que les poètes anciens et
modernes ont représenté les Arcadiens comme un
peuple de bergers amoureux qui excelloient dans la
poésie et la musique, qui sont par tout pays les
principaux langages de l'amour. Virgile sur-tout
parle fréquemment de leurs talens et de leur félicité. Dans sa dixième Eglogue, qui respire la plus
douce mélancolie, il introduit ainsi Gallus, fils de
Pollion, qui invite les peuples d'Arcadie à déplorer
avec lui la perte de sa maîtresse Lycoris :

> Cantabitis, Arcades, inquit,
> Montibus hæc vestris. Soli cantare periti
> Arcades. O mihi tum quàm molliter ossa quiescent,
> Vestra meos olim si fistula dicat amores !
> Atque utinam ex vobis unus, vestrique fuissem
> Aut custos gregis, aut maturæ vinitor uvæ !

« Arcadiens, dit-il, vous chanterez mes regrets
» sur vos montagnes. Vous seuls, Arcadiens, êtes
» habiles à chanter. Oh ! que mes os reposeront
» mollement, si un jour vos flûtes soupirent mes
» amours ! et plût aux Dieux que j'eusse été parmi

IV.   R

» vous un gardien de troupeaux ou un simple ven-
» dangeur » !

Gallus, fils d'un consul romain dans le siècle
d'Auguste, trouve le sort des peuples de l'Arcadie
si doux, qu'il n'ose desirer d'être parmi eux un
berger maître d'un troupeau, ou un habitant pro-
priétaire d'une vigne, mais seulement un simple
gardien de troupeaux, *Custos gregis*; ou un de ces
hommes qu'on loue en passant pour fouler la grappe
lorsqu'elle est mûre : *Maturæ vinitor uvæ*.

Virgile est plein de ces nuances délicates de
sentiment, qui disparoissent dans les traductions,
et sur-tout dans les miennes.

Quoique les Arcadiens passassent une bonne partie de leur vie à chanter et à faire l'amour, Virgile
ne les représente pas comme des hommes efféminés.
Au contraire, il leur assigne des mœurs simples et
un caractère particulier de force, de piété et de
vertu, confirmé par tous les historiens qui ont parlé
d'eux. Il leur fait même jouer un rôle fort important dans l'origine de l'Empire Romain : car lorsqu'Enée remonta le Tibre pour chercher des alliés
parmi les peuples qui habitoient les rivages de ce
fleuve, il trouva, à l'endroit où il débarqua, une
petite ville appelée Pallantée, du nom de Pallas,
fils d'Evandre, roi des Arcadiens, qui l'avoit bâtie.
Cette ville fut depuis renfermée dans l'enceinte de
la ville de Rome, à laquelle elle servit de première

forteresse. C'est pourquoi Virgile appelle le roi Évandre fondateur de la forteresse romaine :

Rex Evandrus, Romanæ conditor arcis.

Æneid. lib. 8, v. 313.

Je me sens entraîner par le désir d'insérer ici quelques morceaux de l'Enéïde, qui ont un rapport direct aux mœurs des Arcadiens, et qui montrent en même temps leur influence sur celles du peuple romain. Je sais bien que je traduirai mal ces morceaux, ainsi que tout le latin que j'ai déjà cité dans mes livres ; mais la belle poésie de Virgile dédommagera le lecteur de ma mauvaise prose, et le goût qu'elle me fera naître de celui qui m'est naturel. Cette digression, d'ailleurs, n'est point étrangère à l'ensemble de cet ouvrage. J'y produirai plusieurs exemples des grands effets que font naître les consonnances et les contrastes, que j'ai regardés, dans mes Etudes précédentes, comme les premiers mobiles de la nature. Nous verrons qu'à son exemple, Virgile en est rempli, et qu'ils sont les causes uniques de l'harmonie de son style et de la magie de ses tableaux.

D'abord, Énée, par l'ordre du dieu du Tibre qui lui étoit apparu en songe, vient solliciter l'alliance d'Evandre pour s'établir en Italie. Il lui fait valoir l'ancienne origine de leurs familles, qui sortoient d'Atlas ; l'une, par Electre ; l'autre par Maï ; Evandre ne répond rien sur cette généalogie; mais à la vue d'Énée, il se rappelle avec joie les traits, la voix et les paroles d'Anchise, qu'il a reçu chez lui dans les murs de Phénée, lorsque ce prince, venant à Salamine avec Priam qui alloit voir sa sœur Hésione, passa jusques dans les froides montagnes d'Arcadie :

> Ut te, fortissime Teucrûm,
> Accipio agnoscoque libens! ut verba parentis
> Et vocem Anchisæ magni vultumque recordor!
> Nam memini Hesiones visentem regna sororis,
> Laomedontiadem Priamum, Salamina petentem,
> Protinus Arcadiæ gelidos invisere fines.
>
> *Æneid. lib. 8, v. 154—159.*

Évandre étoit alors à la fleur de l'âge; il brûloit du desir de joindre sa main à celle d'Anchise : *dextrâ conjungere dextram.* Il se ressouvient des témoignages d'amitié qu'il en reçut, et de ses présens, parmi lesquels étoient deux freins d'or qu'il a donnés à son fils Pallas, sans doute comme les symboles de la prudence si nécessaire à un jeune prince :

> Frænaque bina, meus quæ nunc habet, aurea Pallas.

Et il ajoute aussi-tôt :

> Ergo et quam petitis, juncta est mihi fœdere dextra;
> Et lux cùm primùm terris se crastina reddet,
> Auxilio lætos dimittam, opibusque juvabo.
>
> *Æneid. lib. 8, v. 168—171.*

« Ma main a donc scellé, dès ce temps-là, l'alliance
» que vous me demandez aujourd'hui : demain, dès
» que les premiers rayons de l'aurore paroîtront sur
» la terre, je vous renverrai plein de joie avec le
» secours que vous desirez, et je vous aiderai de
» tous mes moyens ».

Ainsi Evandre, quoique Grec, et par conséquent
ennemi naturel des Troyens, donne du secours à
Enée, par le seul souvenir de l'amitié qu'il a portée
à Anchise son hôte. L'hospitalité qu'il a exercée
autrefois envers le père, le détermine à aider le
fils.

Il n'est pas inutile d'observer ici, à la louange
de Virgile et de ses héros, que toutes les fois
qu'Enée, dans ses malheurs, est obligé de recourir à
des étrangers, il ne manque pas de leur rappeler
ou la gloire de Troie, ou d'anciennes alliances de
famille, ou quelque raison politique propre à les
intéresser ; mais ceux qui lui rendent service, s'y
déterminent toujours par des raisons de vertu.
Quand la tempête le jette à Carthage, Didon se
décide à lui offrir un asyle, par un sentiment encore
plus sublime que le souvenir de quelque hospitalité particulière, si sacrée d'ailleurs chez les anciens :
c'est par l'intérêt général que l'on doit aux malheureux. Pour en rendre l'effet plus touchant et
plus noble, elle s'en applique le besoin, et ne fait
jaillir de son cœur, sur le roi des Troyens, que

le même degré de pitié qu'elle demande pour elle-
même. Elle lui dit :

> Me quoque per multos similis fortuna labores,
> Jactatam hâc demùm voluit consistere terrâ.
> Non ignara mali, miseris succurrere disco.
>
> *Æneid. lib. 1, v. 628. — 630.*

« Et moi aussi, une fortune semblable à la vôtre
» m'ayant jetée dans beaucoup de dangers, m'a
» enfin permis de me fixer sur ces rivages. Instruite
» par le malheur, j'ai appris à secourir les malheu-
» reux ».

Par-tout Virgile préfère les raisons naturelles aux
raisons politiques, et l'intérêt du genre humain à
l'intérêt national. Voilà pourquoi son poëme, quoique
fait à la gloire des Romains, intéresse les hommes
de tous les pays et de tous les siècles.

Pour revenir au roi Évandre, il étoit occupé à
offrir un sacrifice à Hercule, à la tête de sa colonie
d'Arcadiens, lorsqu'Énée mit le pied à terre. Après
avoir engagé le roi des Troyens et ceux qui l'accompagnoient, à prendre part au banquet sacré que
son arrivée avoit interrompu, il l'instruit de l'origine de ce sacrifice par l'histoire qu'il lui raconte
du brigand Cacus, mis à mort par Hercule dans une
caverne voisine du mont Aventin. Il lui fait une
peinture terrible du combat du fils de Jupiter avec

ce monstre qui vomissoit des flammes; ensuite il ajoute :

Ex illo celebratus honos, lætique minores
Servavere diem : primusque Potitius autor,
Et domus Herculei custos Pinaria sacri,
Hanc aram luco statuit : quæ maxima semper
Dicetur nobis, et erit quæ maxima semper.
Quare agite, ô juvenes, tantarum in munere laudum,
Cingite fronde comas, et pocula porgite dextris ;
Communemque vocate Deum, et date vina volentes.
Dixerat ; Herculeâ bicolor cùm populus umbrâ
Velavitque comas, foliisque innexa pependit :
Et sacer implevit dextram scyphus. Ociùs omnes
In mensam læti libant, divosque precantur.
Devexo interea propior fit vesper olympo :
Jamque Sacerdotes, primusque Potitius, ibant,
Pellibus in morem cincti, flammasque ferebant :
Instaurant epulas, et mensæ grata secundæ
Dona ferunt : cumulantque oneratis lancibus aras.
Tum Salii ad cantus, incensa altaria circum,
Populeis adsunt evincti tempora ramis.

Æneid. lib. 8, v. 268—286.

« Depuis ce temps, nous célébrons tous les ans
» cette fête, et les peuples en perpétuent la mémoire
» avec joie. Potitius en est le premier instituteur ;
» et la famille des Pinariens, à qui appartient le
» soin du culte d'Hercule, a élevé, au milieu de
» ce bois, cet autel auquel nous avons donné le
» surnom de très-grand, et qui sera en effet, dans

» tous les temps, le plus grand des autels. Mainte-
» nant donc, ô jeunesse Troyenne, en récompense
» d'un si grand service, couronnez vos têtes de
» feuillages, prenez les coupes en main, invoquez
» un Dieu qui vous sera commun avec nous, et
» faites avec joie des libations en son honneur. Il
» dit, et une couronne de peuplier consacrée à
» Hercule, ceignit son front, et l'ombragea de son
» feuillage de deux couleurs. Il prit à la main la
» coupe sacrée. Aussi-tôt, tous s'empressèrent de
» faire des libations sur la table, et d'invoquer les
» Dieux. Cependant, l'étoile du soir alloit paroître,
» et le ciel achevoit sa révolution. Déjà les prêtres,
» ayant Potitius à leur tête, s'avançoient ceints de
» peaux, suivant la coutume, et portant des flam-
» beaux. Ils recommencent le banquet; ils présen-
» tent sur de nouvelles tables un dessert agréable,
» et ils chargent les autels de bassins remplis d'of-
» frandes. Alors, les Saliens, la tête couronnée de
» peuplier, viennent chanter autour de l'autel où
» fume l'encens ».

Tout ce que Virgile vient de raconter ici n'est
point une fiction poétique, mais une véritable tradition de l'Histoire romaine. Selon Tite-Live, liv. 1er,
Potitius et Pinarius étoient les chefs de deux familles illustres chez les Romains. Evandre les ins-
truisit et les chargea de l'administration du culte
d'Hercule. Leurs descendans jouirent à Rome de ce

sacerdoce jusqu'à la censure d'Appius Claudius. L'autel d'Hercule, *Ara maxima*, étoit à Rome entre le mont Aventin et le mont Palatin, dans la place appelée *Forum Boarium*. Les Saliens étoient des prêtres de Mars institués par Numa, au nombre de douze. Virgile suppose, suivant quelques commentateurs, qu'ils existoient déjà du temps du roi Evandre, et qu'ils chantoient dans les sacrifices d'Hercule. Mais il y a apparence que Virgile a suivi encore ici la tradition historique, lui qui a recueilli avec une sorte de religion jusqu'aux moindres augures et aux prédictions les plus frivoles, auxquelles il attache la plus grande importance dès qu'elles regardent la fondation de l'empire romain.

Rome devoit donc aux Arcadiens ses principaux usages religieux. Elle leur en devoit encore de plus intéressans pour l'humanité, car Plutarque dérive une des étymologies du nom des patriciens établis par Romulus, du mot *patrocinium*, « qui vaut autant » à dire comme patronage ou protection, duquel » mot on use encore aujourd'hui en la même signi- » fication, à cause que l'un de ceux qui suivirent » Evandre en Italie s'appeloit Patron ; lequel étant » homme secourable et qui supportoit les pauvres » et les petits, donna son nom à cet office d'huma- » nité ».

Le sacrifice et le banquet d'Evandre se terminent par un hymne à Hercule. Je ne peux m'empêcher

de l'insérer ici, afin de faire voir que le même
peuple qui chantoit si mélodieusement les amours
des bergers, savoit aussi bien célébrer les vertus
des héros, et que le même poète qui, dans ses
Eglogues, fait résonner si doucement le chalumeau
champêtre, fait retentir aussi vigoureusement la
trompette épique.

Hic juvenum chorus, ille senum, qui carmine laudes,
Herculeas et facta ferunt : ut prima novercæ.
Monstra manus geminosque premens eliserit angues.
Ut bello egregias idem disjecerit urbes,
Trojamque, Œchaliamque : ut duros mille labores
Rege sub Eurystheo, fatis Junonis iniquæ,
Pertulerit. Tu nubigenas invicte bimembres ;
Hylæumque Pholumque, manu, tu Cressia mactas.
Prodigia, et vastum Nemeæ sub rupe leonem.
Te Stygii tremuere lacus : te janitor Orci,
Ossa super recubans antro semesa cruento.
Nec te ullæ facies, non terruit ipse Typhœus,
Arduus, arma tenens ; non te rationis egentem.
Lernæus turba capitum circumstetit anguis.
Salve, vera Jovis proles, decus addite divis.
Et nos et tua dexter adi pede sacra secundo.
Talia carminibus celebrant : super omnia Caci
Speluncam adjiciunt, spirantemque ignibus ipsum.
Consonat omne nemus strepitu, collesque resultant.

Æneid. lib. 8, v. 237—305.

« Ici est un chœur de jeunes gens, là de vieil-
» lards, qui célèbrent par leurs chants la gloire et
» les actions d'Hercule ; comment de ses mains il

» étouffa deux serpens, premiers monstres que lui
» suscitoit sa marâtre ; comment il saccagea deux
» villes fameuses, Troie et Œchalie ; comment sous
» le roi Eurysthée, par les ordres de l'implacable
» Junon, il supporta mille pénibles travaux. C'est
» vous, invincible héros, qui domptâtes Hylée et
» Pholus, ces centaures sortis d'une nue. C'est vous
» qui avez massacré les monstres de l'île de Crète,
» et un lion énorme au pied de la roche de Némée.
» Vous fîtes trembler les lacs du Styx et le portier
» de l'Orcus, couché dans son antre sanglant sur
» des os à demi rongés. Aucun monstre ne put vous
» effrayer, non pas même le géant Typhée accou-
» rant sur vous les armes à la main. Vous n'éprou-
» vâtes aucun trouble lorsque le serpent horrible de
» Lerne vous entoura de ses cent têtes. Nous vous
» saluons, digne fils de Jupiter, nouvel ornement
» des cieux : favorable à nos vœux, abaissez - vous
» vers nous et vers nos sacrifices.

» Tels sont les sujets de leurs cantiques : ils y
» ajoutent sur-tout l'horrible caverne de Cacus, et
» Cacus lui-même vomissant des feux. Toute la forêt
» retentit du bruit de leurs chants, et les collines
» en répètent au loin les concerts ».

Voilà des chants dignes des fortes poitrines des
Arcadiens : ne semble-t-il pas les entendre rouler
dans les échos des bois et des collines ?

Consonat omne nemus strepitu, collesque resultant.

Virgile exprime toujours les consonnances naturelles. Elles redoublent les effets de ses tableaux, et y font passer le sentiment sublime de l'infini. Les consonnances sont en poésie ce que les reflets sont en peinture.

Cet hymne peut aller de pair avec les plus belles odes d'Horace. Il a, quoiqu'en vers alexandrins réguliers, la tournure et le mouvement des compositions lyriques, sur-tout dans ses transitions.

Evandre raconte ensuite à Enée l'histoire des antiquités du pays, à commencer par Saturne qui, détrôné par Jupiter, s'y retira et y fit régner l'âge d'or. Il lui apprend que le Tibre, appelé anciennement Albula, avoit pris le nom de Tibre du géant Tibris, qui fit la conquête des rivages de ce fleuve. Il lui montre l'autel et la porte appelée depuis carmentale par les Romains, en l'honneur de la nymphe Carmente sa mère, par les avis de laquelle il étoit venu s'établir dans ce lieu après avoir été chassé de l'Arcadie, sa patrie. Il lui fait voir un grand bois dont Romulus fit depuis un asyle, et au pied d'un rocher la grotte de Pan Lupercal, ainsi nommée, lui dit-il, à l'exemple de celle des Arcadiens du mont Lycée.

Nec non et sacri monstrat nemus Argileti :
Testaturque locum, et lethum docet hospitis Argi.
Hinc ad Tarpeiam sedem et Capitolia ducit,
Aurea nunc, olim sylvestribus horrida dumis.

Jam tum relligio pavidos terrebat agrestes

Dira loci, jam tum sylvam saxumque tremebant.

Hoc nemus, hunc, inquit, frondoso vertice collem

(Quis Deus? incertum est) habitat Deus, Arcades ipsum

Credunt se vidisse Jovem, cùm sæpe nigrantem

Ægida concuteret dextrâ nimbosque cieret.

Hæc duo præterea disjectis oppida muris,

Relliquias veterumque vires monumenta virorum.

Hanc Janus pater, hanc Saturnus condidit urbem :

Janiculum huic, illi fuerat Saturnia nomen.

Æneid. lib. 8, v. 345 — 348.

« Il lui montre encore le bois sacré d'Argile. Il
» raconte la mort de son hôte Argus, et il prend le
» lieu à témoin de son innocence. De là il le con-
» duit à la roche appelée depuis Tarpéïenne, et en-
» suite Capitole, où l'or brille maintenant, mais
» qui n'étoit alors qu'une montagne hérissée de
» buissons et d'épines. Déjà le respect de ce lieu
» remplissoit d'une sainte frayeur les habitans d'alen-
» tour ; ils ne regardoient qu'en tremblant le rocher
» et sa forêt. Un dieu, dit Evandre, habite cette
» forêt et cette cime ombragée d'un sombre feuil-
» lage. Quel est ce dieu ? on l'ignore. Les Arca-
» diens croient y avoir vu souvent Jupiter lui-même
» agiter de sa main toute-puissante sa noire égide,
» et s'environner de tempêtes. Voyez encore là-bas
» ces deux villes, dont les murs sont renversés, ce
» sont les monumens de deux anciens rois. Celle-ci

» fut bâtie par Janus ; et celle-là par Saturne ; l'une
» s'appelle Janicule ; et l'autre Saturnie ».

Voilà les principaux monumens de Rome, ainsi
que les premiers établissemens religieux dus aux
Arcadiens. Les Romains célébroient les Saturnales
au mois de décembre. Pendant ces fêtes, les maîtres
et les esclaves s'asseyoient à la même table, et ces
derniers avoient la liberté de dire et de faire tout
ce qu'ils vouloient, en mémoire de l'ancienne égalité des hommes, qui régnoit du temps de Saturne.
L'autel et la porte Carmentale ont subsisté long-
temps à Rome, ainsi que la grotte de Pan Lupercal,
qui étoit sous le mont Palatin.

Virgile oppose en grand maître la rusticité des
anciens sites qui environnoient la petite ville arca-
dienne de Pallantée, à la magnificence de ces
mêmes lieux renfermés dans Rome ; et leur autel
champêtre, avec leurs traditions vénérables et
religieuses, sous Évandre, aux temples dorés
d'une ville où l'on ne croyoit plus à rien sous Auguste.

Il y a encore ici un autre contraste moral, qui
fait plus d'effet que tous les contrastes physiques,
et qui peint admirablement la simplicité et la bonne
foi du bon roi d'Arcadie. C'est lorsque ce prince
se justifie sans sujet de la mort de son hôte Argus,
et qu'il prend à témoin de son innocence le bois
qu'il lui a consacré. Cet Argus ou cet Argien,

étoit venu loger chez lui dans le dessein de le tuer ;
mais ayant été découvert, il fut condamné à mort.
Evandre lui fit dresser un tombeau, et il proteste
ici qu'il n'a point violé à son égard les droits sacrés
de l'hospitalité. La piété de ce bon roi, et la protestation qu'il fait de son innocence à l'égard d'un
étranger criminel envers lui, et condamné justement par les loix, contrastent merveilleusement avec
les proscriptions illégales d'hôtes, de parens, d'a-
mis, de patrons, dont Rome avoit été le théâtre
depuis un siècle, et dont aucun citoyen n'avoit
jamais eu ni scrupule ni remords. Le quartier d'Ar-
gilet s'étendoit dans Rome, le long du Tibre. Janicule avoit été bâtie sur le mont Janicule, et Saturnie sur le rocher appelé depuis Tarpéien, et ensuite
Capitole, siége de la demeure de Jupiter. Cette
ancienne tradition que Jupiter rassembloit souvent
les nuages sur la cime de ce rocher couvert d'une
forêt, et qu'il y agitoit sa noire égide, confirme ce
que j'ai dit dans mes Études précédentes, de l'attraction hydraulique des sommets des montagnes et
de leurs forêts, qui sont les sources des fleuves. Il
en étoit de même de celui de l'Olympe, souvent entouré de nuages, où les Grecs avoient fixé la demeure des Dieux. Dans les siècles d'ignorance, les
sentimens religieux expliquoient les effets physiques;
dans les siècles de lumières, les effets physiques
ramènent à des sentimens religieux. Dans tous les

temps la nature parle à l'homme le même langage ; dans des dialectes différens.

Virgile achève le contraste des anciens monumens de Rome , par la peinture de la demeure pauvre et simple du bon roi Evandre , dans le lieu même où l'on bâtit depuis tant de magnifiques palais.

Talibus inter se dictis ad tecta subibant
Pauperis Evandri : passimque armenta videbant
Romanoque Foro et lautis mugire Carinis.
Ut ventum ad sedes : Hæc, inquit, limina victor
Alcides subiit ; hæc illum regia cepit.
Aude, hospes, contemnere opes ; et te quoque dignum
Finge Deo, rebusque veni non asper egenis.
Dixit ; et angusti subter fastigia tecti
Ingentem Æneam duxit : stratisque locavit,
Effultum foliis et pelle Libystidis ursæ.

Æneid. lib. 8 , v. 359 — 368.

« Pendant ces entretiens , ils s'approchoient de
» l'humble toit d'Evandre ; ils voyoient çà et là des
» troupeaux de bœufs errer dans le lieu où est au-
» jourd'hui le magnifique quartier des Carènes , et
» ils les entendoient mugir dans la place où l'on
» harangua depuis le peuple Romain. Dès qu'ils
» furent arrivés à la petite maison d'Evandre : Voici,
» lui dit ce prince, la porte par où Alcide victorieux
» est entré ; voici le palais royal qui l'a reçu. Mon
» hôte , osez comme lui mépriser les richesses ;

» montrez-vous , comme lui, digne fils d'un Dieu ,
» et approchez sans répugnance de notre pauvre de-
» meure. Il dit, et il introduit le roi des Troyens
» sous son humble toit. Il le place sur un lit de
» feuillage , couvert de la peau d'une ourse de
» Libye ».

On voit qu'ici Virgile est pénétré de la simplicité
des mœurs Arcadiennes , et que c'est avec plaisir
qu'il fait mugir les troupeaux d'Evandre dans le
Forum Romanum, et qu'il les fait paître dans le superbe quartier des Carènes , ainsi appelé parce que
Pompée y avoit fait bâtir un palais orné de proues
de vaisseaux en bronze. Ce contraste champêtre est
du plus agréable effet. Certainement l'auteur des
Eglogues s'est ressouvenu en cet endroit de son
chalumeau. Maintenant , il va quitter la trompette
et prendre la flûte. Il va opposer au terrible tableau
du combat de Cacus , à l'hymne d'Hercule , aux
traditions religieuses des monumens Romains , et
aux mœurs austères d'Evandre , l'épisode le plus
voluptueux de tout son ouvrage. C'est celui-de
Vénus , qui vient demander à Vulcain des armes
pour Enée.

Nox ruit, et fuscis tellurem amplectitur alis.
At Venus haud animo , nequicquam exterrita mater,
Laurentumque minis et duro mota tumultu,
Vulcanum alloquitur; thalamoque hæc conjugis aureo
Incipit, et dictis divinum aspirat amorem :

Dum bello Argolici vastabant Pergama reges
Debita, casurasque inimicis ignibus arces;
Non ullum auxilium miseris, non arma rogavi
Artis opisque tuæ; nec te, carissime conjux,
Incassumve tuos volui exercere labores,
Quamvis et Priami deberem plurima natis,
Et durum Æneæ flevissem sæpe laborem.
Nunc, Jovis imperiis, Rutulorum constitit oris.
Ergo eadem supplex venio, et sanctum mihi numen
Arma rogo, genitrix nato. Te filia Nerei,
Te potuit lacrymis Tithonia flectere conjux.
Aspice qui coeant populi, quæ mœnia clausis
Ferrum acuant portis, in me excidiumque meorum.
Dixerat: et niveis hinc atque hinc diva lacertis
Cunctantem amplexu molli fovet: ille repentè
Accepit solitam flammam, notusque medullas
Intravit calor, et labefacta per ossa cucurrit:
Non secùs atque olim tonitru cùm rupta corusco
Ignea rima micans percurrit lumine nimbos.
Sensit læta dolis, et formæ conscia conjux.
Tum pater æterno fatur devictus amore:
Quid causas petis ex alto? Fiducia cessit
Quò tibi diva mei? similis si cura fuisset,
Tum quoque fas nobis Teucros armare fuisset.
Nec pater omnipotens Trojam, nec fata vetabant
Stare, decemque alios Priamum superesse per annos.
Et nunc, si bellare paras, atque hæc tibi mens est,
Quicquid in arte mea possum promittere curæ,
Quod fieri ferro liquidove potest electro:
Quantum ignes animæque valent: absiste precando
Viribus indubitare tuis. Ea verba locutus,

Optatos dedit amplexus placidumque petivit,
Conjugis infusus gremio, per membra soporem.

Æneid. lib. 8, v. 369 — 406.

« La nuit vient, et couvre la terre de ses som-
» bres ailes. Cependant Vénus, dont le cœur ma-
» ternel est effrayé des menaces des Laurentins et
» des terribles préparatifs de la guerre, s'adresse à
» Vulcain, et couchée sur le lit d'or de son époux,
» elle ranime toute sa tendresse par ces paroles
» divines : Tandis que les rois de la Grèce rava-
» geoient les environs de Pergame, et ses remparts
» destinés à périr par des feux ennemis, je n'im-
» plorai point votre secours pour un peuple mal-
» heureux ; je ne vous demandai point d'armes de
» votre main. Non, cher époux, je ne voulus point
» employer en vain vos divins travaux, quoique je
» dusse beaucoup aux enfans de Priam, et que le
» sort cruel d'Enée m'eût fait souvent verser des
» pleurs. Maintenant, par les ordres de Jupiter, il
» est sur les frontières des Rutules. Toujours aussi
» inquiète, je viens à vous, comme suppliante,
» implorer votre protection qui m'est sacrée. Une
» mère vous demande des armes pour un fils. La
» fille de Nérée et l'épouse de Tithon ont pu vous
» fléchir par leurs larmes. Voyez combien de peuples
» se liguent, quelles villes redoutables ferment leurs
» portes et aiguisent le fer contre moi, et pour la
» destruction des miens !

» Elle dit ; et, comme il balance, la déesse passe
» çà et là autour de lui ses bras blancs comme la
» neige, et le réchauffe d'un doux embrassement.
» Aussi-tôt Vulcain sent renaître son ardeur accou-
» tumée ; un feu qu'il connoît le pénètre, et court
» jusque dans la moelle de ses os. Ainsi un éclair
» brille dans la nuée fendue par le tonnerre, et
» parcourt de ses rubans de feu les nuages épars
» dans la région de l'air. Son épouse, qui connoît le
» pouvoir de ses charmes, s'aperçoit avec joie du
» succès de sa ruse. Alors, le père des arts, sub-
» jugué par les feux d'un amour éternel, lui adresse
» ces mots : Pourquoi chercher si loin tant de rai-
» sons ? Quoi ! ma déesse, avez-vous perdu toute
» confiance en moi ? Si un semblable soin vous eût
» autrefois occupée, il nous étoit permis de faire
» des armes pour les Troyens. Ni Jupiter avec toute
» sa puissance, ni les destins n'auroient pas em-
» pêché que Troie ne fût encore debout, et que
» Priam ne régnât dix autres années. Si maintenant
» vous vous préparez à la guerre, si tel est votre
» plaisir, tout ce que mon art peut vous promettre
» de soins, tout ce qui peut se fabriquer avec le fer,
» les métaux les plus rares, les soufflets et les feux,
» vous devez l'attendre de moi. Cessez, en me
» priant, de douter de votre empire. Ayant dit ces
» mots, il donne à son épouse les embrassemens
» qu'elle attend, et, couché sur son sein, il s'aban-

» donne tout entier aux charmes d'un paisible som-
» meil ».

Virgile emploie toujours les convenances parmi
les contrastes. Il choisit le temps de la nuit pour
introduire Vénus auprès de Vulcain, parce que c'est
la nuit où la puissance de Vénus est la plus grande.
Je n'ai pu faire sentir dans ma foible traduction les
graces du langage de la Déesse de la beauté. Il y a
dans ses paroles un mélange charmant d'élégance,
de négligence, de finesse et de timidité. Je ne
m'arrêterai qu'à quelques traits de son caractère,
qui me paroissent les plus faciles à saisir. D'abord,
elle appuie beaucoup sur les obligations qu'elle avoit
aux enfans de Priam. La principale, et je crois la
seule, étoit la pomme que Pâris, fils de Priam, lui
avoit adjugée au préjudice de Minerve et de Junon.
Mais cette pomme qui l'avoit déclarée la plus belle,
et qui de plus avoit humilié ses rivales, étoit BEAU-
COUP DE CHOSES pour Vénus ; aussi l'appelle-t-elle
Plurima ; et elle en étend la reconnoissance non-
seulement à Pâris, mais à tous les enfans de Priam :

Quamvis et Priami deberem plurima natis.

Pour Enée, son fils naturel, quoiqu'il soit ici
l'objet unique de sa démarche, elle ne parle que
des larmes qu'elle a versées sur ses malheurs, et
encore elle n'y emploie qu'un seul vers. Elle ne le
nomme qu'une fois, et le désigne dans le vers sui-

vant avec tant d'amphibologie, qu'on pourroit rapporter à Priam ce qu'elle dit d'Enée, tant elle craint
de répéter le nom du fils d'Anchise devant son
époux. Quant à Vulcain, elle le flatte, le supplie,
l'implore, l'amadoue. Elle appelle son savoir-faire
« sa sainte protection », *Sanctum numen*. Mais lorsqu'elle en vient au point principal, l'armure d'Enée,
elle s'exprime en quatre mots; littéralement : « Des
armes, je vous prie; une mère pour un fils ; » *Arma
rogo, genitrix nato*. Elle ne dit pas : « pour son fils »;
elle s'exprime en général, pour éviter des explications
trop particulières. Comme le pas est glissant, elle
s'appuie de l'exemple de deux honnêtes femmes, de
Thétis et de l'Aurore, qui avoient obtenu de Vulcain des armes pour leurs fils ; la première, pour
Achille ; la seconde, pour Memnon. A la vérité,
les enfans de ces déesses étoient légitimes, mais ils
étoient mortels comme Enée, ce qui suffit pour le
moment. Elle essaye ensuite d'alarmer son époux,
par rapport à elle-même. Elle lui fait entendre
qu'elle court aussi de grands risques. « Une foule
» de peuples, lui dit-elle, et des villes formidables
» aiguisent le fer contre moi ». Vulcain est ébranlé;
mais il balance : elle le décide par un coup de
maître; elle l'entoure de ses beaux bras, et l'em-
brasse. Qu'un autre rende, s'il le peut, *Cunctantem amplexu molli fovet.... Sensit læta dolis......* et
sur-tout, *formæ conscia*, que je n'ai point rendu.

La réponse de Vulcain présente des convenances parfaites avec la situation où l'ont mis les caresses de Vénus.

Virgile lui donne d'abord le titre de père :

Tum pater æterno fatur devictus amore.

J'ai traduit ce mot de *pater* par père des Arts, mais improprement. Cette épithète conviendroit mieux à Apollon qu'à Vulcain : il signifie ici le bon Vulcain. Virgile emploie souvent le mot de père nomme synonyme de bon. Il l'applique fréquemment à Enée, et à Jupiter même : *pater Æneas*, *pater omnipotens*. Le caractère principal d'un père étant la bonté, il qualifie de ce nom son héros et le souverain des Dieux. Ici le mot de père signifie, dans le sens le plus littéral, bon homme; car Vulcain parle et agit avec beaucoup de bonhomie. Mais le mot de père, isolé, n'est pas assez relevé dans notre langue, où il emporte la même signification d'une manière triviale. Le peuple l'adresse familièrement aux vieillards et aux bonnes gens.

Des commentateurs ont observé que, dans ces mots,

Fiducia cessit quò tibi diva mei?

il y avoit un renversement de construction grammaticale; et ils n'ont pas manqué de l'attribuer à une licence poétique. Ils n'ont pas vu que le désordre du langage de Vulcain venoit de celui de sa tête;

et que non-seulement Virgile le faisoit manquer aux
règles de la grammaire, mais à celles du sens commun, lorsqu'il lui fait dire que si un semblable soin
eût occupé autrefois Vénus, il lui eût été permis
de faire des armes pour les Troyens ; que Jupiter et
les destins n'empêchoient point que Troie ne sub-
sistât, et que Priam ne régnât dix autres années :

> . . . . ; Similis si cura fuisset,
> Tum quoque fas nobis Teucros armare fuisset.
> Nec pater omnipotens Trojam, nec fata vetabant
> Stare, decemque alios Priamum superesse per annos.

Il étoit clair que le destin avoit décidé que Troie
périroit dans la onzième année de son siége, et que
sa volonté s'étoit manifestée par plusieurs oracles et
augures, entre autres, par le présage d'un serpent,
qui avoit dévoré dix petits oiseaux dans leur nid
avec leur mère. Il y a dans le discours de Vulcain
beaucoup de forfanterie, pour ne pas dire quelque
chose de pis, car il donne à entendre que ce sont
les armes qu'il auroit faites par l'ordre de Vénus,
qui auroient rompu les ordres du destin et ceux de
Jupiter même, auquel il ajoute l'épithète de tout-
puissant, comme par une espèce de défi. Remarquez encore, en passant, la rime de ces deux fins
de vers, où le même mot est répété deux fois de
suite sans nécessité :

> . . . . Si cura fuisset,
> . . . . armare fuisset.

Vulcain enivré d'amour ne sait ni ce qu'il dit, ni ce qu'il fait. Il déraisonne dans son langage, dans ses pensées et dans ses actions, puisqu'il se détermine à faire des armes magnifiques pour le fils naturel de son infidèle épouse. Il est vrai qu'il se garde bien de le nommer. Elle n'a prononcé son nom qu'une seule fois, par discrétion, et lui le tait par jalousie. C'est à Vénus seule qu'il rend service. Il semble croire que c'est elle qui va se battre : « Si » vous vous préparez à la guerre, lui dit-il, si tel est » votre plaisir » :

> ....si bellare paras, atque hæc tibi mens est.

Le désordre total de sa personne termine celui de son discours. Embrasé des feux de l'amour dans les bras de Vénus, il se fond comme un métal :

> .Conjugis infusus gremio.................

Remarquez la justesse de cette consonnance métaphorique, *infusus*, « fondu », si convenable au Dieu des forges de Lemnos. Enfin, il perd tout sentiment.

> ....placidumque petivit
> ....per membra soporem.

Sopor veut dire ici beaucoup plus que sommeil. Il présente encore une consonnance de l'état des métaux après leur fusion, une stagnation parfaite. Mais pour affoiblir ce que ce tableau a de licen-

cieux et de contraire aux mœurs conjugales, le sage
Virgile oppose immédiatement après, à la Déesse de
la volupté qui demande à son mari des armes pour
son fils naturel, une mère de famille, chaste et
pauvre, occupée des arts de Minerve, pour élever
ses pĕtits enfans ; et il applique cette image touchante aux mêmes heures de la nuit, pour présenter
un nouveau contraste des différens usages que font
du même temps le vice et la vertu.

Inde ubi prima quies medio jam noctis abactæ
Curriculo expulerat somnum ; cùm fæmina primùm,
Cui tolerare colo vitam tenuique Minervâ,
Impositum cinerem et sopitos suscitat ignes,
Noctem addens operi, famulasque ad lumina longo
Exercet penso ; castum ut servare cubile
Conjugis, et possit parvos educere natos.

Æneid. lib. 8, v. 407—413.

«Vulcain avoit à peine goûté le premier sommeil,
» et la Nuit, sur son char, n'avoit encore parcouru
» que la moitié de sa carrière : c'étoit le temps
» auquel une femme qui, pour soutenir sa vie, n'a
» d'autre ressource que ses fuseaux, et une foible
» industrie dans les arts de Minerve, écarte la cen-
» dre de son foyer, en rallume les charbons, pour
» donner au travail le reste de la nuit, et distribuer
» de longues tâches à ses servantes qu'elle occupe
» à la lueur d'une lampe, afin que le besoin ne la

» force pas de manquer à la foi conjugale, et qu'elle
» puisse élever ses petits enfans ».

Virgile tire encore de nouveaux et sublimes contrastes, des humbles occupations de cette mère de
famille vertueuse. Il oppose tout de suite à sa foible industrie, « *tenui Minervâ* », l'ingénieux Vulcain, à ses charbons qu'elle rallume; « *sopitos ignes* »,
le cratère toujours enflammé d'un volcan ; à ses servantes auxquelles elle distribue des pelotons de
laine, « *longo exercet penso* », les Cyclopes forgeant
un foudre pour Jupiter, un char pour Mars, une
égide pour Minerve, et qui, à l'ordre de leur maître,
quittent leurs célestes ouvrages pour faire l'armure
d'Enée, sur le bouclier duquel devoient être gravés
les principaux événemens de l'Empire Romain.

Haud secus ignipotens, nec tempore segnior illo,
Mollibus è stratis opera ad fabrilia surgit.
Insula Sicanium juxta latus Æoliamque
Erigitur Liparen, fumantibus ardua saxis :
Quam subter specus et Cyclopum exesa caminis
Antra Ætnæa tonant, validique incudibus ictus
Auditi referunt gemitum, striduntque cavernis
Stricturæ Chalybum, et fornacibus ignis anhelat
Vulcani domus, et Vulcania nomine tellus.
Huc tunc ignipotens cœlo descendit ab alto.
Ferrum exercebant vasto Cyclopes in antro,
Brontesque, Steropesque, et nudus membra Pyracmon.
His informatum manibus, jam parte polita,
Fulmen erat, toto genitor quæ plurima cœlo

Dejicit in terras ; pars imperfecta manebat.
Tres imbris torti radios, tres nubis aquosæ
Addiderant, rutili tres ignis, et alitis Austri.
Fulgores nunc terrificos, sonitumque metumque
Miscebant operi, flammisque sequacibus iras.
Parte alia Marti currumque, rotasque volucres
Instabant, quibus ille viros, quibus excitat urbes,
Ægidaque horrificam, turbatæ Palladis arma,
Certatim squamis serpentum auroque polibant :
Connexosque angues, ipsamque in pectore divæ
Gorgona, desecto vertentem lumina collo.
Tollite cuncta, inquit, cœptosque auferte labores
Ætnæi Cyclopes, et huc advertite mentem.
Arma acri facienda viro : nunc viribus usus,
Nunc manibus rapidis, omni nunc arte magistrâ :
Præcipitate moras. Nec plura effatus : at illi
Ocius incubuere omnes, pariterque laborem
Sortiti : fluit æs rivis aurique metallum ;
Vulnificusque chalybs vastâ fornace liquescit.
Ingentem clypeum informant, unum omnia contra
Tela Latinorum ; septenosque orbibus orbes
Impediunt : alii ventosis follibus auras
Accipiunt, redduntque ; alii stridentia tingunt
Æra lacu : gemit impositis incudibus antrum.
Illi inter sese multâ vi brachia tollunt
In numerum, versantque tenaci forcipe massam.

Æneid. lib. 8, v. 414 — 453.

« Alors le Dieu du feu, aussi diligent, sort de sa
» couche voluptueuse pour veiller aux travaux qui
» lui sont commandés.

 » Entre les côtes de Sicile et de Lipari, une des

» Eoliennes, s'élève une île formée de rochers escar-
» pés, toujours fumans, sous lesquels sont les caver-
» nes des Cyclopes, aussi bruyantes et aussi enflam-
» mées que les antres et les cheminées de l'Etna.
» Elles retentissent sans cesse du gémissement des
» enclumes sous les coups des marteaux, du pétille-
» ment de l'acier qui étincelle, et du bruit pesant
» des soufflets qui animent les feux dans leurs four-
» neaux. Cette île est la demeure de Vulcain, et
» s'appelle Vulcanie. Ce fut dans ces souterrains
» que le Dieu du feu descendit du ciel. Les Cyclo-
» pes Brontès, Stérops et Pyracmon, les membres
» nus, battoient alors le fer au milieu d'une vaste
» caverne. Ils tenoient dans leurs mains un foudre
» à demi-formé. C'étoit un de ces foudres que Jupi-
» ter lance souvent des cieux sur la terre. Une
» partie étoit finie, et l'autre étoit encore impar-
» faite. Ils y avoient mis trois rayons de grêle, trois
» d'une pluie orageuse, trois d'un feu éblouissant,
» et trois d'un vent impétueux : ils ajoutoient alors à
» leur ouvrage d'épouvantables éclairs, des éclats,
» la peur, la colère céleste et les flammes qui la
» suivent. D'un autre côté, d'autres se hâtoient de
» forger un char à Mars, avec des roues rapides
» dont le bruit alarme les hommes et les villes.
» D'autres, pour armer Pallas dans les combats,
» polissoient à l'envi une égide horrible, hérissée
» d'écailles de serpent en or; et pour couvrir le

» sein de la Déesse, une chevelure de serpent ;
» avec la tête de Gorgone séparée du cou, et jetant
» des regards affreux.

» Enfans de l'Etna, Cyclopes, leur dit Vulcain,
» cessez tous ces travaux, transportez-les ailleurs,
» et faites attention à ce que je vais vous dire. Il
» s'agit d'armer un homme redoutable. C'est ici où
» il faut la force des bras, la diligence des mains,
» et l'art des plus grands maîtres : ne perdez pas un
» moment. Il dit : aussi-tôt tous se mettent en be-
» sogne, et se partagent le travail. L'airain et l'or
» coulent par ruisseaux; l'acier le plus pur se fond
» dans une vaste fournaise : ils en forment un bou-
» clier énorme, capable de résister seul à tous les
» traits des Latins. Ils couvrent sa circonférence de
» sept autres lames de métal. Les uns font mouvoir
» les soufflets, les autres trempent l'airain qui siffle
» au fond des eaux ; l'antre retentit des coups dont
» gémissent les enclumes. Tour-à-tour ils élèvent les
» bras avec de grands efforts, et tour-à-tour les
» laissent retomber sur la masse embrasée que
» tournent en tous sens de mordantes tenailles ».

On croit voir travailler ces énormes enfans de
l'Etna, et entendre le bruit de leurs lourds marteaux, tant l'harmonie des vers de Virgile est imi-
tative.

La composition du foudre mérite attention. Elle
est pleine de génie, c'est-à-dire, d'observations

neuves de la nature. Virgile y fait entrer et contraster les quatre élémens à la fois , la terre et l'eau , le feu et l'air.

> Tres imbris torti radios, tres nubis aquosæ
> Addiderant, rutili tres ignis, et alitis Austri.

A la vérité il n'y a pas de terre proprement dite ; mais il donne de la solidité à l'eau pour en tenir lieu ; *tres imbris torti radios* , mot à mot , « trois » rayons de pluie torse » , pour dire de la grêle. Cette expression métaphorique est ingénieuse, elle suppose que les Cyclopes ont tordu des gouttes de pluie pour en faire des grains de grêle. Remarquez aussi la convenance de l'expression *alitis Austri,* « l'Auster ailé ». L'Auster est le vent du midi, c'est lui qui amène presque toujours les tonnerres en Europe.

Le poète ose mettre ensuite des sensations métaphysiques sur l'enclume des Cyclopes : *metum,* «la » peur » ; *iras*, « des courroux ». Il les amalgame avec la foudre. Ainsi il ébranle à la fois le système physique par le contraste des élémens, et le système moral par la consonnance de l'ame et la perspective de la Divinité.

> ....Flammisque sequacibus iras.

Il fait gronder le tonnerre, et montre Jupiter dans la nue.

Virgile oppose encore à la tête de Pallas celle de
Méduse ; mais c'est un contraste qui lui est commun
avec tous les poètes. En voici un qui lui est particulier. Vulcain oblige les Cyclopes de quitter leurs
ouvrages divins pour s'occuper de l'armure d'un
homme. Ainsi il met dans la même balance, d'un
côté, la foudre de Jupiter, le char de Mars, l'égide
et la cuirasse de Pallas, et de l'autre les destinées de
l'empire romain, qui doivent être gravées sur le
bouclier d'un homme. Mais s'il donne la préférence
à ce nouvel ouvrage, c'est pour l'amour de Vénus,
et non pas pour la gloire d'Enée. Observez que le
dieu jaloux ne nomme point encore ici le fils d'Anchise, quoiqu'il y semble forcé. Il se contente de
dire vaguement aux Cyclopes : « *Arma acri faciënda*
» *viro* ». L'épithète de « *acer* » peut se prendre en
bonne et en mauvaise part. Elle peut signifier méchant, dur, et ne peut guère s'appliquer au sensible
Enée, auquel Virgile donne si souvent le surnom
de Pieux.

Enfin Virgile, après le tableau tumultueux des
forges éoliennes, nous ramène par un nouveau contraste à la demeure paisible du bon roi Evandre,
presque aussi matinal que la bonne mère de famille
et que le dieu du feu.

Hæc pater Æoliis properat dum Lemnius oris,
Evandrum ex humili tecto lux suscitat alma,
Et matutini volucrum sub culmine cantus.

Consurgit senior, tunicàque inducitur artus,
Et Tyrrhena pedum circumdat vincula plantis.
Tum lateri atque humeris Tegeæum subligat ensem,
Demissa ab læva pantheræ terga retorquens.
Necnon et gemini custodes limine ab alto
Procedunt, gressumque canes comitantur herilem.
Hospitis Æneæ sedem et secreta petebat
Sermonum memor et promissi muneris heros.
Nec minus Æneas se matutinus agebat:
Filius huic Pallas, olli comes ibat Achates.

Æneid. lib. 8, v. 454—466.

« Tandis que le dieu de Lemnos presse son ou-
» vrage dans ses forges éoliennes, Evandre est ré-
» veillé sous son humble toit par les premiers rayons
» de l'aurore et par le chant matinal des oiseaux
» nichés sous le chaume de sa couverture. Il se lève
» malgré son grand âge. Il se revêt d'une tunique,
» et attache à ses pieds une chaussure tyrrhénienne.
» Il met sur ses épaules un baudrier, d'où pend à
» son côté une épée d'Arcadie, et il ramène sur sa
» poitrine une peau de panthère qui descend de son
» épaule gauche. Deux chiens qui gardoient sa porte
» marchent devant lui et accompagnent les pas de
» leur maître. Il alloit trouver dans l'intérieur de
» sa maison, Enée son hôte, pour s'entretenir avec
» lui des secours qu'il lui avoit promis la veille.
» Enée, non moins matinal, s'avançoit aussi vers
» Evandre : l'un étoit accompagné de son fils Pallas,
» et l'autre de son fidèle Achate ».

IV.   T

Voici un contraste moral très-intéressant.

Le bon roi Evandre n'ayant pour garde du corps que deux chiens qui servoient encore à garder la porte de sa maison, va dès le point du jour s'entretenir d'affaires avec son hôte. Ne croyez pas que sous son toit couvert de chaume il s'agisse de bagatelles. Il y est question du rétablissement de l'empire de Troie dans la personne d'Enée, ou plutôt de la fondation de l'empire romain. Il s'agit de dissiper une grande confédération de peuples. Pour en venir à bout, le roi Evandre offre à Enée quatre cents cavaliers. A la vérité ils sont choisis et commandés par Pallas son fils unique. J'observerai ici une de ces convenances délicates, par lesquelles Virgile donne de grandes leçons de vertu aux rois, ainsi qu'aux autres hommes, en feignant des actions en apparence indifférentes : c'est la confiance d'Evandre dans son fils. Quoique ce jeune prince ne fût qu'à la fleur de son âge, son père l'amène à une conférence très - importante, comme son compagnon : *Comes ibat.* Il faisoit porter son nom à la ville de Pallantée, qu'il avoit lui-même fondée. Enfin, dans les quatre cents cavaliers qu'il promet au roi des Troyens sous les ordres de Pallas, il y en a deux cents qu'il a choisis dans la fleur de la jeunesse, et deux cents autres que son fils doit mener en son propre nom.

Arcades huic equites bis centum, robora pubis
Lecta, dabo; totidemque suo tibi nomine Pallas.

Æneid. lib. 8, v. 518—519.

Les exemples de confiance paternelle sont rares
parmi les souverains, qui regardent souvent leurs suc-
cesseurs comme leurs ennemis. Ces traits peignent
la bonne foi et la simplicité des mœurs du roi d'Arcadie.

On pourroit peut-être taxer le roi d'Arcadie d'in-
différence pour un fils unique, en ce qu'il l'éloigne
de sa personne et l'expose aux dangers de la guerre ;
mais c'est positivement par une raison contraire qu'il
en agit ainsi ; c'est pour le former à la vertu, en lui
faisant faire ses premières armes sous un héros tel
qu'Enée.

Hunc tibi præterea, spes et solatia nostri,
Pallanta adjungam. Sub te tolerare magistro
Militiam et grave Martis opus, tua cernere facta
Assuescat, primis et te miretur ab annis.

Æneid. lib. 8, v. 514—517.

« J'enverrai de plus avec vous mon fils Pallas,
» qui est toute mon espérance et ma consolation.
» Qu'il s'accoutume sous un maître tel que vous à
» supporter les rudes travaux de la guerre, à se for-
» mer sur vos exploits, et à vous admirer dès ses
» premières années ».

On peut voir dans le reste de l'Enéïde le rôle

important qu'y joue ce jeune prince. Virgile en a
tiré de grandes beautés : telles sont, entre autres, les
tendres adieux que lui fait Evandre, les regrets de
ce bon père sur ce que sa vieillesse ne lui permet
pas de l'accompagner dans les combats ; ensuite la
valeur imprudente de son fils, qui, oubliant les
leçons des deux freins d'Anchise, s'attaque au redoutable Turnus, et en reçoit le coup de la mort ; les
hauts faits d'armes d'Enée pour venger la mort du
fils de son hôte et de son allié ; ses regrets à la vue du
jeune Pallas tué à la fleur de son âge et le premier
jour qu'il avoit combattu ; enfin les honneurs qu'il
rend à son corps en l'envoyant à son père.

C'est ici qu'on peut remarquer une de ces comparaisons touchantes (7) dont Virgile, à l'exemple
d'Homère, affoiblit l'horreur de ses tableaux de
batailles, et en augmente l'effet en y établissant des
consonnances avec des êtres d'un autre ordre. C'est
à l'occasion de la beauté du jeune Pallas, dont la
mort n'a point encore terni l'éclat.

Qualem virgineo demessum pollice florem
Seu mollis violæ, seu languentis hyacinthi,
Cui neque fulgor adhuc, necdum sua forma recessit :
Non jam mater alit tellus, viresque ministrat.

Æneid. lib. 11, v. 68 — 71.

« Comme une tendre violette ou un languissant
» hyacinthe que les doigts d'une jeune fille ont cueil-

» lis, ces fleurs n'ont point encore perdu ni leur
» éclat ni leur forme ; mais on voit que la terre,
» leur mère, ne les soutient plus et ne leur donne
» plus de nourriture ».

Remarquez une autre consonnance avec la mort
de Pallas. Pour dire que des fleurs n'ont point souffert lorsqu'on les a détachées de leur tige, Virgile
les fait cueillir par la main d'une jeune fille : *Vir-*
gineo demessum pollice, mot à mot : « Moissonnées
» par le pouce d'une vierge ». Et il résulte de cette
douce image un contraste terrible avec le javelot de
Turnus, qui avoit cloué le bouclier de Pallas contre
sa poitrine, et l'avoit tué d'un seul coup.

Enfin Virgile, après avoir représenté la douleur
d'Evandre à la vue du corps de son fils, et le désespoir de ce malheureux père qui implore la vengeance d'Enée, tire de la mort même de Pallas la
fin de la guerre et de l'Enéïde ; car Turnus, vaincu
dans un combat particulier par Enée, lui cède la
victoire, l'empire, la princesse Lavinie, et le supplie de se contenter de si grands sacrifices ; mais le
roi des Troyens, sur le point de lui accorder la
vie, apercevant le baudrier de Pallas dont Turnus
s'étoit revêtu après avoir tué ce jeune prince, lui
plonge son épée dans le corps, en lui disant :

............Pallas te hoc vulnere, Pallas
Immolat, et pœnam scelerato ex sanguine sumit.
Æneid. lib. 12, v. 948 et 949.

« Pallas, c'est Pallas qui t'immole par ce coup,
» et qui se venge dans ton sang criminel ».

Ainsi les Arcadiens ont influé de toute manière
sur les monumens historiques, les traditions religieuses, les premières guerres et l'origine de l'empire romain.

On voit que le siècle où je parle des Arcadiens
n'est point un siècle fabuleux. Je recueillis donc sur
eux et leur pays les douces images que nous en ont
laissées les poètes, avec les traditions les plus authentiques des histoires, que je trouvai en bon
nombre dans le Voyage de la Grèce de Pausanias,
les Œuvres de Plutarque et la Retraite des Dix Mille
de Xénophon, en sorte que je rassemblai sur l'Arcadie tout ce que la nature a de plus aimable dans
nos climats, et l'histoire de plus vraisemblable dans
l'antiquité.

Pendant que je m'occupois de ces agréables recherches, je me trouvai lié personnellement avec
J. J. Rousseau. Nous allions assez souvent nous promener pendant l'été aux environs de Paris. Sa société me plaisoit beaucoup. Il n'avoit point la vanité
de la plupart des gens de lettres, qui veulent toujours occuper les autres de leurs idées, et encore
moins celle des gens du monde, qui croient qu'un
homme de lettres est fait pour les tirer de leur ennui
par son babil. Il partageoit les bénéfices et les charges
de la conversation, parlant à son tour et y laissant

parler les autres. Il leur laissoit même le choix de l'entretien, se réglant à leur mesure avec si peu de prétention, que parmi ceux qui ne le connoissoient pas, les gens simples le prenoient pour un homme ordinaire, et les gens du bon ton le regardoient comme bien inférieur à eux; car avec ceux-ci il parloit peu, ou de peu de choses. Il a été quelquefois accusé d'orgueil à cette occasion, par les gens du monde qui taxent de leurs propres vices les hommes libres et sans fortune qui refusent de courber la tête sous leur joug. Mais entre plusieurs traits que je pourrois citer à l'appui de ce que j'ai dit précédemment, que les gens simples le prenoient pour un homme ordinaire, en voici un qui convaincra le lecteur de sa modestie habituelle.

Le jour même que nous fûmes dîner chez les hermites du mont Valérien, ainsi que je l'ai rapporté dans une note du tome troisième, en revenant l'après-midi à Paris nous fûmes surpris de la pluie près du bois de Boulogne, vis-à-vis la porte Maillot. Nous y entrâmes pour nous mettre à l'abri sous des marroniers qui commençoient à avoir des feuilles, car c'étoit dans les fêtes de Pâques. Nous trouvâmes sous ces arbres beaucoup de monde qui, comme nous, y cherchoit du couvert. Un des garçons du suisse ayant aperçu Jean-Jacques, s'en vint à lui plein de joie, et lui dit : « Eh bien, bon homme, » d'où venez-vous donc ? Il y a un temps infini que

» nous ne vous avons vu » ! Rousseau lui répondit
tranquillement : « C'est que ma femme a été long-
» temps malade, et moi-même j'ai été incommodé.
» —Oh ! mon pauvre bon homme, reprit ce garçon,
» vous n'êtes pas bien ici ; venez, venez, je vais
» vous trouver une place dans la maison ».

En effet, il s'empressa de nous mener dans une
chambre haute où, malgré la foule, il nous procura
des chaises, une table, du pain et du vin. Pendant
qu'il nous y conduisoit, je dis à Jean-Jacques : Ce
garçon me paroît bien familier avec vous ; il ne vous
connoît donc point ? « Oh ! si, me répondit-il, nous
» nous connoissons depuis plusieurs années. Nous
» venions de temps en temps ici dans la belle sai-
» son, ma femme et moi, manger le soir une côte-
» lette ».

Ce mot de bon homme dit de si bonne foi par ce
garçon d'auberge, qui sans doute prenoit depuis
long-temps Jean-Jacques pour un homme de quelque état mécanique ; sa joie en le revoyant, et son
empressement à le servir, me firent connoître combien le sublime auteur d'Emile mettoit en effet de
bonhomie jusques dans ses moindres actions.

Loin de chercher à briller aux yeux de qui que
ce fût, il convenoit lui-même avec un sentiment
d'humilité bien rare, et, selon moi, bien injuste,
qu'il n'étoit pas propre aux grandes conversations.
« Il ne faut, me disoit-il un jour, que le plus petit

» argument pour me renverser. Je n'ai d'esprit
» qu'une demi-heure après les autres. Je sais ce qu'il
» faut répondre précisément quand il n'en est plus
» temps ».

Cette lenteur de réflexion ne venoit pas «d'une
» pesanteur maxillaire » , comme le dit, dans le
Prospectus d'une édition nouvelle des Œuvres de
Jean-Jacques , un écrivain d'ailleurs très-estimable ,
mais de son équité naturelle , qui ne lui permettoit
pas de prononcer sur le moindre sujet sans l'avoir
examiné ; de son génie , qui le considéroit sur toutes
ses faces pour le connoître à fond , et enfin de sa
modestie , qui lui interdisoit le ton théatral et les
sentences d'oracles (δ) de nos conversations. Il
étoit au milieu de nos beaux esprits avec sa simplicité , comme une fille avec ses couleurs naturelles
parmi des femmes qui mettent du blanc et du rouge.
Encore moins auroit-il cherché à se donner en spectacle chez les grands ; mais dans le tête-à-tête , dans
la liberté de l'intimité , et sur les objets qui lui
étoient familiers , sur-tout ceux qui intéressoient le
bonheur des hommes , son ame prenoit l'essor, ses
sentimens devenoient touchans , ses idées profondes,
ses images sublimes , et ses discours aussi véhémens
que ses écrits.

Mais ce que je trouvois de bien supérieur à son
génie , c'étoit sa probité. Il étoit du petit nombre
d'hommes de lettres éprouvés par l'infortune , aux-

quels on peut sans risque communiquer ses pensées
les plus intimes. On n'avoit rien à craindre de sa
malignité s'il les trouvoit mauvaises, ni de son infidélité si elles lui sembloient bonnes.

Une après-midi donc, que nous étions à nous
reposer au bois de Boulogne, j'amenai la conversation sur un sujet qui me tenoit au cœur depuis
que j'avois l'usage de ma raison. Nous venions de
parler des Hommes illustres de Plutarque de la
traduction d'Amyot, ouvrage dont il faisoit un cas
infini, où on lui avoit appris à lire dans l'enfance,
et qui, à mon avis, a été le germe de son éloquence
et de ses vertus antiques, tant la première éducation a d'influence sur le reste de la vie. Je lui dis donc :

J'aurois bien voulu voir une histoire de votre
façon.

J.-J. « J'ai eu bien envie d'écrire celle de Cosme
» de Médicis (9). C'étoit un simple particulier qui
» est devenu le souverain de ses concitoyens ; en
» les rendant plus heureux. Il ne s'est élevé et
» maintenu que par des bienfaits. J'avois fait quel-
» ques brouillons à ce sujet-là, mais j'y ai renoncé ;
» je n'avois pas de talent pour écrire l'histoire ».

Pourquoi vous-même, avec tant d'amour pour le
bonheur des hommes, n'avez-vous pas tenté de former une république heureuse ? J'ai connu bien des
hommes de tous pays et de toutes conditions qui
vous auroient suivi.

« Oh ! j'ai trop connu les hommes » ! Puis me regardant, après un moment de silence, il ajouta d'un ton demi-fâché : « Je vous ai prié plusieurs » fois de ne me jamais parler de cela ».

Mais pourquoi n'auriez-vous pas fait, avec quelques Européens sans patrie et sans fortune, dans quelque île inhabitée de la mer du Sud, un établissement semblable à celui que Guillaume Penn a formé dans l'Amérique septentrionale, au milieu des Sauvages ?

« Quelle différence de siècle ! On croyoit du » temps de Penn ; aujourd'hui on ne croit plus à » rien ». Puis se radoucissant : « J'aurois bien aimé » à vivre dans une société telle que je me la figure, » comme un de ses simples membres ; mais pour » rien au monde je n'aurois voulu y avoir quelque » charge, encore moins en être le chef. Je me suis » rendu justice il y a long-temps ; j'étois incapa- » ble du plus petit emploi ».

Vous auriez trouvé assez de personnes qui auroient exécuté vos idées.

« Oh ! je vous en prie, parlons d'autre chose ».

Je me suis avisé d'écrire l'histoire des peuples d'Arcadie. Ce ne sont pas des bergers oisifs comme ceux du Lignon.

Il se mit à sourire. « A propos des bergers du » Lignon, me dit-il, j'ai fait une fois le voyage du » Forez, tout exprès pour voir le pays de Céladon

» et d'Astrée, dont d'Urfé nous a fait de si char-
» mans tableaux. Au lieu de bergers amoureux, je
» ne vis sur les bords du Lignon, que des maré-
» chaux, des forgerons et des taillandiers ».

Comment ! dans un pays si agréable ?

« Ce n'est qu'un pays de forges. Ce fut ce voyage
» du Forez qui m'ôta mon illusion. Jusqu'à ce temps-
» là, il ne se passoit point d'années que je ne relusse
» l'Astrée d'un bout à l'autre : j'étois familiarisé
» avec tous ses personnages. Ainsi la science nous
» ôte nos plaisirs ».

Oh ! mes Arcadiens ne ressemblent point à vos
forgerons, ni aux bergers imaginaires de d'Urfé, qui
passent les jours et les nuits uniquement occupés à
faire l'amour, exposés au-dedans à toutes les suites
de l'oisiveté, et au-dehors, aux invasions des peuples voisins. Les miens exercent tous les arts de
la vie champêtre. Il y a parmi eux des bergers, des
laboureurs, des pêcheurs, des vignerons. Ils ont
tiré parti de tous les sites de leur pays, diversifié
de montagnes, de plaines, de lacs et de rochers.
Leurs mœurs sont patriarchales comme aux premiers temps du monde. Il n'y a dans leur république, ni prêtres, ni soldats, ni esclaves ; car ils
sont si religieux, que chaque père de famille en
est le pontife ; si belliqueux, que chaque habitant
est toujours prêt à défendre sa Patrie sans en tirer
de solde ; et si égaux, qu'il n'y a pas seulement

parmi eux de domestiques. Les enfans y sont élevés
à servir leurs parens. On se garde bien de leur ins-
pirer, sous le nom d'émulation, le poison de l'ambition, et de leur apprendre à se surpasser les uns
les autres ; mais, au contraire, on les exerce à se
prévenir par toutes sortes de bons offices ; à obéir
à leurs parens ; à préférer son père, sa mère, son
ami, sa maîtresse, à soi-même ; et la Patrie à tout.
Là, il n'y a point de querelle entre les jeunes gens,
si ce n'est quelques débats entre amans, comme
ceux du Devin du Village : mais la vertu y appelle
souvent les citoyens dans les assemblées du peuple,
pour délibérer entre eux de ce qu'il est utile de
faire pour le bien public. Ils élisent, à la pluralité
des voix, leurs magistrats, qui gouvernent l'Etat
comme une famille, étant chargés à la fois des fonctions de la paix, de la guerre et de la religion. Il
résulte une si grande force de leur union, qu'ils ont
toujours repoussé toutes les puissances qui ont
entrepris sur leur liberté.

On ne voit dans leur pays aucun monument inutile, fastueux, dégoûtant ou épouvantable : point
de colonnades, d'arcs de triomphe, d'hôpitaux ni
de prisons ; point d'affreux gibets sur les collines, à
l'entrée de leurs bourgs ; mais un pont sur un torrent, un puits au milieu d'une plaine aride, un
bocage d'arbres fruitiers sur une montagne inculte,
autour d'un petit temple dont le péristyle sert d'abri

aux voyageurs, annoncent dans les lieux les plus
déserts l'humanité des habitans. Des inscriptions
simples sur l'écorce d'un hêtre, ou sur un rocher brut, conservent à la postérité la mémoire
des grands citoyens, et le souvenir des bonnes
actions. Au milieu de ces mœurs bienfaisantes, la
religion parle à tous les cœurs un langage inaltérable. Il n'y a pas une montagne ni un fleuve qui ne
soit consacré à un Dieu, et qui n'en porte le nom;
pas une fontaine qui n'ait sa Naïade; pas une fleur
ni un oiseau qui ne soit le résultat de quelque
ancienne et touchante métamorphose. Toute la physique y est en sentimens religieux, et toute la religion en monumens de la nature. La mort même,
qui empoisonne tant de plaisirs, n'y offre que des
perspectives consolantes. Les tombeaux des ancêtres sont au milieu des bocages de myrtes, de cyprès
et de sapins. Leurs descendans, dont ils se sont fait
chérir pendant leur vie, viennent dans leurs plaisirs
ou leurs peines, les décorer de fleurs et invoquer
leurs mânes, persuadés qu'ils président toujours à
leurs destins. Le passé, le présent, l'avenir, lient
tous les membres de cette société des chaînons de
la loi naturelle, en sorte qu'il est également doux
d'y vivre et d'y mourir.

Telle fut l'idée vague que je donnai du dessin de
mon ouvrage à Jean-Jacques. Il en fut enchanté.
Nous en fîmes plus d'une fois, dans nos promena-

des , le sujet de nos plus douces conversations. Il imaginoit quelquefois des incidens d'une simplicité piquante , dont je tirois parti. Un jour même il m'engagea à en changer tout le plan. « Il faut, me » dit-il , supposer une action principale dans votre » histoire , telle que celle d'un homme qui voyage » pour connoître les hommes. Il en naîtra des évé- » nemens variés et agréables. De plus , il faut oppo- » ser à l'état de la nature des peuples d'Arcadie , » l'état de corruption d'un autre peuple , afin de » faire sortir vos tableaux par des contrastes ».

Ce conseil fut pour moi un rayon de lumière qui en produisit un autre : ce fut, avant tout, d'op- poser à ces deux tableaux celui de barbarie d'un troisième peuple, afin de représenter les trois états successifs par où passent la plupart des nations ; celui de barbarie , de nature et de corruption. J'eus ainsi une harmonie complète des trois périodes or- dinaires aux sociétés humaines.

Pour représenter un état de barbarie , je choisis la Gaule , comme un pays dont les commencemens en tout genre devoient le plus nous intéresser , parce que le premier état d'un peuple influe sur toutes les périodes de sa durée , et se fait sentir jusque dans sa décadence , comme l'éducation que reçoit un homme dès la mamelle influe jusque sur sa décrépitude. Il semble même qu'à cette dernière époque les habitudes de l'enfance reparoissent avec

plus de force que celles du reste de la vie, ainsi
que je l'ai observé dans les Études précédentes. Les
premières impressions effacent les dernières. Le
caractère des nations se forme dès le berceau, ainsi
que celui de l'homme. Rome, dans sa décadence,
conserva l'esprit de domination universelle qu'elle
avoit eue dès son origine.

Je trouvai les principaux caractères des mœurs
et de la religion des Gaulois, tout tracés dans les
Commentaires de César, dans Plutarque, dans les
mœurs des Germains de Tacite, et dans divers trai-
tés modernes de la mythologie des peuples du nord.

Je reculai plusieurs siècles avant Jules-César l'état
des Gaules, afin d'avoir à peindre un caractère plus
marqué de barbarie, et approchant de celui que
nous avons trouvé aux peuples sauvages de l'Amérique septentrionale. Je fixai le commencement de
la civilisation de nos ancêtres à la destruction de
Troie, qui fut aussi l'époque, et sans doute la cause
de plusieurs grandes révolutions par toute la terre.
Les nations qui composent le genre humain, quelque divisées qu'elles paroissent en langages, religions, coutumes et climats, sont en équilibre entre
elles, comme les différentes mers qui composent
l'Océan sous diverses latitudes. Il ne peut arriver
quelque grand mouvement dans une de ses mers,
qu'il ne se communique plus ou moins à chacune
des autres : elles tendent toutes à se mettre de

niveau. Une nation est encore par rapport au genre humain, ce qu'un homme est par rapport à sa nation. Si cet homme y meurt, un autre y renaît dans le même temps. De même, si un état se détruit sur la terre, un autre s'y reforme à la même époque. C'est ce que nous avons vu de nos jours, quand la plus grande partie de la république de Pologne ayant été démembrée dans le nord de l'Europe, pour être confondue dans les trois Etats voisins, la Russie, la Prusse et l'Autriche, peu de temps après, la plus grande partie des Colonies Anglaises du nord de l'Amérique s'est détachée des trois Etats d'Angleterre, d'Irlande et d'Ecosse, pour former une république : et comme il y a eu en Europe une portion de la Pologne qui n'a pas été démembrée, il y a eu de même en Amérique une portion des Colonies Angloises qui ne s'est pas séparée de l'Angleterre.

On trouve les mêmes réactions politiques dans tous les pays et dans tous les siècles. Lorsque l'empire des Grecs fut renversé sur les bords du Pont-Euxin, en 1453, celui des Turcs le remplaça aussitôt ; et lorsque celui de Troie fut détruit en Asie sous Priam, celui de Rome prit naissance en Italie sous Enée.

Mais il s'ensuivit de cette ruine totale de Troie, beaucoup de petites révolutions dans le reste du genre humain, et sur-tout en Europe.

J'opposai à l'état de barbarie des Gaules, celui

IV.   V

de corruption de l'Egypte, qui étoit alors à son plus haut degré de civilisation. C'est à l'époque du siège de Troie que plusieurs savans assignent le règne brillant de Sésostris. D'ailleurs, cette opinion, adoptée par Fénélon dans son Télémaque, étoit une autorité suffisante pour mon ouvrage. Je choisis aussi mon voyageur en Egypte, par le conseil de Jean-Jacques, d'autant que, dans l'antiquité, beaucoup d'établissemens politiques et religieux ont reflué de l'Egypte dans la Grèce, dans l'Italie, et même directement dans les Gaules, ainsi que l'histoire et plusieurs de nos anciens usages en font foi. C'est encore une suite des réactions politiques. Lorsqu'un état est à son dernier degré d'élévation, il est à son premier degré de décadence, parce que les choses humaines commencent à déchoir dès qu'elles ont atteint le faîte de leur grandeur. C'est alors que les arts, les sciences, les mœurs, les langues commencent à refluer des états civilisés dans les états barbares, ainsi que le démontrent les siècles d'Alexandre chez les Grecs, d'Auguste chez les Romains, et de Louis xiv parmi nous.

Ainsi j'eus des oppositions de caractères entre les Gaulois, les Arcadiens et les Egyptiens. Mais l'Arcadie seule m'offrit un grand nombre de contrastes avec le reste de la Grèce encore à demi-barbare, entre les mœurs paisibles de ses cultivateurs et les caractères discordans des héros de Pylos, de My-

cène et d'Argos ; entre les douces aventures de ses
bergères simples et naïves, et les épouvantables
catastrophes d'Iphigénie, d'Electre et de Clytemnestre.

Je renfermai les matériaux de mon ouvrage en
douze livres, et j'en fis une espèce de poëme épique,
non suivant les loix d'Aristote et celles de nos modernes, qui prétendent d'après lui qu'un poëme
épique ne doit contenir qu'une action principale de
la vie d'un héros, mais suivant les loix de la nature
et à la manière des Chinois, qui y mettent souvent
la vie entière d'un héros, ce qui, à mon gré, satisfait davantage. D'ailleurs je ne m'éloignai pas pour
cela de l'exemple d'Homère, car si je m'écartai du
plan de son Iliade, je me rapprochai de celui de
son Odyssée.

Mais pendant que je m'occupois du bonheur du
genre humain, le mien fut troublé par de nouvelles
infortunes.

Ma santé et mon expérience ne me permettoient
plus de solliciter dans ma Patrie les foibles ressources
que j'étois au moment d'y perdre, ni d'en aller
chercher au-dehors. D'ailleurs le genre de mes travaux ne pouvoit intéresser en ma faveur aucun ministre. Je songeai à en mettre au jour de plus propres
à me mériter les bienfaits du gouvernement. Je pu-
bliai mes Etudes de la Nature. J'ose croire y avoir
détruit de dangereuses erreurs, et démontré d'im-

portantes vérités. Leur succès m'a valu, sans solli-
citations, beaucoup de complimens du public, et
quelques graces annuelles de la Cour, mais si peu
solides, qu'une simple révolution dans un ministère me les a enlevées la plupart, et avec elles, ce
qu'il y a de plus fâcheux, d'autres plus considérables
dont je jouissois depuis quatorze ans. La faveur a
fait semblant de me faire du bien. La bienveillance
publique a accueilli mon ouvrage avec plus de constance. Je lui dois un peu de calme et de repos. C'est
sous son ombre que je fais paroître ce premier livre,
intitulé LES GAULES, qui devoit servir d'introduction à l'Arcadie. Je n'ai pas eu la satisfaction d'en
parler à Jean-Jacques. Ce sujet étoit trop rude pour
nos entretiens. Mais tout âpre et tout sauvage qu'il
est, c'est une gorge de rochers d'où l'on entrevoit
le vallon où il s'est quelquefois reposé. Lorsqu'il
partit même sans me dire adieu pour Ermenonville,
où il a fini ses jours, je cherchai à me rappeler à
lui par l'image de l'Arcadie et le souvenir de nos
anciennes conversations, en finissant la lettre que je
lui écrivois par ces deux vers de Virgile où je n'avois
changé qu'un mot :

Atque utinam ex vobis unus *tecum*que fuissem
Aut custos gregis, aut maturæ vinitor uvæ!

NOTES.

(1) *Ma raison ne pouvoit rien.* Dieu m'a fait cette insigne faveur, que quelque trouble qu'ait éprouvé ma raison, je n'en ai jamais perdu l'usage à mes yeux, et sur-tout à ceux des autres hommes. Dès que je sentois les paroxysmes de mon mal, je me retirois dans la solitude. Quelle étoit donc cette raison extraordinaire qui m'avertissoit que ma raison ordinaire se troubloit? Je suis tenté de croire qu'il y a dans notre ame un foyer inaltérable de lumières, qu'aucunes ténèbres ne peuvent obscurcir entièrement. C'est, je pense, ce *sensorium* qui avertit l'homme ivre que sa raison est exaltée, et le vieillard caduc que son jugement est affoibli. Pour voir luire ce flambeau au-dedans de nous, il faut le calme des passions, la solitude, et sur-tout l'habitude de rentrer en soi-même. Je regarde ce sentiment intime de nos fonctions intellectuelles, comme l'essence même de notre ame, et une preuve de son immatérialité.

(2) *Deux fameux médecins.* Le docteur Roux, auteur du Journal de Médecine, et le docteur Buquet, professeur de la Faculté de Médecine de Paris; tous deux morts, dans la force de l'âge, de leurs propres remèdes contre les maux de nerfs.

(3) *D'une personne que je ne connoissois pas.* Quoique j'aie coutume de nommer dans mes écrits, lorsque j'en trouve l'occasion, les personnes qui m'ont rendu quelque service, et auxquelles j'ai des obligations essentielles, ce n'en est ni le temps ni le lieu. Je n'ai mis ici des mémoires

de ma vie, que ce qui pouvoit servir de préambule à mon ouvrage sur l'Arcadie.

(4) *Les Conventuelles Rédemptions.* Il y avoit, ce me semble, plusieurs défauts dans les établissemens des Jésuites au Paraguay. Comme ces religieux ne se marioient pas, qu'ils n'avoient point en eux-mêmes de principe indépendant d'existence, qu'ils se recrutoient toujours avec des Européens, et qu'ils formoient dans leurs Rédemptions même une nation dans une autre nation, il est arrivé que la destruction de leur ordre en Europe a entraîné celle de leurs établissemens en Amérique. D'ailleurs, la régularité conventuelle et les cérémonies multipliées qu'ils avoient introduites dans leur administration politique, ne pouvoient convenir qu'à un peuple enfant, qu'il faut sans cesse tenir par la lisière et conduire par les yeux. Ils n'en méritent pas moins une louange immortelle, pour avoir rassemblé une multitude de barbares sous des loix humaines, et leur avoir enseigné les arts utiles à la vie, en les préservant de la corruption des peuples civilisés.

(5) *Sacrifient des hommes.* Ils mangent aussi des chiens, ces amis naturels de l'homme. J'ai remarqué que tout peuple qui avoit cette coutume, n'épargnoit pas dans l'occasion la chair de ses semblables : manger des chiens est un pas vers l'anthropophagie.

(6) *Toutous.* Nom des hommes du peuple à l'île de Taïti, et dans les îles de cet archipel. Il ne leur est pas permis de manger de chair de porc, qui y est excellente, quoique cet animal y soit fort commun. Elle est réservée pour les É-Arrés, qui sont les chefs. Les Toutous élèvent les porcs, et les E-Arrés les mangent. (*Voyez* les Voyages du capitaine Cook.)

(7) *Une de ces comparaisons touchantes.* Ces comparaisons sont des beautés qui semblent réservées à la poésie; mais je crois que la peinture pourroit se les approprier et en tirer de grands effets. Par exemple, lorsqu'un peintre représente sur le devant d'un tableau de bataille, un jeune homme d'un caractère intéressant tué et étendu sur l'herbe, il pourroit mettre auprès de lui quelque belle plante sauvage analogue à son caractère, dont les fleurs seroient pendantes et les tiges à demi-coupées. Si c'étoit dans un tableau de bataille moderne, il pourroit y mutiler, et, si j'ose le dire, y tuer des végétaux d'un plus grand ordre, tels qu'un arbre à fruit, ou même un chêne; car nos boulets font bien un autre désordre dans nos campagnes, que les flèches et les javelots des anciens. Ils labourent les gazons des collines, brisent les forêts, coupent les jeunes arbres en deux, et enlèvent de grands éclats du tronc des plus vieux chênes. Je ne crois pas avoir jamais vu aucun de ces effets dans les tableaux de nos batailles modernes. Ils sont cependant bien communs dans nos guerres, et redoublent les impressions de terreur que les peintres se proposent de faire naître en représentant de pareils sujets. La désolation d'un pays a encore plus d'expression que des groupes de morts et de mourans. Ses bocages brisés, les sillons noirs de ses prairies et ses rochers écornés, montrent les effets de la fureur des hommes, qui s'étendent jusqu'aux antiques monumens de la nature. On y reconnoît la colère des rois, qui est leur dernière raison, ainsi qu'on le lit sur leurs canons: *Ultima ratio regum.* On pourroit même exprimer, dans toute l'étendue d'un tableau de bataille, les détonnations du bruit de l'artillerie que les vallons répètent à plusieurs lieues de distance, en représentant, dans les lointains, des bergers effrayés qui s'éloignent avec leurs troupeaux, des volées d'oiseaux qui

fuient vers l'horizon, et des bêtes fauves qui abandonnent les bois.

Les consonnances physiques redoublent les sensations morales, sur-tout lorsqu'elles passent d'un règne de la nature à un autre règne.

(8) *Et enfin de sa modestie, qui lui interdisoit le ton théâtral, et les sentences d'oracles de nos conversations.* Voilà les raisons personnelles qu'il pouvoit avoir de parler peu dans les cercles; mais je ne doute pas qu'il n'en eût de beaucoup plus fortes du côté même de nos sociétés. Je trouve ces raisons générales si bien déduites dans l'excellent chapitre des Essais de Montaigne, *Sur l'art de conférer*, que je ne peux m'empêcher d'en extraire ici quelques lignes, afin d'engager le lecteur à le lire tout entier.

« Comme notre esprit se fortifie par la communication » des esprits vigoureux et réglés, il ne se peut dire combien » il perd et s'abâtardit par le continuel commerce et la fré- » quentation des esprits bas et maladifs. Il n'est contagion » qui s'espande comme celle-là. Je sais, par assez d'expé- » riences, combien en vaut l'aune. J'aime à contester et à » discourir, mais c'est avec peu d'hommes et pour moi : car » de servir de spectacle aux grands, et faire à l'envi parade » de son esprit et de son caquet, je trouve que c'est un métier » très-messéant à un homme d'honneur ».

C'est en effet, pour des gens de lettres, jouer chez les grands le même rôle que les Grecs affranchis, la plupart gens de lettres et philosophes, jouoient chez les Romains.

Voilà pour la conversation active de l'honnête homme chez les gens du monde; et voici, quelques pages plus loin, pour la conversation passive :

« La gravité, la robe et la fortune de celui qui parle, » donnent souvent crédit à des propos vains et ineptes. Il est

» à présumer qu'un Monsieur si suivi, si redouté, n'aye au-
» dedans quelque suffisance autre que populaire, et qu'un
» homme à qui on donne tant de commissions et de charges,
» si dédaigneux et si morguant, ne soit plus habile que cet
» autre qui le salue de si loin, et que personne n'emploie.
» Non-seulement les mots, mais aussi les grimaces de ces
» gens-là se considèrent et mettent en compte, chacun s'ap-
» pliquant à y donner quelque belle et solide interprétation.
» S'ils se rabaissent à la conférence commune, et qu'on leur
» présente autre chose qu'approbation et révérence, ils vous
» assomment de l'autorité de leur expérience. Ils ont ouï,
» ils ont vu, ils ont fait : vous êtes accablé d'exemples ».

Qu'auroit donc dit Montaigne, dans un siècle où tant de
petits se croient grands ; où chacun a deux, trois, quatre
titres pour se rehausser ; où ceux qui n'en ont pas se retran-
chent sous le patronage de ceux qui en ont ? A la vérité, la
plupart commencent par se mettre aux genoux d'un homme
qui fait du bruit ; mais ils finissent par lui monter sur les
épaules. Je ne parle pas de ces importans qui, s'emparant
d'un écrivain pour avoir l'air de lui rendre service, s'inter-
posent entre lui et les sources des graces publiques, afin de
le mettre dans leur dépendance particulière, et qui deviennent ses ennemis, s'il se refuse au malheur d'en être protégé. L'heureux Montaigne n'avoit pas besoin de la fortune.
Mais qu'auroit-il dit de ces hommes apathiques, si communs dans tous les rangs, qui, pour sortir de leur léthargie,
recherchent la société d'un auteur célèbre, et attendent en
silence qu'il leur débite à chaque phrase des sentences toutes
neuves ou des bons mots ; qui n'ont pas même le sentiment
de les connoître, ni l'esprit de les recueillir, s'ils ne sont
débités d'un ton qui leur en impose, ou s'ils ne les voient
vantés dans les journaux ; et qui enfin, s'ils en sont frappés

par hasard, ont souvent la malignité de leur donner un sens
médiocre ou dangereux, pour affoiblir une réputation qui
leur fait ombrage? Certes, si Michel Montaigne lui-même ne
se fût présenté dans nos cercles que comme Michel, malgré
son jugement exquis, son élocution si naïve, son érudition si
vaste et qu'il appliquoit si à propos, il se fût trouvé par-
tout réduit au silence comme Jean-Jacques. Je me suis un
peu étendu sur ce chapitre, pour l'honneur de l'auteur
d'Emile et de celui des Essais. On leur a reproché à tous
deux d'être silencieux et de peu d'intérêt dans la conversation, à tous deux d'être égoïstes dans leurs écrits; mais bien
injustement sur ce dernier point comme sur l'autre. C'est
l'homme qu'ils décrivent toujours dans leurs personnes; et
je trouve que, quand ils parlent d'eux, ils parlent aussi
de moi.

Pour revenir à Jean-Jacques, il fuyoit bien sincèrement
la vanité; il rapportoit sa réputation, non à sa personne,
mais à quelques vérités naturelles répandues dans ses écrits,
d'ailleurs s'estimant peu lui-même. Je lui racontois un jour
qu'une demoiselle m'avoit dit qu'elle seroit volontiers sa
servante. « Oui, reprit-il, afin que je lui fisse pendant six
» ou sept heures des discours d'Emile ». Il m'est arrivé plus
d'une fois de combattre quelques-unes de ses opinions; loin
de le trouver mauvais, il convenoit avec plaisir de son
erreur, dès que je la lui faisois connoître.

J'en citerai un exemple à ma louange, dût-on m'accuser
à mon tour de vanité, quoiqu'en vérité je n'aie ici d'autre
intention que de l'en disculper lui-même. Pourquoi, lui
dis-je un jour, avez-vous parlé dans Emile, du serpent qui
est dans le déluge du Poussin, comme de l'objet principal
de ce tableau? C'est l'enfant que sa mère pose sur un
rocher. Il réfléchit un moment, et me dit : « Oui, oui, vous

» avez raison : je me suis trompé. C'est l'enfant; certaine-
» ment, c'est l'enfant »; et il parut plein de joie de ce que
je lui avois fait faire cette observation. Mais il n'avoit pas
besoin de mes foibles remarques pour revenir sur ses pas. Il
me dit un jour : « Si je faisois une nouvelle édition de mes
» ouvrages, j'adoucirois ce que j'y ai écrit sur les médecins.
» Il n'y a pas d'état qui demande autant d'études que le leur.
» Par tout pays, ce sont les hommes les plus véritablement
» savans ». Une autre fois, il me dit : « J'ai mis un peu trop
» d'humeur dans mes querelles avec M. Hume. Mais le cli-
» mat sombre de l'Angleterre, la situation de ma fortune et
» les persécutions que je venois d'essuyer en France, tout
» me jetoit dans la mélancolie ». Il m'a dit plus d'une fois :
« Je l'avoue, j'ai aimé la célébrité; mais, ajoutoit-il en sou-
» pirant, Dieu m'a puni par où j'avois péché ».

Cependant des personnes très-estimables lui ont reproché
jusqu'au mal qu'il a dit de lui-même dans ses Confessions.
Qu'auroient-elles donc dit, si, comme tant d'autres, il y
avoit fait indirectement son éloge? Plus les fautes dont il
s'y accuse sont humiliantes, plus l'aveu qu'il en fait est
sublime. Il y a, à la vérité, quelques endroits où on peut
l'accuser d'indiscrétion envers autrui; c'est sur-tout lorsqu'il y parle des passions peu délicates de son inconstante
bienfaitrice, madame de Warens. Mais j'ai lieu de croire
que ses œuvres posthumes ont été altérées dans plus d'un
endroit. Il est possible qu'il ne l'ait pas nommée dans son
manuscrit; et s'il l'a nommée, il a cru pouvoir le faire
sans conséquence, parce qu'elle n'a pas laissé de postérité.
D'ailleurs, il en parle par-tout avec intérêt. Il arrête toujours, au milieu de ses désordres, l'attention du lecteur sur
les qualités de son ame. Enfin, il a cru devoir dire le bien
et le mal des personnages de son histoire, à l'exemple des

plus fameux historiens de l'antiquité. Tacite dit positivement au commencement de son Histoire, livre premier :
« Je n'ai aucun sujet d'aimer, ni de haïr Othon, Galba et
» Vitellius. Il est vrai que je dois ma fortune à Vespasien,
» comme j'en dois le progrès à ses enfans : mais lorsqu'il est
» question d'écrire l'Histoire, il faut oublier les faveurs
» ainsi que les injures ». En effet, Tacite reproche à Vespasien, son bienfaiteur, l'avarice et d'autres défauts. Jean-
Jacques, qui avoit pris pour devise, *Vitam impendere vero*,
a pu se piquer d'autant d'amour pour la vérité dans sa propre
histoire, que Tacite dans celle des Empereurs Romains.

Ce n'est pas que j'approuve la franchise sans réserve de
Jean-Jacques dans un ordre de société tel que le nôtre, et
que je n'aie trouvé d'ailleurs à reprendre de l'inégalité dans
son humeur, des inconséquences dans ses écrits, et quelques actions dans sa conduite, puisqu'il a lui-même publié
celles-ci pour les condamner. Mais où est l'homme, où est
l'écrivain, où est sur-tout l'infortuné qui n'ait point d'erreurs à se reprocher ? Jean-Jacques a agité des questions si
susceptibles de pour et de contre ; il s'est trouvé à la fois une
ame si grande et une fortune si misérable, des besoins si
pressans et des amis si trompeurs, qu'il a été souvent forcé
de sortir des routes communes. Mais lors même qu'il s'égare,
et qu'il est la victime des autres ou de lui-même, on le voit
par-tout oublier ses propres maux pour ne s'occuper que de
ceux du genre humain ; par-tout il est le défenseur de ses
droits, et l'avocat des malheureux. On pourroit écrire sur
son tombeau ces paroles touchantes d'un livre dont il a fait
un si sublime éloge, et dont il portoit toujours avec lui
quelques pages choisies, dans les dernières années de sa vie :
« ON LUI A BEAUCOUP REMIS, PARCE QU'IL A BEAUCOUP
» AIMÉ ».

(9) *Cosme de Médicis*. Voici le jugement qu'en porte Philippe de Commines, le Plutarque de son siècle pour la naïveté.

« Cosme de Médicis, qui fut le chef de cette maison et
» la commença, homme digne d'être nommé entre les très-
» grands, et en son cas, qui étoit de marchandise, étoit la
» plus grande maison que je crois qui ait jamais été au monde.
» Car leurs serviteurs ont eu tant de crédit sous couleur de
» ce nom Médicis, que ce seroit merveille à croire à ce que
» j'en ai vu en France et en Angleterre.... J'en ai vu un de
» ses serviteurs, appelé Guérard Quannèse, presque être
» occasion de soutenir le roi Edouard le quart en son état,
» étant en guerre en son royaume d'Angleterre ».

Et plus bas : « L'autorité des prédécesseurs nuisoit à ce
» Pierre de Médicis, combien que celle de Cosme, qui avoit
» été le premier, fût douce et aimable, et telle qu'elle étoit
» nécessaire à une ville de liberté ». *Liv. 7.*

L'ARCADIE.

LIVRE PREMIER.

LES GAULES.

Un peu avant l'équinoxe d'automne, Tirtée, berger d'Arcadie, faisoit paître son troupeau sur une croupe du mont Lycée qui s'avance le long du golfe de Messénie. Il étoit assis sous des pins, au pied d'une roche, d'où il considéroit au loin la mer agitée par les vents du midi. Ses flots, couleur d'olive, étoient blanchis d'écume qui jaillissoit en gerbes sur toutes ses grèves. Des bateaux de pêcheurs, paroissant et disparoissant tour à tour entre les lames, hasardoient, en s'échouant sur le rivage, d'y chercher leur salut, tandis que de gros vaisseaux à la voile, tout penchés par la violence du vent, s'en éloignoient dans la crainte du naufrage. Au fond du golfe, des troupes de femmes et d'enfans levoient les mains au ciel, et jetoient de grands cris à la vue du danger que couroient ces pauvres mariniers, et des longues vagues qui venoient du large se briser en mugissant sur les rochers de Sténiclaros. Les échos du mont Lycée répétoient de toutes parts

leurs bruits rauques et confus avec tant de vérité,
que Tirtée parfois tournoit la tête, croyant que la
tempête étoit derrière lui, et que la mer brisoit au
haut de la montagne. Mais les cris des foulques et
des mouettes qui venoient, en battant des ailes, s'y
réfugier, et les éclairs qui sillonnoient l'horizon,
lui faisoient bien voir que la sécurité étoit sur la
terre, et que la tourmente étoit encore plus grande
au loin qu'elle ne paroissoit à sa vue. Tirtée plai-
gnoit le sort des matelots, et bénissoit celui des bergers, semblable en quelque sorte à celui des dieux,
puisqu'il mettoit le calme dans son cœur et la tempête sous ses pieds. Pendant qu'il se livroit à la
reconnoissance envers le ciel, deux hommes d'une
belle figure parurent sur le grand chemin qui passoit
au-dessous de lui, vers le bas de la montagne. L'un
étoit dans la force de l'âge, et l'autre encore dans
sa fleur. Ils marchoient à la hâte, comme des voyageurs qui se pressent d'arriver. Dès qu'ils furent à
la portée de la voix, le plus âgé demanda à Tirtée
« s'ils n'étoient pas sur la route d'Argos ».? Mais le
bruit du vent dans les pins l'empêchant de se faire
entendre, le plus jeune monta vers ce berger, et
lui cria : « Mon père, ne sommes-nous pas sur la
» route d'Argos ? — Mon fils, lui répondit Tirtée, je
» ne sais point où est Argos. Vous êtes en Arcadie,
» sur le chemin de Tégée ; et ces tours que vous
» voyez là-bas, sont celles de Bellémine ». Pendant

qu'ils parloient, un barbet jeune et folâtre, qui ac-
compagnoit cet étranger, ayant aperçu dans le troupeau une chèvre toute blanche, s'en approcha pour
jouer avec elle ; mais la chèvre effrayée à la vue de
cet animal dont les yeux étoient tout couverts de
poils, s'enfuit vers le haut de la montagne où le
barbet la poursuivit. Ce jeune homme rappela son
chien, qui revint aussi-tôt à ses pieds, baissant la
tête et remuant la queue; il lui passa une lesse autour
du cou; et priant le berger de l'arrêter, il courut
lui-même après la chèvre qui s'enfuyoit toujours.
Mais son chien le voyant partir, donna une si rude
secousse à Tirtée, qu'il lui échappa avec la lesse,
et se mit à courir si vîte sur les pas de son maître,
que bientôt on ne vit plus ni la chèvre, ni le voyageur, ni le chien.

L'étranger resté sur le grand chemin se disposoit
à aller vers son compagnon, lorsque le berger lui
dit : « Seigneur, le temps est rude, la nuit s'ap-
» proche, la forêt et la montagne sont pleines de
» fondrières où vous pourriez vous égarer. Venez
» prendre un peu de repos dans ma cabane, qui
» n'est pas loin d'ici. Je suis bien sûr que ma chèvre,
» qui est fort privée, y reviendra d'elle-même, et
» y ramenera votre ami, s'il ne la perd point de
» vue ». En même temps il joua de son chalumeau;
et le troupeau se mit à défiler par un sentier vers le
haut de la montagne. Un grand bélier marchoit à la

tête de ce troupeau ; il étoit suivi de six chèvres
dont les mamelles pendoient jusqu'à terre ; douze
brebis, accompagnées de leurs agneaux déja grands,
venoient après ; une ânesse avec son ânon fermoient
la marche.

L'étranger suivit Tirtée sans rien dire. Ils mon-
tèrent environ six cents pas, par une pelouse découverte, parsemée çà et là de genêts et de roma-
rins ; et comme ils entroient dans la forêt de chênes
qui couvre le haut du mont Lycée, ils entendirent
les aboiemens d'un chien ; bientôt après ils virent
venir au-devant d'eux le barbet, suivi de son maître
qui portoit la chèvre blanche sur ses épaules. Tirtée
dit à ce jeune homme : « Mon fils, quoique cette
» chèvre soit la plus chérie de mon troupeau, j'ai-
» merois mieux l'avoir perdue que de vous avoir
» donné la fatigue de la reprendre à la course : mais
» vous vous reposerez, s'il vous plaît, cette nuit
» chez moi ; et demain, si vous voulez vous mettre
» en route, je vous montrerai le chemin de Tégée,
» où on vous enseignera celui d'Argos. Cependant,
» seigneurs, si vous m'en croyez l'un et l'autre,
» vous ne partirez point demain d'ici. C'est demain
» la fête de Jupiter au mont Lycée. On s'y rassemble
» de toute l'Arcadie et d'une grande partie de la
» Grèce. Si vous y venez avec moi, vous me rendrez
» plus agréable à Jupiter quand je me présenterai à
» son autel, pour l'adorer, avec des hôtes ». Le

jeune étranger répondit : « O bon berger ! nous ac-
» ceptons volontiers votre hospitalité pour cette
» nuit; mais demain, dès l'aurore, nous continue-
» rons notre route pour Argos. Depuis long-temps
» nous luttons contre la mer, pour arriver à cette
» ville fameuse dans toute la terre par ses temples ;
» par ses palais, et par la demeure du grand Aga-
» memnon».

Après avoir ainsi parlé, ils traversèrent une partie
de la forêt du mont Lycée vers l'orient, et ils descendirent dans un petit vallon abrité des vents. Une
herbe molle et fraîche couvroit les flancs de ses
collines. Au fond, couloit un ruisseau appelé Achéloüs (1), qui alloit se jeter dans le fleuve Alphée,
dont on apercevoit au loin, dans la plaine, les îles
couvertes d'aulnes et de tilleuls. Le tronc d'un vieux
saule renversé par le temps, servoit de pont à l'Achéloüs, et ce pont n'avoit pour garde-fous que de
grands roseaux, qui s'élevoient à sa droite et à sa
gauche : mais le ruisseau, dont le lit étoit semé de
rochers, étoit si facile à passer à gué, et on faisoit
si peu d'usage de son pont, que des convolvulus le
couvroient presque en entier de leurs festons de
feuilles en cœur et de fleurs en cloches blanches.

A quelque distance de ce pont étoit l'habitation
de Tirtée. C'étoit une petite maison couverte de
chaume, bâtie au milieu d'une pelouse. Deux peupliers l'ombrageoient du côté du couchant. Du côté

X 2

du midi, une vigne en entouroit la porte et les
fenêtres de ses grappes pourprées et de ses pampres
déjà colorés de feu. Un vieux lierre la tapissoit au
nord, et couvroit de son feuillage toujours vert,
une partie de l'escalier qui conduisoit par dehors à
l'étage supérieur.

Dès que le troupeau s'approcha de la maison, il
se mit à béler, suivant sa coutume. Aussi-tôt on vit
descendre par l'escalier, une jeune fille qui portoit
sous son bras un vase à traire le lait. Sa robe étoit
de laine blanche; ses cheveux chatains étoient re-
troussés sous un chapeau d'écorce de tilleul; elle
avoit les bras et les pieds nus, et pour chaussure,
des soques, suivant l'usage des filles d'Arcadie. A sa
taille, on l'eût prise pour une nymphe de Diane; à
son vase, pour la naïade du ruisseau, mais à sa timidité, on voyoit bien que c'étoit une bergère. Dès
qu'elle aperçut des étrangers, elle baissa les yeux et
se mit à rougir.

Tirtée lui dit: «Cyanée, ma fille, hâtez-vous de
» traire vos chèvres et de nous préparer à manger,
» tandis que je ferai chauffer de l'eau pour laver les
» pieds de ces voyageurs que Jupiter nous envoie.»
En attendant, il pria ces étrangers de se reposer au
pied de la vigne, sur un banc de gazon. Cyanée
s'étant mise à genoux sur la pelouse, tira le lait des
chèvres qui s'étoient rassemblées autour d'elle, et
quand elle eut fini, elle conduisit le troupeau dans

la bergerie, qui étoit à un bout de la maison. Cependant Tirtée fit chauffer de l'eau, vint laver les pieds de ses hôtes; après quoi il les invita d'entrer.

Il faisoit déjà nuit; mais une lampe suspendue au plancher, et la flamme du foyer placé, suivant l'usage des Grecs, au milieu de l'habitation, en éclairoient suffisamment l'intérieur. On y voyoit accrochées aux murs des flûtes, des panetières, des houlettes, des formes à faire des fromages, et sur des planches attachées aux solives, des corbeilles de fruits et des terrines pleines de lait. Au-dessus de la porte d'entrée étoit une petite statue de terre de la bonne Cérès, et sur celle de la bergerie la figure du dieu Pan, faite d'une racine d'olivier.

Dès que les voyageurs furent introduits, Cyanée mit la table et servit des choux verts, des pains de froment, un pot rempli de vin, un fromage à la crême, des œufs frais et des secondes figues de l'année, blanches et violettes. Elle approcha de la table quatre siéges de bois de chêne. Elle couvrit celui de son père d'une peau de loup qu'il avoit tué lui-même à la chasse. Ensuite étant montée à l'étage supérieur, elle en descendit avec deux toisons de brebis; mais pendant qu'elle les étendoit sur les siéges des voyageurs, elle se mit à pleurer. Son père lui dit : « Ma chère fille, serez-vous toujours in- » consolable de la perte de votre mère? et ne pour-

» rez-vous jamais rien toucher de tout ce qui a été
» à son usage, sans verser des larmes »? Cyanée ne
répondit rien; mais se tournant vers la muraille,
elle s'essuya les yeux. Tirtée fit une prière et une
libation à Jupiter hospitalier; et faisant asseoir ses
hôtes, ils se mirent tous à manger en gardant un
profond silence.

Quand les mets furent desservis, Tirtée dit aux
deux voyageurs : « Mes chers hôtes, si vous fussiez
» descendus chez quelque autre habitant de l'Arca-
» die, ou si vous fussiez passés ici il y a quelques
» années, vous eussiez été beaucoup mieux reçus.
» Mais la main de Jupiter m'a frappé. J'ai eu sur le
» coteau voisin un jardin qui me fournissoit dans
» toutes les saisons des légumes et d'excellens fruits;
» il est maintenant confondu dans la forêt. Ce vallon
» solitaire retentissoit du mugissement de mes bœufs.
» Vous n'eussiez entendu du matin au soir, dans
» ma maison, que des chants d'alégresse et des cris
» de joie. J'ai vu autour de cette table trois gar-
» çons et quatre filles. Le plus jeune de mes fils
» étoit en état de conduire un troupeau de brebis.
» Ma fille Cyanée habilloit ses petites sœurs, et leur
» tenoit déjà lieu de mère. Ma femme, laborieuse
» et encore jeune, entretenoit toute l'année autour
» de moi, la gaîté, la paix et l'abondance. Mais la
» perte de mon fils aîné a entraîné celle de presque
» toute ma famille. Il aimoit, comme un jeune

» homme, à faire preuve de sa légèreté en montant
» au haut des plus grands arbres. Sa mère, à qui
» de pareils exercices causoient une frayeur ex-
» trême, l'avoit prié plusieurs fois de s'en abstenir.
» Je lui avois prédit qu'il lui en arriveroit quelque
» malheur. Hélas! les dieux m'ont puni de mes pré-
» dictions indiscrètes, en les accomplissant. Un jour
» d'été que mon fils étoit dans la forêt à garder les
» troupeaux avec ses frères, le plus jeune d'entre
» eux eut envie de manger des fruits d'un mérisier
» sauvage. Aussi-tôt l'aîné monta dans l'arbre pour
» en cueillir; et quand il fut au sommet, qui étoit
» très-élevé, il aperçut sa mère aux environs, qui,
» le voyant à son tour, jeta un cri d'effroi et se
» trouva mal. À cette vue la peur ou le repentir sai-
» sit mon malheureux fils, il tomba. Sa mère reve-
» nue à elle aux cris de ses enfans, accourut vers
» lui : en vain elle essaya de le ranimer dans ses
» bras; l'infortuné tourna les yeux vers elle, pro-
» nonça son nom et le mien, et expira. La douleur
» dont mon épouse fut saisie la mena en peu de
» jours au tombeau. La plus tendre union régnoit
» entre mes enfans, et égaloit leur affection pour
» leur mère. Ils moururent tous du regret de sa
» perte et de celle des uns et des autres. Avec combien
» de peine n'ai-je pas conservé celle-ci !.........».
Ainsi parla Tirtée, et malgré ses efforts, des pleurs
inondèrent ses yeux. Cyanée se jeta au cou de son

père, et mêlant ses larmes aux siennes, elle le pressoit dans ses bras sans pouvoir parler. Tirtée lui dit : « Cyanée, ma chère fille, mon unique consolation, cesse de t'affliger. Nous les reverrons un » jour : ils sont avec les dieux ». Il dit, et la sérénité reparut sur son visage et sur celui de sa fille. Elle versa d'un air tranquille, du vin dans toutes les coupes ; puis, prenant un fuseau avec une quenouille chargée de laine, elle vint s'asseoir auprès de son père, et se mit à filer en le regardant et en s'appuyant sur ses genoux.

Cependant les deux voyageurs fondoient en larmes. Enfin le plus jeune prenant la parole, dit à Tirtée : « Quand nous aurions été reçus dans le palais et à » la table d'Agamemnon au moment où, couvert » de gloire, il reverra sa fille Iphigénie et son épouse » Clytemnestre qui soupirent depuis si long-temps » après son retour, nous n'aurions pu ni voir ni » entendre des choses aussi touchantes que celles » dont nous sommes spectateurs. O bon berger ! il » faut l'avouer, vous avez éprouvé de grands maux ; » mais si Géphas que vous voyez, qui a beaucoup » voyagé, vouloit vous entretenir de ceux qui » accablent les hommes par toute la terre, vous » passeriez la nuit à l'entendre et à bénir votre sort. » Que d'inquiétudes vous sont inconnues au milieu » de ces retraites paisibles ! Vous y vivez libre, la » nature fournit à tous vos besoins, l'amour pater-

» nel vous rend heureux , et une religion douce
» vous console de toutes vos peines ».

Céphas prenant la parole , dit à son jeune ami :
« Mon fils , racontez-nous vos propres malheurs,
» Tirtée vous écoutera avec plus d'intérêt qu'il ne
» m'écouteroit moi-même. Dans l'âge viril la vertu
» est souvent le fruit de la raison , mais dans la jeu-
» nesse elle est toujours celui du sentiment ».

Tirtée s'adressant au jeune étranger , lui dit : « A
» mon âge on dort peu. Si vous n'êtes pas trop pressé
» du sommeil, j'aurai bien du plaisir à vous entendre.
» Je ne suis jamais sorti de mon pays , mais j'aime
» et j'honore les voyageurs : ils sont sous la protec-
» tion de Mercure et de Jupiter. On apprend tou-
» jours quelque chose d'utile avec eux. Pour vous ,
» il faut que vous ayez éprouvé de grands chagrins
» dans votre Patrie pour avoir quitté si jeune vos
» parens, avec lesquels il est si doux de vivre et de
» mourir ».

Quoiqu'il soit difficile , lui répondit ce jeune
homme , de parler toujours de soi avec sincérité ,
vous nous avez fait un si bon accueil , que je vous
raconterai volontiers toutes mes aventures, bonnes
et mauvaises.

Je m'appelle Amasis. Je suis né à Thèbes en
Egypte , d'un père riche. Il me fit élever par les
prêtres du temple d'Osiris. Ils m'enseignèrent toutes
les sciences dont l'Egypte s'honore ; la langue sa-

crée, par laquelle on communique avec les siècles
passés, et la langue grecque, qui nous sert à entretenir des relations avec les peuples de l'Europe.
Mais ce qui est au-dessus des sciences et des langues,
ils m'apprirent à être juste, à dire la vérité, à ne
craindre que les dieux, et à préférer à tout la gloire
qui s'acquiert par la vertu.

Ce dernier sentiment crut en moi avec l'âge. On
ne parloit depuis long-temps en Egypte que de la
guerre de Troie. Les noms d'Achille, d'Hector et
des autres héros m'empêchoient de dormir. J'aurois
acheté un seul jour de leur renommée par le sacrifice de toute ma vie. Je trouvois heureux mon com-
patriote Memnon, qui avoit péri sur les murs de
Troie, et pour lequel on construisoit à Thèbes un
superbe tombeau (2). Que dis-je ? j'aurois donné
volontiers mon corps pour être changé dans la statue
d'un héros, pourvu qu'on m'eût exposé sur une
colonne à la vénération des peuples.

Je résolus donc de m'arracher aux délices de
l'Egypte et aux douceurs de la maison paternelle
pour acquérir une grande réputation. Toutes les fois
que je me présentois devant mon père : « Envoyez-
» moi au siége de Troie, lui disois-je, afin que je
» me fasse un nom illustre parmi les hommes. Vous
» avez mon frère aîné qui vous suffit pour assurer
» votre postérité. Si vous vous opposez toujours à
» mes desirs dans la crainte de me perdre, sachez

» que si j'échappe à la guerre, je n'échapperai pas
» au chagrin ». En effet, je dépérissois à vue d'œil,
je fuyois toute société, et j'étois si solitaire qu'on
m'en avoit donné le surnom de Monéros. Mon père
voulut en vain combattre un sentiment qui étoit le
fruit de l'éducation qu'il m'avoit donnée.

Un jour il me présenta à Céphas, en m'exhortant
à suivre ses conseils. Quoique je n'eusse jamais vu
Céphas, une sympathie secrète m'attacha d'abord à
lui. Ce respectable ami ne chercha point à combattre ma passion favorite; mais pour l'affoiblir il
lui fit changer d'objet. « Vous aimez la gloire, me
» dit-il; c'est ce qu'il y a de plus doux dans le
» monde, puisque les dieux en ont fait leur partage.
» Mais comment comptez-vous l'acquérir au siége
» de Troie? Quel parti prendrez-vous, des Grecs
» ou des Troyens? La justice est pour la Grèce, la
» pitié et le devoir pour Troie. Vous êtes asia-
» tique (3) : combattrez-vous en faveur de l'Europe
» contre l'Asie? Porterez-vous les armes contre
» Priam, ce père et ce roi infortuné, près de suc-
» comber avec sa famille et son empire sous le fer
» des Grecs? D'un autre côté, prendrez-vous la dé-
» fense du ravisseur Pâris et de l'adultère Hélène
» contre Ménélas son époux? Il n'y a point de vé-
» ritable gloire sans justice. Mais quand un homme
» libre pourroit démêler dans les querelles des rois le
» parti le plus juste, croyez-vous que ce seroit à le

» suivre que consiste la plus grande gloire qu'on
» puisse acquérir ? quels que soient les applaudis-
» semens que les victorieux reçoivent de leurs com-
» patriotes, croyez-moi, le genre humain sait bien
» les mettre un jour à leur place. Il n'a placé qu'au
» rang des héros et des demi-dieux ceux qui n'ont
» exercé que la justice, comme Thésée, Hercule,
» Pirithoüs, &c........ Mais il a élevé au rang des
» dieux ceux qui ont été bienfaisans : tels sont Isis,
» qui donna des loix aux hommes; Osiris, qui leur
» apprit les arts et la navigation; Apollon, la mu-
» sique; Mercure, le commerce; Pan, à conduire
» des troupeaux; Bacchus, à planter la vigne; Cé-
» rès, à faire croître le blé. Je suis né dans les
» Gaules, continua Céphas; c'est un pays naturel-
» lement bon et fertile, mais qui, faute de civilisa-
» tion, manque de la plupart des choses nécessaires
» au bonheur. Allons y porter les arts et les plantes
» utiles de l'Egypte, une religion humaine et des
» loix sociales, nous en rapporterons peut-être des
» choses utiles à votre Patrie. Il n'y a point de peuple
» sauvage qui n'ait quelque industrie dont un peuple
» policé ne puisse tirer parti, quelque tradition an-
» cienne, quelque production rare et particulière à
» son climat. C'est ainsi que Jupiter, le père des
» hommes, a voulu lier par un commerce réci-
» proque de bienfaits tous les peuples de la terre,
» pauvres ou riches, barbares ou civilisés. Si nous

» ne trouvons dans les Gaules rien d'utile à l'Egypte,
» ou si nous perdons par quelque accident les fruits
» de notre voyage, il nous en restera un que ni la
» mort ni les tempêtes ne sauroient nous enlever,
» ce sera le plaisir d'avoir fait du bien ».

Ce discours éclaira tout-à-coup mon esprit d'une
lumière divine. J'embrassai Céphas les larmes aux
yeux. « Partons, lui dis-je, allons faire du bien aux
» hommes, allons imiter les dieux » !

Mon père approuva notre projet; et comme je
prenois congé de lui, il me dit, en me serrant
dans ses bras : « Mon fils, vous allez entreprendre
» la chose la plus difficile qu'il y ait au monde, puis-
» que vous allez travailler au bonheur des hommes.
» Mais si vous pouvez y trouver le vôtre, soyez bien
» sûr que vous ferez le mien ».

Après avoir fait nos adieux, Céphas et moi, nous
nous embarquâmes à Canope, sur un vaisseau phénicien qui alloit chercher des pelleteries dans les
Gaules, et de l'étain dans les îles Britanniques. Nous
emportâmes avec nous des toiles de lin, des modè-
les de chariots, de charrues et de divers métiers; des
cruches de vin, des instrumens de musique, des
graines de toute espèce, entre autres, celle du
chanvre et du lin. Nous fîmes attacher dans des cais-
ses, autour de la poupe du vaisseau, sur son pont
et jusque dans ses cordages, des ceps de vignes qui
étoient en fleur et des arbres fruitiers de plusieurs

sortes. On auroit pris notre vaisseau, couvert de
pampres et de feuillages, pour celui de Bacchus
allant à la conquête des Indes.

Nous mouillâmes d'abord sur les côtes de l'île de
Crète, pour y prendre des plantes convenables au
climat des Gaules. Cette île nourrit une plus grande
quantité de végétaux que l'Egypte, dont elle est
voisine, par la variété de ses températures, qui s'é-
tendent depuis les sables chauds de ses rivages,
jusqu'au pied des neiges qui couvrent le mont Ida,
dont le sommet se perd dans les nues. Mais ce qui
doit être encore bien plus cher à ses habitans, elle
est gouvernée par les sages loix de Minos.

Un vent favorable nous poussa ensuite de la
Crète à la hauteur de Mélite (4). C'est une petite
île dont les collines de pierre blanche paroissent de
loin sur la mer, comme des toiles tendues au soleil.
Nous y jetâmes l'ancre pour y faire de l'eau, que
l'on y conserve très-pure dans des citernes. Nous
y aurions vainement cherché d'autres secours : cette
île manque de tout, quoique par sa situation entre
la Sicile et l'Afrique, et par la vaste étendue de son
port qui se partage en plusieurs bras, elle dût être
le centre du commerce entre les peuples de l'Europe, de l'Afrique et même de l'Asie. Ses habitans
ne vivent que de brigandages. Nous leur fîmes présent de graines de melon et de celles du xylon (5).
C'est une herbe qui se plaît dans les lieux les plus

arides, et dont la bourre sert à faire des toiles très-
blanches et très-légères. Quoique Mélite, qui n'est
qu'un rocher, ne produise presque rien pour la
subsistance des hommes et des animaux, on y prend
chaque année, vers l'équinoxe d'automne (6), une
quantité prodigieuse de cailles qui s'y reposent en
passant d'Europe en Afrique. C'est un spectacle
curieux de les voir, toutes pesantes qu'elles sont,
traverser la mer en nombre presque infini. Elles
attendent que le vent du nord souffle; et dressant
en l'air une de leurs ailes, comme une voile, et
battant de l'autre comme d'une rame, elles rasent
les flots, de leurs croupions chargés de graisse.
Quand elles arrivent dans l'île, elles sont si fati-
guées, qu'on les prend à la main. Un homme en
peut ramasser dans un jour, plus qu'il n'en peut
manger dans une année.

De Mélite, les vents nous poussèrent jusqu'aux
îles d'Enosis (7), qui sont à l'extrémité méridionale
de la Sardaigne. Là, ils devinrent contraires, et
nous obligèrent de mouiller. Ces îles sont des écueils
sablonneux, qui ne produisent rien; mais par une
merveille de la providence des Dieux, qui dans les
lieux les plus stériles, sait nourrir les hommes de
mille manières différentes, elle a donné des thons
à ses sables, comme elle a donné des cailles au
rocher de Mélite. Au printemps, les thons qui
entrent de l'Océan dans la Méditerranée, passent

en si grande quantité entre la Sardaigne et les îles
d'Enosis, que leurs habitans sont occupés nuit et
jour à les pêcher, à les saler et à en tirer de l'huile.
J'ai vu, sur leurs rivages, des monceaux d'os brû-
lés de ces poissons, plus hauts que cette maison.
Mais ce présent de la nature ne rend pas les insulaires plus riches. Ils pêchent pour le profit des habitans de la Sardaigne. Ainsi nous ne vîmes que des
esclaves aux îles d'Enosis, et des tyrans à Mélite.

Les vents étant devenus favorables, nous partî-
mes après avoir fait présent aux habitans d'Enosis
de quelques ceps de vigne, et en avoir reçu de
jeunes plants de châtaigniers qu'ils tirent de la Sardaigne, où les fruits de ces arbres viennent d'une
grosseur considérable.

Pendant le voyage, Céphas me faisoit remarquer
les aspects variés des terres, dont la nature n'a fait
aucune semblable en qualité et en forme, afin que
diverses plantes et divers animaux pussent trouver,
dans le même climat, des températures différentes.
Quand nous n'apercevions que le ciel et l'eau, il me
faisoit observer les hommes. Il me disoit : « Voyez
» ces gens de mer, comme ils sont robustes ! vous
» les prendriez pour des tritons. L'exercice du corps
» est l'aliment de la santé (8). Il dissipe une infinité
» de maladies et de passions qui naissent dans le
» repos des villes. Les Dieux ont planté la vie humaine
» comme les chênes de mon pays. Plus ils sont battus

» des vents, plus ils sont vigoureux. La mer, me
» disoit-il encore, est une école de toutes les vertus.
» On y vit dans des privations et dans des dangers
» de toute espèce. On est forcé d'y être courageux,
» sobre, chaste, prudent, patient, vigilant, reli-
» gieux ». Mais, lui répondis-je, pourquoi la plupart de nos compagnons de voyage n'ont-ils aucune
de ces qualités-là ? Ils sont presque tous intempé-
rans, violens, impies, louant ou blâmant sans discernement tout ce qu'ils voient faire.

« Ce n'est point la mer qui les a corrompus,
» reprit Céphas ; ils y ont apporté leurs passions de
» la terre. C'est l'amour des richesses, la paresse,
» le desir de se livrer à toutes sortes de désordres
» quand ils sont à terre, qui déterminent un grand
» nombre d'hommes à voyager sur la mer pour s'en-
» richir ; et comme ils ne trouvent qu'avec beau-
» coup de peine les moyens de se satisfaire sur cet
» élément, vous les voyez toujours inquiets, som-
» bres et impatiens, parce qu'il n'y a rien de si
» mauvaise humeur que le vice, quand il se trouve
» dans le chemin de la vertu. Un vaisseau est le
» creuset où s'éprouvent les qualités morales. Le
» méchant y empire, et le bon y devient meilleur.
» Mais la vertu tire parti de tout. Profitez de leurs
» défauts. Vous apprendrez ici à mépriser également
» l'injure et les vains applaudissemens, à mettre
» votre contentement en vous-même, et à ne

IV.   Y

» prendre que les Dieux pour témoins de vos actions.
» Celui qui veut faire du bien aux hommes, doit
» s'exercer de bonne heure à en recevoir du mal.
» C'est par les travaux du corps et par l'injustice des
» hommes, que vous fortifierez à la fois votre corps
» et votre ame. C'est ainsi qu'Hercule a acquis ce
» courage et cette force prodigieuse qui ont porté
» sa gloire jusqu'aux astres ».

Je suivois donc, autant que je le pouvois, les
conseils de mon ami. Malgré mon extrême jeunesse, je travaillois à lever les lourdes antennes et
à manœuvrer les voiles; mais à la moindre raillerie
de mes compagnons qui se moquoient de mon
inexpérience, j'étois tout déconcerté. Il m'étoit
plus facile de m'exercer contre les tempêtes que
contre les mépris des hommes, tant mon éducation
m'avoit déjà rendu sensible à l'opinion d'autrui.

Nous passâmes le détroit qui sépare l'Afrique de
l'Europe, et nous vîmes, à droite et à gauche, les
deux montagnes Calpé et Abila qui en fortifient l'entrée. Nos matelots phéniciens ne manquèrent pas
de nous faire observer que leur nation étoit la première de toutes celles de la terre, qui avoit osé
pénétrer dans le vaste Océan, et côtoyer ses rivages
jusque sous l'Ourse glacée. Ils mirent sa gloire fort
au-dessus de celle d'Hercule, qui avoit planté,
disoient-ils, deux colonnes à ce passage, avec l'inscription : ON NE VA POINT AU-DELA, comme si le

terme de ses travaux devoit être celui des courses du genre humain. Céphas, qui ne négligeoit aucune occasion de rappeler les hommes à la justice, et de rendre hommage à la mémoire des héros, leur disoit : « J'ai toujours ouï dire qu'il falloit respecter les » anciens. Les inventeurs en chaque science sont » les plus dignes de louange, parce qu'ils en ouvrent » la carrière aux autres hommes. Il est peu difficile » ensuite à ceux qui viennent après eux d'aller plus » avant. Un enfant, monté sur les épaules d'un grand » homme, voit plus loin que celui qui le porte ». Mais Céphas leur parloit en vain ; ils ne daignèrent pas rendre le moindre honneur à la mémoire du fils d'Alcmène. Pour nous, nous vénérâmes les rivages de l'Espagne, où il avoit tué Gérion à trois corps ; nous couronnâmes nos têtes de branches de peuplier, et nous versâmes en son honneur, du vin de Thasos dans les flots.

Bientôt nous découvrîmes les profondes et verdoyantes forêts qui couvrent la Gaule Celtique. C'est un fils d'Hercule, appelé Galatès, qui donna à ses habitans le surnom de Galates, ou de Gaulois. Sa mère, fille d'un roi des Celtes, étoit d'une grandeur prodigieuse. Elle dédaignoit de prendre un mari parmi les sujets de son père ; mais quand Hercule passa dans les Gaules, après la défaite de Gérion, elle ne put refuser son cœur et sa main au vainqueur d'un tyran. Nous entrâmes ensuite dans

le canal qui sépare la Gaule des îles Britanniques ;
et en peu de jours nous parvînmes à l'embouchure
de la Seine, dont les eaux vertes se distinguent en
tout temps des flots azurés de la mer.

J'étois au comble de la joie. Nous étions près
d'arriver. Nos arbres étoient frais et couverts de
feuilles. Plusieurs d'entr'eux, entr'autres, les ceps de
vigne, avoient des fruits mûrs. Je pensois au bon
accueil qu'alloient nous faire des peuples dénués
des principaux biens de la nature, lorsqu'ils nous
verroient débarquer sur leurs rivages avec les plus
douces productions de l'Egypte et de la Crète. Les
seuls travaux de l'agriculture suffisent pour fixer les
peuples errans et vagabonds, et leur ôter le désir
de soutenir, par la violence, la vie humaine que la
nature entretient par tant de bienfaits. Il ne faut
qu'un grain de blé, me disois-je, pour policer tous
les Gaulois, par les arts que l'agriculture fait naître.
Cette seule graine de lin suffit pour les vêtir un jour.
Ce cep de vigne est suffisant pour répandre à per-
pétuité la gaîté et la joie dans leurs festins. Je sentois alors combien les ouvrages de la nature sont
supérieurs à ceux des hommes. Ceux-ci dépérissent
dès qu'ils commencent à paroître ; les autres, au
contraire, portent en eux l'esprit de vie qui les
propage. Le temps qui détruit les monumens des
arts, ne fait que multiplier ceux de la nature. Je
voyois dans une seule semence plus de vrais biens

renfermés ; qu'il n'y en a en Egypte dans les trésors des rois.

Je me livrois à ces divines et humaines spéculations ; et, dans les transports de ma joie, j'embrassois Céphas qui m'avoit donné une si juste idée des biens des peuples et de la véritable gloire. Cependant, mon ami remarqua que le pilote se préparoit à remonter la Seine, à l'embouchure de laquelle nous étions alors. La nuit s'approchoit ; le vent souffloit de l'occident, et l'horizon étoit fort chargé. Céphas dit au pilote : « Je vous conseille de » ne point entrer dans le fleuve ; mais plutôt de jeter » l'ancre dans ce port aimé d'Amphitrite, que vous » voyez sur la gauche. Voici ce que j'ai ouï raconter » à ce sujet à nos anciens.

» La Seine, fille de Bacchus et nymphe de Cérès, » avoit suivi dans les Gaules la Déesse des blés, » lorsqu'elle cherchoit sa fille Proserpine par toute » la terre. Quand Cérès eut mis fin à ses courses, la » Seine la pria de lui donner, en récompense de » ses services, ces prairies que vous voyez là-bas. » La Déesse y consentit, et accorda de plus, à la » fille de Bacchus, de faire croître des blés par-tout » où elle porteroit ses pas. Elle laissa donc la Seine » sur ses rivages, et lui donna pour compagne et » pour suivante, la nymphe Héva, qui devoit veiller » près d'elle, de peur qu'elle ne fût enlevée par » quelque Dieu de la mer, comme sa fille Proser-

» pine l'avoit été par celui des enfers. Un jour que
» la Seine s'amusoit à courir sur ces sables en cher-
» chant des coquilles, et qu'elle fuyoit, en jetant
» de grands cris, devant les flots de la mer qui quel-
» quefois lui mouilloient la plante des pieds, et
» quelquefois l'atteignoient jusqu'aux genoux, Héva
» sa compagne aperçut sous les ondes les chevaux
» blancs, le visage empourpré et la robe bleue de
» Neptune. Ce Dieu venoit des Orcades après un
» grand tremblement de terre, et il parcouroit les
» rivages de l'Océan, examinant, avec son trident,
» si leurs fondemens n'avoient point été ébranlés.
» A sa vue, Héva jeta un grand cri, et avertit la
» Seine, qui s'enfuit aussi-tôt vers les prairies. Mais
» le Dieu des mers avoit aperçu la nymphe de Cérès,
» et, touché de sa bonne grace et de sa légèreté,
» il poussa sur le rivage ses chevaux marins après
» elle. Déjà il étoit près de l'atteindre, lorsqu'elle
» invoqua Bacchus son père, et Cérès sa maîtresse.
» L'une et l'autre l'exaucèrent : dans le temps que
» Neptune tendoit les bras pour la saisir, tout le
» corps de la Seine se fondit en eau; son voile et ses
» vêtemens verts, que les vents poussoient devant
» elle, devinrent des flots couleur d'émeraude;
» elle fut changée en un fleuve de cette couleur,
» qui se plaît encore à parcourir les lieux qu'elle a
» aimés étant nymphe. Ce qu'il y a de plus remar-
» quable, c'est que Neptune, malgré sa métamor-

» phose, n'a cessé d'en être amoureux, comme on
» dit que le fleuve Alphée l'est encore en Sicile de
» la fontaine Aréthuse. Mais si le Dieu des mers a
» conservé son amour pour la Seine, la Seine garde
» encore son aversion pour lui. Deux fois par jour,
» il la poursuit avec de grands mugissemens ; et
» chaque fois, la Seine s'enfuit dans les prairies en
» remontant vers sa source, contre le cours naturel
» des fleuves. En tout temps, elle sépare ses eaux
» vertes des eaux azurées de Neptune.

» Héva mourut du regret de la perte de sa maî-
» tresse. Mais les Néréides, pour la récompenser de
» sa fidélité, lui élevèrent sur le rivage un tombeau
» de pierres blanches et noires, qu'on aperçoit de
» fort loin. Par un art céleste, elles y enfermèrent
» même un écho, afin qu'Héva, après sa mort,
» prévînt par l'ouïe et par la vue les marins des
» dangers de la terre, comme, pendant sa vie, elle
» avoit averti la nymphe de Cérès des dangers de la
» mer. Vous voyez d'ici son tombeau. C'est cette
» montagne escarpée, formée de couches funèbres
» de pierres blanches et noires. Elle porte toujours
» le nom de Héva (9). Vous voyez, à ces amas de
» caillous dont sa base est couverte, les efforts de
» Neptune irrité pour en ronger les fondemens ; et
» vous pouvez entendre d'ici les mugissemens de
» la montagne qui avertit les gens de mer de pren-
» dre garde à eux. Pour Amphitrite, touchée du

» malheur de la Seine et de l'infidélité de Neptune,
» elle pria les Néréides de creuser cette petite baie
» que vous voyez sur votre gauche, à l'embouchure
» du fleuve ; et elle voulut qu'elle fût en tout temps
» un havre assuré contre les fureurs de son époux.
» Entrez-y donc maintenant, si vous m'en croyez,
» pendant qu'il fait jour. Je puis vous certifier que
» j'ai vu souvent le Dieu des mers poursuivre la
» Seine bien avant dans les campagnes, et renverser
» tout ce qui se rencontroit sur son passage. Gardez-
» vous donc de vous trouver sur le chemin d'un
» Dieu que l'amour met en fureur.

» Il faut, répondit le pilote à Céphas, que vous
» me preniez pour un homme bien stupide, de me
» faire de pareils contes à mon âge. Il y a quarante
» ans que je navigue. J'ai mouillé de nuit et de jour
» dans la Tamise, pleine d'écueils, et dans le Tage,
» qui est si rapide ; j'ai vu les cataractes du Nil,
» qui font un bruit affreux ; et jamais je n'ai vu,
» ni ouï rien dire de semblable à ce que vous venez
» de me raconter. Je ne serai pas assez fou de m'ar-
» rêter ici à l'ancre, tandis que le vent est favorable
» pour remonter le fleuve. Je passerai la nuit dans
» son canal ; et j'y dormirai bien profondément ».

Il dit, et de concert avec les matelots il fit une
huée, comme les hommes présomptueux et ignorans ont coutume de faire, quand on leur donne
des avis dont ils ne comprennent pas le sens.

Céphas alors s'approcha de moi, et me demanda si je savois nager. Non, lui répondis-je. J'ai appris en Egypte tout ce qui pouvoit me faire honneur parmi les hommes, et presque rien de ce qui pouvoit m'être utile à moi-même. Il me dit : « Ne nous » quittons pas ; tenons-nous près de ce banc de ra- » meurs, et mettons toute notre confiance dans les » dieux ».

Cependant le vaisseau poussé par le vent, et sans doute aussi par la vengeance d'Hercule, entra dans le fleuve à pleine voile. Nous évitâmes d'abord trois bancs de sable qui sont à son embouchure ; ensuite, nous étant engagés dans son canal, nous ne vîmes plus autour de nous qu'une vaste forêt qui s'éten- doit jusque sur ses rivages. Nous n'apercevions dans ce pays d'autres marques d'habitation, que quel- ques fumées qui s'élevoient çà et là au-dessus des arbres. Nous voguâmes ainsi jusqu'à ce que la nuit nous empêchant de rien distinguer, le pilote laissa tomber l'ancre.

Le vaisseau, chassé d'un côté par un vent frais, et de l'autre par le cours du fleuve, vint en travers dans le canal. Mais malgré cette position dangereuse, nos matelots se mirent à boire et à se réjouir, se croyant à l'abri de tout danger, parce qu'ils se voyoient entourés de la terre de toutes parts. Ils furent ensuite se coucher, sans qu'il en restât un seul pour veiller à la manœuvre.

Nous étions restés sur le pont, Céphas et moi, assis sur un banc de rameurs. Nous bannissions le sommeil de nos yeux, en nous entretenant du spectacle majestueux des astres qui rouloient sur nos têtes. Déjà la constellation de l'Ourse étoit au milieu de son cours, lorsque nous entendîmes au loin un bruit sourd, mugissant, semblable à celui d'une cataracte. Je me levai imprudemment, pour voir ce que ce pouvoit être. J'aperçus (10), à la blancheur de son écume, une montagne d'eau qui venoit à nous du côté de la mer, en se roulant sur elle-même. Elle occupoit toute la largeur du fleuve, et surmontant ses rivages à droite et à gauche, elle se brisoit avec un fracas horrible parmi les troncs des arbres de la forêt. Dans l'instant elle fut sur notre vaisseau, et le rencontrant en travers, elle le coucha sur le côté : ce mouvement me fit tomber dans l'eau. Un moment après, une seconde vague, encore plus élevée que la première, fit tourner le vaisseau tout-à-fait. Je me souviens qu'alors j'entendis sortir une multitude de cris sourds et étouffés de cette carène renversée ; mais voulant appeler moi-même mon ami à mon secours, ma bouche se remplit d'eau salée, mes oreilles bourdonnèrent, je me sentis emporter avec une extrême rapidité, et bientôt après je perdis toute connoissance.

Je ne sais combien de temps je restai dans l'eau, mais quand je revins à moi, j'aperçus vers l'occident l'arc d'Iris dans les cieux ; et du côté de l'orient les premiers feux de l'aurore, qui coloroient les nuages d'argent et de vermillon. Une troupe de jeunes filles fort blanches, demi-vêtues de peaux, m'entouroient. Les unes me présentoient des liqueurs dans des coquilles, d'autres m'essuyoient avec des mousses, d'autres me soutenoient la tête avec leurs mains. Leurs cheveux blonds, leurs joues vermeilles, leurs yeux bleus, et je ne sais quoi de céleste que la pitié met sur le visage des femmes, me firent croire que j'étois dans les cieux, et que j'étois servi par les Heures qui en ouvrent chaque jour les portes aux malheureux mortels. Le premier mouvement de mon cœur fut de vous chercher, et le second fut de vous demander, ô Céphas ! Je ne me serois pas cru heureux, même dans l'Olympe, si vous eussiez manqué à mon bonheur. Mais mon illusion se dissipa, lorsque j'entendis ces jeunes filles prononcer de leurs bouches de roses, un langage inconnu et barbare. Je me rappelai alors peu à peu les circonstances de mon naufrage. Je me levai. Je voulus vous chercher ; mais je ne savois où vous retrouver. J'errois aux environs au milieu des bois. J'ignorois si le fleuve où nous avions fait naufrage étoit près ou loin, à ma droite ou à ma gauche ; et pour surcroît d'embarras, je ne pouvois interroger personne sur sa position.

Après y avoir un peu réfléchi, je remarquai que

les herbes étoient humides et le feuillage des arbres
d'un vert brillant, d'où je conclus qu'il avoit plu
abondamment la nuit précédente. Je me confirmai
dans cette idée à la vue de l'eau qui couloit encore
en torrens jaunes le long des chemins. Je pensai
que ces eaux devoient se jeter dans quelque ruisseau, et le ruisseau dans le fleuve. J'allois suivre
ces indications, lorsque des hommes sortis d'une
cabane voisine, me forcèrent d'y entrer d'un ton
menaçant. Je m'aperçus alors que je n'étois plus
libre, et que j'étois esclave chez des peuples où je
m'étois flatté d'être honoré comme un Dieu.

J'en atteste Jupiter, ô Céphas! le déplaisir d'avoir
fait naufrage au port, de me voir réduit en servitude par ceux que j'étois venu servir de si loin,
d'être relégué dans une terre barbare où je ne pouvois me faire entendre de personne, loin du doux
pays de l'Egypte et de mes parens, n'égala pas le
chagrin de vous avoir perdu. Je me rappelois la
sagesse de vos conseils, votre confiance dans les
dieux, dont vous me faisiez sentir la providence au
milieu même des plus grands maux; vos observations sur les ouvrages de la nature, qui la remplissoient pour moi de vie et de bienveillance; le calme
où vous saviez tenir toutes mes passions : et je sentois, par les nuages qui s'élevoient dans mon cœur,
que j'avois perdu en vous le premier des biens, et
qu'un ami sage est le plus grand présent que la

bonté des dieux puisse accorder à un homme.

Je ne pensois donc qu'au moyen de vous retrouver, et je me flattois d'y réussir en m'enfuyant au milieu de la nuit, si je pouvois seulement me rendre au bord de la mer. Je savois bien que je ne pouvois pas en être fort éloigné ; mais j'ignorois de quel côté elle étoit. Il n'y avoit point aux environs de hauteur d'où je pusse la découvrir. Quelquefois je montois au sommet des plus grands arbres ; mais je n'apercevois que la surface de la forêt qui s'étendoit jusqu'à l'horizon. Souvent j'étois attentif au vol des oiseaux, pour voir si je n'apercevrois pas quelque oiseau de marine venant à terre faire son nid dans la forêt, ou quelque pigeon sauvage allant picorer le sel sur les bords de la mer. J'aurois préféré mille fois d'entendre les cris perçans des mauves, lorsqu'elles viennent dans les tempêtes se réfugier sur les rochers, au plus doux chant des rouges-gorges, qui annonçoient déjà dans les feuilles jaunies des bois, la fin des beaux jours.

Une nuit que j'étois couché, je crus entendre au loin le bruit que font les flots de la mer lorsqu'ils se brisent sur ses rivages ; il me sembla même que je distinguois le tumulte des eaux de la Seine poursuivie par Neptune. Leurs mugissemens qui m'avoient transi d'horreur, me comblèrent alors de joie. Je me levai, je sortis de la cabane, et je prêtai une oreille attentive ; mais bientôt des rumeurs

qui venoient de diverses parties de l'horizon con-
fondirent tous mes jugemens, et je reconnus que
c'étoient les murmures des vents qui agitoient au
loin les feuillages des chênes et des hêtres.

Quelquefois j'essayois de faire entendre aux sauvages de ma cabane que j'avois perdu un ami. Je
mettois la main sur mes yeux, sur ma bouche et sur
mon cœur ; je leur montrois l'horizon ; je levois au
ciel mes mains jointes, et je versois des larmes. Ils
comprenoient ce langage muet de ma douleur ; car
ils pleuroient avec moi ; mais par une contradiction
dont je ne pouvois me rendre raison, ils redou-
bloient de précautions pour m'empêcher de m'éloigner d'eux.

Je m'appliquai donc à apprendre leur langue, afin
de les instruire de mon sort et de les y rendre sensibles. Ils s'empressoient eux-mêmes de m'enseigner
les noms des objets que je leur montrois. L'esclavage
est fort doux chez ces peuples. Ma vie, à la liberté
près, ne différoit en rien de celle de mes maîtres.
Tout étoit commun entre nous, les vivres, le toit
et la terre, sur laquelle nous couchions enveloppés
de peaux. Ils avoient même des égards pour ma
jeunesse, et ils ne me donnoient à supporter que
la moindre partie de leurs travaux. En peu de temps
je parvins à converser avec eux. Voici ce que j'ai
connu de leur gouvernement et de leur caractère.

Les Gaules sont peuplées d'un grand nombre de

petites nations, dont les unes sont gouvernées par
des rois, d'autres par des chefs appelés iarles, mais
soumises toutes au pouvoir des druides, qui les
réunissent sous une même religion et les gouvernent
avec d'autant plus de facilité, que mille coutumes
différentes les divisent. Les druides ont persuadé à
ces nations qu'elles descendoient de Pluton, dieu
des enfers, qu'ils appellent Hæder ou l'Aveugle.
C'est pourquoi les Gaulois comptent par nuits et non
point par jours, et ils comptent les heures du jour du
milieu de la nuit, contre la coutume de tous les
peuples. Ils adorent plusieurs autres dieux aussi
terribles que Hæder, tels que Niorder, le maître
des vents, qui brise les vaisseaux sur leurs côtes,
afin, disent-ils, de leur en procurer le pillage.
Ainsi ils croient que tout vaisseau qui périt sur leurs
rivages leur est envoyé par Niorder. Ils ont de plus
Thor ou Theutatès, le dieu de la guerre, armé d'une
massue qu'il lance du haut des airs; ils lui donnent
des gants de fer, et un baudrier qui redouble sa
fureur quand il en est ceint: Tir, aussi cruel; le
taciturne Vidar, qui porte des souliers fort épais,
avec lesquels il peut marcher dans l'air et sur l'eau
sans faire de bruit; Hemdal à la dent d'or, qui voit
le jour et la nuit: il entend le bruit le plus léger,
même celui que fait l'herbe ou la laine quand elle
croît; Ouller, le dieu de la glace, chaussé de pa-
tins; Loke, qui eut trois enfans de la géante An-

gherbode, la messagère de douleur, savoir : le loup
Fenris, le serpent de Midgard et l'impitoyable Héla.
Héla est la mort. Ils disent que son palais est la
misère, sa table la famine, sa porte le précipice,
son vestibule la langueur, son lit la consomption.
Ils ont encore plusieurs autres dieux, dont les exploits sont aussi féroces que les noms : Hérian, Rif-
findi, Svidur, Svidrer, Salsk, qui veulent dire, le
guerrier, le bruyant, l'exterminateur, l'incendiaire,
le père du carnage. Les druides honorent ces divinités (11) avec des cérémonies lugubres, des chants
lamentables et des sacrifices humains. Ce culte
affreux leur donne tant de pouvoir sur les esprits
effrayés des Gaulois, qu'ils président à tous leurs
conseils, et décident de toutes les affaires. Si quelqu'un s'oppose à leurs jugemens, ils le privent de
la communion de leurs mystères (12), et dès ce
moment il est abandonné de tout le monde, même
de sa femme et de ses enfans. Mais il est rare qu'on
ose leur résister, car ils se chargent seuls de l'éducation de la jeunesse, afin de lui imprimer de bonne
heure et d'une manière inaltérable ces opinions horribles.

Quant aux iarles ou nobles, ils ont droit de vie
et de mort sur leurs vassaux. Ceux qui vivent sous
des rois leur payent la moitié du tribut qu'ils lèvent
sur les peuples. D'autres les gouvernent entièrement
à leur profit. Les plus riches donnent des festins aux

plus pauvres de leur classe, qui les accompagnent
à la guerre et font vœu de mourir avec eux. Ils sont
très-braves. S'ils rencontrent à la chasse un ours,
le principal d'entre eux met bas ses flèches, attaque
seul l'animal, et le tue d'un coup de couteau. Si le
feu prend à leur maison, ils ne la quittent point
qu'ils ne voient tomber sur eux les solives enflam-
mées. D'autres, sur le bord de la mer, s'opposent,
la lance ou l'épée à la main, aux vagues qui brisent
sur le rivage. Ils mettent la valeur à résister non-
seulement aux ennemis et aux bêtes féroces, mais
même aux élémens. La valeur leur tient lieu de justice. Ils ne décident leurs différends que par les
armes, et regardent la raison comme la ressource
de ceux qui n'ont point de courage. Ces deux classes
de citoyens, dont l'une emploie la ruse et l'autre la
force pour se faire craindre, se balancent entre elles;
mais elles se réunissent pour tyranniser le peuple,
qu'elles traitent avec un souverain mépris. Jamais
un homme du peuple ne peut parvenir, chez les
Gaulois, à remplir aucune charge publique. Il semble
que cette nation n'est faite que pour ses prêtres et
pour ses grands. Au lieu d'être consolée par les uns
et protégée par les autres, comme la justice le re-
quiert, les druides ne l'effraient que pour que les
iarles l'oppriment.

On ne trouveroit cependant nulle part des hommes
qui aient de meilleures qualités que les Gaulois. Ils

IV.   z

sont fort ingénieux, et ils excellent dans plusieurs
genres d'industrie qu'on ne trouve point ailleurs. Ils
couvrent d'étain des plaques de fer (13) avec tant
d'art, qu'on les prendroit pour des plaques d'argent.
Ils assemblent des pièces de bois avec une si grande
justesse, qu'ils en forment des vases capables de
contenir toutes sortes de liqueurs. Ce qu'il y a de
plus étrange, c'est qu'ils savent y faire bouillir de
l'eau sans les brûler. Ils font rougir des cailloux au
feu, et les jettent dans l'eau contenue dans le vase
de bois, jusqu'à ce qu'elle prenne le degré de chaleur qu'ils veulent lui donner. Il savent encore allumer du feu sans se servir d'acier ni de caillou, en
frottant ensemble du bois de lierre et de laurier.
Les qualités de leur cœur surpassent encore celles
de leur esprit. Ils sont très-hospitaliers. Celui qui a
peu, le partage de bon cœur avec celui qui n'a rien.
Ils aiment leurs enfans avec tant de passion, que
jamais ils ne les maltraitent. Ils se contentent de les
ramener à leur devoir par des remontrances. Il résulte de cette conduite, qu'en tout temps la plus
tendre affection unit tous les membres de leurs familles, et que les jeunes gens y écoutent avec le
plus grand respect les conseils des vieillards.

Cependant ce peuple seroit bientôt détruit par la
tyrannie de ses chefs, s'il ne leur opposoit leurs
propres passions. Quand il arrive des querelles parmi
les nobles, il est si persuadé que c'est aux armes à

les décider, et que la raison n'y peut rien, qu'il les force, pour mériter son estime, de se battre jusqu'à la mort. Ce préjugé populaire détruit beaucoup d'iarles. D'un autre côté, il est si convaincu des choses terribles que les druides racontent de leurs dieux, et la peur, comme c'est l'ordinaire, lui fait ajouter à leurs traditions des circonstances si effrayantes, que ses prêtres bien souvent tremblent plus que lui devant les idoles qu'ils ont eux-mêmes fabriquées. J'ai bien reconnu parmi eux la vérité de cette maxime de nos livres sacrés, qui dit que Jupiter a voulu que le mal que l'on fait aux hommes rejaillît sept fois sur son auteur, afin que personne ne pût trouver son bonheur dans le malheur d'autrui.

Il y a çà et là, parmi quelques peuples des Gaules, des rois qui fortifient leur autorité en prenant la défense des plus foibles; mais ce qui préserve la nation de sa ruine totale, ce sont les femmes. Egalement opprimées par les loix des druides et par les mœurs féroces des iarles, elles sont réduites au plus dur esclavage. Elles sont chargées des offices les plus pénibles, comme de labourer la terre, d'aller dans les bois chercher le gibier des chasseurs, de porter les bagages des hommes dans les voyages. Elles sont de plus assujetties toute leur vie à obéir à leurs propres enfans. Chaque mari a droit de vie et de mort sur la sienne; et lorsqu'il meurt, si on soupçonne sa mort de n'être pas naturelle, on donne la question à sa femme ; si elle s'avoue coupable par la violence des tourmens, on la condamne au feu (14).

Ce sexe malheureux triomphe de ses tyrans par leurs propres opinions. Comme c'est la vanité qui les domine, les femmes les tournent en ridicule. Une simple chanson leur suffit pour détruire le résultat des assemblées les plus graves. Le peuple, et sur-tout les jeunes gens, toujours prêts à les servir, font courir cette chanson par les bourgs et les hameaux : on la chante le jour et la nuit. Celui qui en est le sujet, quel qu'il soit, n'ose plus se montrer. De là il arrive que les femmes, si foibles en particulier, jouissent en général du plus grand pouvoir. Soit crainte du ridicule, soit expérience des lumières des femmes, les chefs n'entreprennent rien sans les consulter. Elles décident de la paix et de la guerre. Comme elles sont forcées par les maux de la société de renoncer à ses opinions et de se réfugier entre les bras de la nature, elles ne sont ni aveuglées ni endurcies par les préjugés des hommes. De là vient qu'elles voient plus sainement qu'eux dans les affaires publiques, et prévoient avec beaucoup de justesse les événemens futurs. Le peuple, dont elles soulagent les maux, frappé de leur trouver souvent plus de discernement qu'à ses chefs, sans en pénétrer les causes, se plaît à leur attribuer quelque chose de divin (15).

Ainsi les Gaulois passent successivement et rapidement de la tristesse à la crainte, et de la crainte à la joie. Les druides les épouvantent, les iarles les maltraitent, les femmes les font rire, chanter et danser. Leur religion, leurs loix et leurs mœurs étant sans cesse en contradiction, ils vivent dans une inconstance perpétuelle, qui fait leur caractère principal. Voilà encore pourquoi ils sont très-curieux de nouvelles, et de savoir ce qui se passe chez les étrangers. C'est par cette raison qu'on en trouve beaucoup hors de leur Patrie, dont ils aiment à sortir comme tous les hommes qui y sont malheureux.

Ils méprisent les laboureurs, et ils négligent par conséquent l'agriculture, qui est la base de la félicité publique. Quand nous arrivâmes dans leur pays, ils ne cultivoient que les grains qui peuvent croître dans le cours d'un été, comme les féves, les lentilles, l'avoine, le petit mil, le seigle et l'orge. On n'y trouvoit que bien peu de froment. Cependant la terre y est très-féconde en productions naturelles. Il y a beaucoup de pâturages excellens le long des rivières. Les forêts y sont élevées et remplies de toutes sortes d'arbres fruitiers sauvages. Comme ils manquent souvent de vivres, ils m'employoient à en chercher dans les champs et dans les bois. Je trouvois dans les prairies des gousses d'ail, des racines de daucus et de filipendule. Je revenois quel-

quefois chargé de baies de mirtiles , de faînes de
hêtres, de prunes , de poires , de pommes , que
j'avois cueillies dans la forêt. Ils faisoient cuire ces
fruits, dont la plupart ne peuvent se manger cruds ,
tant ils sont âpres. Mais il s'y trouve des arbres qui
en produisent d'un goût excellent. J'y ai souvent
admiré des pommiers chargés de fruits d'une couleur
si éclatante , qu'on les eût pris pour les plus belles
fleurs.

Voici ce qu'ils racontent au sujet de ces pommiers, qui y croissent en abondance et de la plus
grande beauté. Ils disent que la belle Thétis , qu'ils
appellent Friga , jalouse de ce qu'à ses propres
noces, Vénus , qu'ils appellent Siofne , eût rem-
porté la pomme qui étoit le prix de la beauté sans
qu'on l'eût mise seulement dans la concurrence des
trois déesses , résolut de s'en venger. Un jour donc
que Vénus descendue sur cette partie du rivage des
Gaules, y cherchoit des perles pour sa parure , et
des coquillages appelés manches de couteau pour
son fils Sifionne (16) , un triton lui déroba sa
pomme , qu'elle avoit mise sur un rocher , et la
porta à la déesse des mers. Aussi-tôt Thétis en sema
les pepins dans les campagnes voisines pour y perpétuer le souvenir de sa vengeance et de son triomphe.
Voilà, disent les Gaulois Celtiques , la cause du grand
nombre de pommiers qui croissent dans leur pays ,
et de la beauté singulière de leurs filles (17).

L'hiver vint, et je ne saurois vous exprimer
quel fut mon étonnement, lorsque je vis, pour la
première fois de ma vie, le ciel se dissoudre en
plumes blanches, comme celles des oiseaux, l'eau
des fontaines se changer en pierre, et les arbres se
dépouiller entièrement de leurs feuillages. Je n'avois
jamais rien vu de semblable en Egypte. Je crus que
les Gaulois ne tarderoient pas à mourir comme les
plantes et les élémens de leur pays ; et sans doute
la rigueur de l'air n'auroit pas manqué de me faire
mourir moi-même, s'ils n'avoient pris le plus grand
soin de me vêtir de fourrures. Mais qu'il est aisé à
un homme sans expérience de se tromper ! Je ne
connoissois pas les ressources de la nature pour
chaque saison, comme pour chaque climat. L'hiver
est pour ces peuples septentrionaux le temps des
festins et de l'abondance. Les oiseaux de rivière,
les élans, les taureaux sauvages, les lièvres, les
cerfs, les sangliers, abondent alors dans leurs
forêts, et s'approchent de leurs cabanes. On en
tue des quantités prodigieuses. Je ne fus pas moins
surpris, quand je vis le printemps revenir, et étaler
dans ces lieux désolés une magnificence que je ne
lui avois jamais vue sur les bords même du Nil. Les
rubus, les framboisiers, les églantiers, les fraisiers,
les primevères, les violettes et beaucoup d'autres
fleurs inconnues à l'Egypte, bordoient les lisières
verdoyantes des forêts. Quelques-unes, comme les

chèvrefeuilles, grimpoient sur les troncs des chênes, et suspendoient à leurs rameaux leurs guir-
landes parfumées. Les rivages, les rochers, les montagnes, les bois, tout étoit revêtu d'une pompe à-
la-fois magnifique et sauvage. Un si touchant spectacle redoubla ma mélancolie. Heureux, me disois-
je, si parmi tant de plantes j'en voyois s'élever une
seule de celles que j'ai apportées de l'Egypte ! Ne
fût-ce que l'humble plante du lin, elle me rappelle-
roit ma Patrie pendant ma vie; en mourant, je choi-
sirois près d'elle mon tombeau : elle apprendroit un
jour à Céphas où reposent les os de son ami, et aux
Gaulois, le nom et les voyages d'Amasis.

Un jour, pendant que je cherchois à dissiper ma
mélancolie, en voyant danser de jeunes filles sur
l'herbe nouvelle, une d'entre elles quitta la troupe
des danseuses, et s'en vint pleurer sur moi : puis,
tout-à-coup, elle se joignit à ses compagnes, et
continua de danser en jouant et folâtrant avec elles.
Je pris ce passage subit de la joie à la douleur, et de
la douleur à la joie dans cette jeune fille, pour un
effet de l'inconstance naturelle à ce peuple, et je
ne m'en mettois pas beaucoup en peine, lorsque je
vis sortir de la forêt un vieillard à barbe rousse,
revêtu d'une robe de peaux de belette. Il portoit à
sa main une branche de gui, et à sa ceinture un
couteau de caillou. Il étoit suivi d'une troupe de
jeunes gens à la fleur de l'âge, vêtus de baudriers

faits des mêmes peaux, et tenant dans leurs mains
des courges vides, des chalumeaux de fer, des cornes
de bœufs, et d'autres instrumens de leur musique
barbare.

Dès que ce vieillard parut, toutes les danses ces-
sèrent, tous les visages s'attristèrent, et tout le
monde s'éloigna de moi. Mon maître même et sa
famille, se retirèrent dans leur cabane. Ce méchant
vieillard alors s'approcha de moi, me passa une corde
de cuir autour du cou, et ses satellites me forçant
de le suivre, ils m'entraînèrent tout éperdu, comme
des loups qui emportent un mouton. Ils me conduisirent à travers la forêt jusqu'aux bords de la Seine :
là, leur chef m'arrosa de l'eau du fleuve, ensuite,
il me fit entrer dans un grand bateau d'écorce de
bouleau, où il s'embarqua lui-même avec toute sa
troupe.

Nous remontâmes la Seine pendant huit jours,
en gardant un profond silence. Le neuvième, nous
arrivâmes dans une petite ville bâtie au milieu d'une
île. Ils me débarquèrent vis-à-vis, sur la rive droite
du fleuve, et ils me conduisirent dans une grande
cabane sans fenêtres, qui étoit éclairée par des torches de sapin. Ils m'attachèrent au milieu de la
cabane à un poteau ; et ces jeunes gens, qui me
gardoient jour et nuit, armés de haches de caillou,
ne cessoient de sauter autour de moi, en soufflant
de toutes leurs forces dans leurs cornes de bœufs

et leurs fifres de fer. Ils accompagnoient leur affreuse
musique de ces horribles paroles, qu'ils chantoient
en chœur :

« O Niorder ! ô Riflindi ! ô Svidrer ! ô Héla ! ô
» Héla ! Dieu du carnage et des tempêtes, nous
» vous apportons de la chair. Recevez le sang de
» cette victime, de cet enfant de la mort. O Nior-
» der ! ô Riflindi ! ô Svidrer ! ô Héla ! ô Héla » !

En prononçant ces mots épouvantables, ils avoient
les yeux tournés dans la tête et la bouche écumante.
Enfin, ces fanatiques accablés de lassitude, s'en-
dormirent, à l'exception de l'un d'entre eux, appelé
Omfi. Ce nom, dans la langue celtique, veut dire
bienfaisant. Omfi, touché de pitié, s'approcha de
moi : « Jeune infortuné, me dit-il, une guerre
» cruelle s'est élevée entre les peuples de la Grande-
» Bretagne et ceux des Gaules. Les Bretons préten-
» dent être les maîtres de la mer qui nous sépare
» de leur île. Nous avons déjà perdu contre eux
» deux batailles navales. Le collége des Druides de
» Chartres a décidé qu'il falloit des victimes humai-
» nes, pour se rendre favorable Mars, dont le tem-
» ple est près d'ici. Le chef des Druides, qui a des
» espions par toutes les Gaules, a appris que la
» tempête t'avoit jeté sur nos côtes : il a été te cher-
» cher lui-même. Il est vieux et sans pitié. Il porte
» les noms de deux de nos Dieux les plus redouta-
» bles. Il s'appelle Tor-Tir (18). Mets donc ta con-

» fiance dans les Dieux de ton pays, car ceux des
» Gaules demandent ton sang».

Il me fut impossible de répondre à Omfi, tant
j'étois saisi de frayeur. Je le remerciai seulement
en inclinant la tête ; et aussi-tôt il s'éloigna de moi,
de peur d'être aperçu de ses compagnons.

Je me rappelai dans ce moment la raison qui
avoit obligé les Gaulois qui m'avoient fait esclave,
de m'empêcher de m'écarter de leur demeure ; ils
craignoient que je ne tombasse entre les mains des
Druides ; mais je n'avois pu vaincre ma fatale des-
tinée. Ma perte maintenant me paroissoit si certaine, que je ne croyois pas que Jupiter même pût
me délivrer de la gueule de ces tigres affamés de
mon sang. Je ne me rappelois plus, ô Céphas, ce
que vous m'aviez dit tant de fois, que les Dieux
n'abandonnent jamais l'innocence. Je ne me ressou-
venois plus même qu'ils m'avoient sauvé du naufrage. Le danger présent fait oublier les délivrances
passées. Quelquefois, je pensois qu'ils ne m'avoient
préservé des flots, que pour me livrer à une mort
mille fois plus cruelle.

Cependant, j'adressois mes prières à Jupiter, et
je goûtois une sorte de repos à m'abandonner à cette
Providence infinie qui gouverne l'univers, lorsque
les portes de ma cabane s'ouvrirent tout-à-coup, et
une troupe nombreuse de prêtres entra, ayant Tor-
Tir à leur tête, tenant toujours à sa main une branche

de gui de chêne. Aussi-tôt, la jeunesse barbare qui m'entouroit, se réveilla, et recommença ses chansons et ses danses funèbres. Tor-Tir vint à moi; il me posa sur la tête une couronne d'if, et une poignée de farine de fève; ensuite, il me mit un bâillon dans la bouche, et m'ayant délié de mon poteau, il m'attacha les mains derrière le dos. Alors, tout son cortége se mit en marche au bruit de ses lugubres instrumens, et deux Druides, me soutenant par les bras, me conduisirent au lieu du sacrifice.

Ici Tirtée, s'appercevant que le fuseau de Cyanée lui échappoit des mains, et qu'elle pâlissoit, lui dit : « Ma fille, il est temps de vous aller reposer. Son» gez que vous devez vous lever demain avant l'au» rore pour aller à la fête du mont Lycée, où vous » devez offrir, avec vos compagnes, les dons des » bergers sur les autels de Jupiter ». Cyanée toute tremblante, lui répondit : « Mon père, j'ai tout » préparé pour la fête de demain. Les couronnes de » fleurs, les gâteaux de froment, les vases de lait, » tout est prêt. Mais il n'est pas tard : la lune » n'éclaire pas le fond du vallon; les coqs n'ont » pas encore chanté; il n'est pas minuit. Permet» tez-moi, je vous en supplie, de rester jusqu'à la » fin de cette histoire. Mon père, je suis auprès de » vous, je n'aurai pas peur ».

Tirtée regarda sa fille en souriant; et s'excusant à Amasis de l'avoir interrompu, il le pria de continuer.

Nous sortîmes de la cabane, reprit Amasis, au milieu d'une nuit obscure, à la lueur enfumée des torches de sapin. Nous traversâmes d'abord un vaste champ de pierres, où l'on voyoit çà et là des squelettes de chevaux et de chiens fichés sur des pieux. De là, nous arrivâmes à l'entrée d'une grande caverne creusée dans le flanc d'un rocher tout blanc.(19). Des caillots de sang noir répandu aux environs, exhaloient une odeur infecte, et annonçoient que c'étoit le temple de Mars. Dans l'intérieur de cet affreux repaire, étoient rangés le long des murs, des têtes et des ossemens humains; et au milieu, sur une pièce de roc, s'élevoit jusqu'à la voûte une statue de fer représentant le dieu Mars. Elle étoit si difforme, qu'elle ressembloit plutôt à un bloc de fer rouillé qu'au dieu de la guerre. On y distinguoit cependant sa massue hérissée de pointes, ses gants garnis de têtes de clou, et son horrible baudrier, où étoit figurée la mort. A ses pieds étoit assis le roi du pays, ayant autour de lui les principaux de l'Etat. Une foule immense de peuple répandue au-dedans et au-dehors de la caverne, gardoit un morne silence, saisie de respect, de religion et d'effroi.

Tor-Tir leur adressant la parole à tous, leur dit : « O roi, et vous iarles rassemblés pour la défense » des Gaules, ne croyez pas triompher de vos enne- » mis sans le secours du dieu des batailles. Vos pertes » vous ont fait voir ce qu'il en coûte de négliger son

» culte redoutable. Le sang donné aux dieux épargne
» celui que versent les mortels. Les dieux ne font
» naître les hommes que pour les faire mourir. Oh!
» que vous êtes heureux que le choix de la victime
» ne soit pas tombé sur l'un d'entre vous! Lorsque
» je cherchois en moi-même quelle tête parmi nous
» leur seroit agréable, prêt à leur offrir la mienne
» pour le bien de la Patrie, Niorder, le dieu des
» mers, m'apparut dans les sombres forêts de Char-
» tres; il étoit tout dégouttant de l'onde marine. Il
» me dit d'une voix bruyante comme celle des tem-
» pêtes : J'envoie pour le salut des Gaules, un étran-
» ger sans parens et sans amis. Je l'ai jeté moi-même
» sur les rivages de l'occident. Son sang plaira aux
» dieux infernaux. Ainsi parla Niorder. Niorder
» vous aime, ô enfans de Pluton »!

Apeine Tor-Tir avoit achevé ces mots effroyables,
qu'un Gaulois assis auprès du roi s'élança jusqu'à
moi; c'étoit Céphas. « O Amasis! ô mon cher Ama-
» sis! s'écria-t-il. O cruels compatriotes! vous allez
» immoler un homme venu des bords du Nil pour
» vous apporter les biens les plus précieux de la
» Grèce et de l'Egypte! Vous commencerez donc
» par moi, qui lui en donnai le premier desir, et
» qui le touchai de pitié pour vous, si cruels envers
» lui ». En disant ces mots, il me serroit dans ses
bras et me baignoit de ses larmes. Pour moi, je
pleurois et je sanglotois, sans pouvoir lui exprimer

autrement les témoignages de ma joie. Aussi-tôt la caverne retentit de murmures et de gémissemens. Les jeunes druides pleurèrent et laissèrent tomber de leurs mains les instrumens de mon sacrifice; car la religion se tut dès que la nature parla. Cependant personne de l'assemblée n'osoit encore me délivrer des mains des sacrificateurs, lorsque les femmes se jetant au milieu d'eux, m'arrachèrent mes liens, mon bâillon et ma couronne funèbre. Ainsi ce fut pour la seconde fois que je dus la vie aux femmes dans les Gaules.

Le roi, me prenant dans ses bras, me dit : « Quoi! » c'est vous, malheureux étranger, que Céphas re- » grettoit sans cesse! O Dieux ennemis de ma Patrie, » ne nous envoyez-vous des bienfaiteurs que pour » les immoler » ! Alors il s'adressa aux chefs des nations, et leur parla avec tant de force des droits de l'humanité, que d'un commun accord ils jurèrent de ne plus réduire à l'esclavage ceux que les tem- pêtes jetteroient sur leurs côtes; de ne sacrifier à l'avenir aucun homme innocent, et de n'offrir à Mars que le sang des coupables. Tor-Tir irrité vou- lut en vain s'opposer à cette loi : il se retira en me- naçant le roi et tous les Gaulois de la vengeance prochaine des dieux.

Cependant le roi, accompagné de mon ami, me conduisit, au milieu des acclamations du peuple, dans sa ville, située dans l'île voisine. Jusqu'au mo-

ment de notre arrivée dans l'île, j'avois été si troublé, que je n'avois été capable d'aucune réflexion.
Chaque espèce de circonstance nouvelle de mon
malheur resserroit mon cœur et obscurcissoit mon
esprit. Mais dès que j'eus repris l'usage de mes sens,
et que je vins à envisager le péril extrême dont je
venois d'échapper, je m'évanouis. Oh ! que l'homme
est foible dans la joie ! il n'est fort qu'à la douleur.
Céphas me fit revenir, à la manière des Gaulois, en
m'agitant la tête et en soufflant sur mon visage.

Dès qu'il vit que j'avois recouvré l'usage de mes
sens, il me prit les mains dans les siennes, et me dit :
« O mon ami, que vous m'avez coûté de larmes !
» Dès que les flots de l'Océan, qui renversèrent notre
» vaisseau, nous eurent séparés, je me trouvai jeté,
» je ne sais comment, sur la rive droite de la Seine.
» Mon premier soin fut de vous chercher. J'allumai
» des feux sur le rivage, je vous appelai, j'engageai
» plusieurs de mes compatriotes, accourus à mes
» cris, de visiter dans leurs barques les bords du
» fleuve, pour voir s'ils ne vous trouveroient pas :
» tous nos soins furent inutiles. Le jour vint, et me
» montra notre vaisseau renversé, la carène en haut,
» tout près du rivage où j'étois. Jamais il ne me vint
» dans la pensée que vous eussiez pu aborder sur le
» rivage opposé, dans le Belgium ma patrie. Ce ne
» fut que le troisième jour, que vous croyant péri,
» je me déterminai à y passer pour y voir mes parens.

» La plupart étoient morts depuis mon absence :
» ceux qui restoient me comblèrent d'amitiés ; mais
» un frère même ne dédommage pas de la perte d'un
» ami. Je retournai presque aussi-tôt de l'autre côté
» du fleuve. On y déchargeoit notre malheureux
» vaisseau, où rien n'avoit péri que les hommes. Je
» cherchois votre corps sur le rivage de la mer, et
» je le redemandois le soir, le matin et au milieu de
» la nuit, aux nymphes de l'Océan, afin de vous
» élever un tombeau près de celui d'Héva. J'aurois
» passé, je crois, ma vie dans ces vaines recherches,
» si le roi qui règne sur les bords de ce fleuve, in-
» formé qu'un vaisseau phénicien avoit péri dans ses
» domaines, n'en avoit réclamé les effets, qui lui
» appartenoient suivant les loix des Gaules. Je fis
» donc rassembler tout ce que nous avions apporté
» de l'Egypte, jusqu'aux arbres même, qui n'avoient
» pas été endommagés par l'eau, et je me rendis
» avec ces débris auprès de ce prince. Bénissons
» donc la providence des dieux qui nous a réunis,
» et qui a rendu vos maux encore plus utiles à ma
» Patrie, que vos présens. Si vous n'eussiez pas fait
» naufrage sur nos côtes, on n'y eût pas aboli la cou-
» tume barbare de condamner à l'esclavage ceux qui
» y périssent ; et si vous n'eussiez pas été condamné
» à être sacrifié, je ne vous aurois peut-être jamais
» revu, et le sang des innocens fumeroit encore sur
» les autels du dieu Mars ».

IV.   A a

Ainsi parla Céphas. Pour le roi, il n'oublia rien
de ce qui pouvoit me faire oublier le souvenir de mes
malheurs. Il s'appeloit Bardus. Il étoit déjà avancé
en âge, et il portoit, comme son peuple, la barbe
et les cheveux longs. Son palais étoit bâti de troncs
de sapins couchés les uns sur les autres. Il n'y avoit
pour porte (20) que de grands cuirs de bœuf qui en
fermoient les ouvertures. Personne n'y faisoit la
garde, car il n'avoit rien à craindre de ses sujets;
mais il avoit employé toute son industrie pour fortifier sa ville contre les ennemis du dehors. Il l'avoit
entourée de murs faits de troncs d'arbres, entre-
mêlés de mottes de gazon, avec des tours de pierre
aux angles et aux portes. Il y avoit au haut de ces
tours des sentinelles qui veilloient jour et nuit. Le
roi Bardus avoit eu cette île de la nymphe Lutétia,
sa mère, dont elle portoit le nom. Elle n'étoit d'abord
couverte que d'arbres, et Bardus n'avoit pas un seul
sujet. Il s'occupoit à tordre, sur le bord de son île,
des cables d'écorce de tilleul, et à creuser des aulnes
pour en faire des bateaux. Il vendoit les ouvrages de
ses mains aux mariniers qui descendoient ou remontoient la Seine. Pendant qu'il travailloit, il chantoit
les avantages de l'industrie et du commerce, qui
lient tous les hommes. Les bateliers s'arrêtoient
souvent pour écouter ses chansons. Ils les répétoient
et les répandoient dans toutes les Gaules, où elles
étoient connues sous le nom de vers Bardes. Bientôt

il vint des gens s'établir dans son île, pour l'entendre chanter et pour y vivre avec plus de sûreté. Ses richesses s'accrurent avec ses sujets. L'île se couvrit de maisons, les forêts voisines se défrichèrent, et des troupeaux nombreux peuplèrent bientôt les deux rivages voisins. C'est ainsi que ce bon roi s'étoit formé un empire sans violence. Mais lorsque son île n'étoit pas encore entourée de murs, et qu'il songeoit déjà à en faire le centre du commerce dans toutes les Gaules, la guerre pensa en exterminer les habitans.

Un jour, un grand nombre de guerriers qui remontoient la Seine en canots d'écorce d'orme, débarquèrent sur son rivage septentrional, tout vis-à-vis de Lutétia. Ils avoient à leur tête le iarle Carnut, troisième fils de Tendal, prince du Nord. Carnut venoit de ravager toutes les côtes de la mer Hyperborée, où il avoit jeté l'épouvante et la désolation. Il étoit favorisé en secret dans les Gaules par les druides, qui, comme tous les hommes foibles, inclinent toujours pour ceux qui se rendent redoutables. Dès que Carnut eut mis pied à terre, il vint trouver le roi Bardus et lui dit : « Combattons, toi et » moi, à la tête de nos guerriers : le plus foible obéira » au plus fort ; car la première loi de la nature est » que tout cède à la force ». Le roi Bardus lui répondit : « O Carnut ! s'il ne s'agissoit que d'exposer ma » vie pour défendre mon peuple, je le ferois très-

» volontiers. Mais je n'exposerois pas la vie de mon
» peuple, quand il s'agiroit de sauver la mienne. C'est
» la bonté, et non la force, qui doit choisir les rois.
» La bonté seule gouverne le monde, et elle em-
» ploie, pour le gouverner, l'intelligence et la force
» qui lui sont subordonnées, comme toutes les puis-
» sances de l'univers. Vaillant fils de Tendal, puis-
» que tu veux gouverner les hommes, voyons qui
» de toi ou de moi est le plus capable de leur faire
» du bien. Voilà de pauvres Gaulois tout nus. Sans
» reproche, je les ai plusieurs fois vêtus et nourris, en
» me refusant à moi-même des habits et des alimens.
» Voyons si tu sauras pourvoir à leurs besoins ».

Carnut accepta le défi. C'étoit en automne. Il fut
à la chasse avec ses guerriers; il tua beaucoup de
chevreuils, de cerfs, de sangliers et d'élans. Il donna
ensuite, avec la chair de ces animaux, un grand
festin à tout le peuple de Lutétia, et vêtit de leurs
peaux ceux des habitans qui étoient nus. Le roi Bardus lui dit : « Fils de Tendal, tu es un grand chas-
» seur : tu nourriras le peuple dans la saison de la
» chasse; mais au printemps et en été, il mourra de
» faim. Pour moi, avec mes blés, la laine de mes
» brebis et le lait de mes troupeaux, je peux l'entre-
» tenir toute l'année ».

Carnut ne répondit rien; mais il resta campé avec
ses guerriers sur le bord du fleuve, sans vouloir se
retirer.

Bardus voyant son obstination, fut le trouver à son tour, et lui proposa un autre défi. « La valeur, lui » dit-il, convient à un chef de guerre ; mais la pa- » tience est encore plus nécessaire aux rois. Puisque » tu veux régner, voyons qui de nous deux portera » le plus long-temps cette longue solive ». C'étoit le tronc d'un chêne de trente ans. Carnut le prit sur son dos ; mais impatient, il le jeta promptement par terre. Bardus le chargea sur ses épaules, et le porta, sans remuer, jusqu'après le coucher du soleil, et bien avant dans la nuit.

Cependant, Carnut et ses guerriers ne s'en alloient point. Ils passèrent ainsi tout l'hiver, occupés de la chasse. Le printemps venu, ils menaçoient de dé- truire une ville naissante, qui refusoit de leur obéir ; et ils étoient d'autant plus à craindre, qu'ils man- quoient alors de nourriture. Bardus ne savoit com- ment s'en défaire, car ils étoient les plus forts. En vain il consultoit les plus anciens de son peuple ; personne ne pouvoit lui donner de conseils. Enfin, il exposa son embarras à sa mère Lutétia, qui étoit fort âgée, mais qui avoit un grand sens.

Lutétia lui dit : « Mon fils, vous savez quantité » d'histoires anciennes et curieuses que je vous ai » apprises dès votre enfance ; vous excellez à les » chanter ; défiez le fils de Tendal aux chansons ».

Bardus fut trouver Carnut et lui dit : « Fils de » Tendal, il ne suffit pas à un roi de nourrir ses

» sujets, et d'être ferme et constant dans les tra-
» vaux ; il doit savoir bannir de leurs pensées les
» opinions qui les rendent malheureux : car ce sont
» les opinions qui font agir les hommes, et qui les
» rendent bons ou méchans. Voyons qui de toi ou
» de moi régnera sur leurs esprits. Ce ne fut point
» par des combats qu'Hercule se fit suivre dans les
» Gaules ; mais par des chants divins, qui sortoient
» de sa bouche comme des chaînes d'or, enchaî-
» noient les oreilles de ceux qui l'écoutoient et les
» forçoient à le suivre ».

Carnut accepta avec joie ce troisième défi. Il
chanta les combats des Dieux du Nord sur les glaces,
les tempêtes de Niorder sur les mers ; les ruses de
Vidar dans les airs; les ravages de Thor sur la terre,
et l'empire de Hœder dans les enfers. Il y joignit
le récit de ses propres victoires, et ses chants firent
passer une grande fureur dans le cœur de ses guerriers, qui paroissoient prêts à tout détruire.

Pour le roi Bardus, voici ce qu'il chanta :

« Je chante l'aube du matin ; les premiers rayons
» de l'aurore qui ont lui sur les Gaules, empire de
» Pluton ; les bienfaits de Cérès, et le malheur de
» l'enfant Loïs. Écoutez mes chants, esprits des
» fleuves, et répétez-les aux esprits des montagnes
» bleues.

» Cérès venoit de chercher par toute la terre sa
» fille Proserpine. Elle retournoit dans la Sicile où

» elle étoit adorée. Elle traversoit les Gaules sau-
» vages, leurs montagnes sans chemins, leurs vallées
» désertes et leurs sombres forêts, lorsqu'elle se
» trouva arrêtée par les eaux de la Seine, sa nymphe,
» changée en fleuve.

» Sur la rive opposée de la Seine, se baignoit
» alors un bel enfant aux cheveux blonds, appelé
» Loïs. Il aimoit à nager dans ses eaux transparentes,
» et à courir tout nu sur ses pelouses solitaires. Dès
» qu'il aperçut une femme, il fut se cacher sous
» une touffe de roseaux.

» Mon bel enfant ! lui cria Cérès en soupirant ;
» venez à moi, mon bel enfant! A la voix d'une
» femme affligée, Loïs sort des roseaux. Il met en
» rougissant sa peau d'agneau, suspendue à un saule.
» Il traverse la Seine sur un banc de sable, et,
» présentant la main à Cérès, il lui montre un che-
» min au milieu des eaux.

» Cérès ayant passé le fleuve, donne à l'enfant
» Loïs un gâteau, une gerbe d'épis et un baiser ;
» puis lui apprend comme le pain se fait avec le blé,
» et comme le blé vient dans les champs. Grand
» merci, belle étrangère, lui dit Loïs; je vais porter
» à ma mère vos leçons et vos doux présens.

» La mère de Loïs partage avec son enfant et son
» époux le gâteau et le baiser. Le père ravi cultive
» un champ, sème le blé. Bientôt la terre se couvre
» d'une moisson dorée, et le bruit se répand dans

» les Gaules qu'une déesse a apporté une plante cé-
» leste aux Gaulois.

» Près de là vivoit un druide. Il avoit l'inspec-
» tion des forêts. Il distribuoit aux Gaulois , pour
» leur nourriture , les faînes des hêtres et les glands
» des chênes. Quand il vit une terre labourée et une
» moisson : Que deviendra ma puissance , dit-il , si
» les hommes vivent de froment ?

» Il appelle Loïs. Mon bel ami , lui dit-il , où
» étiez-vous quand vous vîtes l'étrangère aux beaux
» épis ? Loïs , sans malice , le conduit sur les bords
» de la Seine. J'étois , dit-il , sous ce saule argenté ;
» je courois sur ces blanches marguerites ; je fus
» me cacher sous ces roseaux , car j'étois nu. Le
» traître druide sourit : il saisit Loïs et le noye au
» fond des eaux.

» La mère de Loïs ne revoit plus son fils. Elle
» s'en va dans les bois et s'écrie : Où êtes-vous ,
» Loïs , Loïs , mon cher enfant ! Les seuls échos ré-
» pètent Loïs , Loïs , mon cher enfant ! Elle court
» tout éperdue le long de la Seine. Elle aperçoit
» sur son rivage une blancheur : Il n'est pas loin ,
» dit-elle ; voilà ses fleurs chéries , voilà ses blanches
» marguerites. Hélas ! c'étoit Loïs , Loïs son cher
» enfant !

» Elle pleure , elle gémit , elle soupire ; elle prend
» dans ses bras tremblans le corps glacé de Loïs ;
» elle veut le ranimer contre son cœur ; mais le

» cœur de la mère ne peut plus réchauffer le corps
» du fils, et le corps du fils glace déjà le cœur de
» la mère : elle est près de mourir. Le druide,
» monté sur un roc voisin, s'applaudit de sa ven-
» geance.

» Les dieux ne viennent pas toujours à la voix
» des malheureux ; mais aux cris d'une mère af-
» fligée Cérès apparut. Loïs, dit-elle, sois la plus
» belle fleur des Gaules. Aussi-tôt, les joues pâles
» de Loïs se développent en calice plus blanc que
» la neige ; ses cheveux blonds se changent en filets
» d'or. Une odeur suave s'en exhale. Sa taille légère
» s'élève vers le ciel ; mais sa tête se penche encore
» sur les bords du fleuve qu'il a chéris. Loïs de-
» vient lis.

» Le prêtre de Pluton voit ce prodige, et n'en
» est point touché. Il lève vers les dieux supérieurs
» un visage et des yeux irrités. Il blasphème, il
» menace Cérès ; il alloit porter sur elle une main
» impie, lorsqu'elle lui cria : Tyran cruel et dur,
» demeure.

» A la voix de la déesse, il reste immobile. Mais
» le roc ému s'entr'ouvre ; les jambes du druide s'y
» enfoncent ; son visage barbu et enflammé de co-
» lère se dresse vers le ciel en pinceau de pourpre,
» et les vêtemens qui couvroient ses bras meurtriers,
» se hérissent d'épines. Le druide devient chardon.

» Toi, dit la déesse des blés, qui voulois nour-

» rir les hommes comme les bêtes , deviens toi-
» même la pâture des animaux. Sois l'ennemi des
» moissons après ta mort , comme tu le fus pendant
» ta vie. Pour toi, belle fleur de Loïs , sois l'orne-
» ment de la Seine , et que dans la main de ses rois,
» ta fleur victorieuse l'emporte un jour sur le gui
» des druides.

   » Braves suivans de Carnut , venez habiter ma
» ville. La fleur de Loïs parfume mes jardins ; de
» jeunes filles chantent jour et nuit son aventure dans
» mes champs. Chacun s'y livre à un travail facile
» et gai ; et mes greniers aimés de Cérès , rompent
» sous l'abondance des blés ».

   A peine Bardus avoit fini de chanter, que les
guerriers du Nord, qui mouroient de faim , abandonnèrent le fils de Tendal , et se firent habitans de
Lutétia. « Oh ! me disoit souvent ce bon roi, que
» n'ai-je ici quelque fameux chantre de la Grèce ou
» de l'Egypte , pour policer l'esprit de mes sujets !
» Rien n'adoucit le cœur des hommes comme de
» beaux chants. Quand on sait faire des vers et de
» belles fictions , on n'a pas besoin de sceptre pour
» régner ».

   Il me mena voir , avec Céphas, le lieu où il avoit
fait planter les arbres et les graines réchappés de
notre naufrage. C'étoit sur les flancs d'une colline
exposée au midi. Je fus pénétré de joie quand je vis
les arbres que nous avions apportés , pleins de suc

et de vigueur. Je reconnus d'abord l'arbre aux coins de Crète, à ses fruits cotonneux et odorans ; le noyer de Jupiter, d'un vert lustré ; l'avelinier, le figuier, le peuplier, le poirier du mont Ida ; avec ses fruits en pyramide : tous ces arbres venoient de l'île de Crète. Il y avoit encore des vignes de Thasos et de jeunes châtaigniers de l'île de Sardaigne. Je voyois un grand pays dans un petit jardin. Il y avoit, parmi ces végétaux, quelques plantes qui étoient mes compatriotes, entre autres, le chanvre et le lin. C'étoient celles qui plaisoient le plus au roi, à cause de leur utilité. Il avoit admiré les toiles qu'on en faisoit en Egypte, plus durables et plus souples que les peaux dont s'habilloient la plupart des Gaulois. Le roi prenoit plaisir à arroser lui-même ces plantes, et à en ôter les mauvaises herbes. Déjà le chanvre d'un beau vert, portoit toutes ses têtes égales à la hauteur d'un homme, et le lin en fleurs couvroit la terre d'un nuage d'azur.

Pendant que nous nous livrions, Céphas et moi, au plaisir d'avoir fait du bien, nous apprîmes que les Bretons, fiers de leurs derniers succès, non contens de disputer aux Gaulois l'empire de la mer qui les sépare, se préparoient à les attaquer par terre, et à remonter la Seine, afin de porter le fer et le feu jusqu'au milieu de leur pays. Ils étoient partis dans un nombre prodigieux de barques, d'un promontoire de leur île, qui n'est séparé du con-

tinent que par un petit détroit. Ils côtoyoient le
rivage des Gaules, et ils étoient près d'entrer dans
la Seine, dont ils savent franchir les dangers en se
mettant dans des anses à l'abri des fureurs de Neptune. L'invasion des Bretons fut sue dans toutes les
Gaules, au moment où ils commencèrent à l'exécuter; car les Gaulois allument des feux sur les
montagnes, et, par le nombre de ces feux et l'é-
paisseur de leur fumée, ils donnent des avis qui
volent plus promptement que les oiseaux.

À la nouvelle du départ des Bretons, les troupes
confédérées des Gaules se mirent en route pour
défendre l'embouchure de la Seine. Elles marchoient
sous les enseignes de leurs chefs : c'étoient des peaux
de loups, d'ours, de vautours, d'aigles, ou de
quelque autre animal malfaisant, suspendues au
bout d'une gaule. Celle du roi Bardus et de son île,
étoit la figure d'un vaisseau, symbole du commerce.
Céphas et moi nous accompagnâmes le roi dans cette
expédition. En peu de jours toutes les troupes gau-
loises se rassemblèrent sur le bord de la mer.

Trois avis furent ouverts pour la défense de son
rivage. Le premier fut d'y enfoncer des pieux pour
empêcher les Bretons de débarquer, ce qui étoit
d'une facile exécution, attendu que nous étions en
grand nombre, et que la forêt étoit voisine. Le deuxième fut de les combattre au moment où ils dé-
barqueroient. Le troisième, de ne pas exposer les

troupes à découvert à la descente des ennemis,
mais de les attaquer lorsqu'ayant mis pied à terre,
ils s'engageroient dans les bois et les vallées. Aucun
de ces avis ne fut suivi, car la discorde étoit parmi
les chefs des Gaulois. Tous vouloient commander,
et aucun d'eux n'étoit disposé à obéir. Pendant
qu'ils délibéroient, l'ennemi parut, et il débarqua
pendant qu'ils se mettoient en ordre.

Nous étions perdus sans Céphas. Avant l'arrivée
des Bretons il avoit conseillé au roi Bardus de diviser en deux sa troupe, composée des habitans de
Lutétia, de se mettre en embuscade avec la meilleure partie dans les bois qui couvroient le revers
de la montagne d'Héva, tandis que lui, Céphas,
combattroit les ennemis avec l'autre partie, jointe
au reste des Gaulois. Je priai Céphas de détacher
de sa division les jeunes gens qui brûloient comme
moi d'en venir aux mains, et de m'en donner le
commandement. Je ne crains point les dangers, lui
disois-je ; j'ai passé par toutes les épreuves que les
prêtres de Thèbes font subir aux initiés, et je n'ai
point eu peur. Céphas balança quelques momens.
Enfin il me confia les jeunes gens de sa troupe, en
leur recommandant, ainsi qu'à moi, de ne pas s'écarter de sa division.

L'ennemi cependant mit pied à terre. A sa vue
beaucoup de Gaulois s'avancèrent vers lui en jetant
de grands cris ; mais comme ils l'attaquoient par

petites troupes, ils en furent aisément repoussés ; et
il auroit été impossible d'en rallier un seul, s'ils n'é-
toient venus se remettre en ordre derrière nous.
Nous aperçûmes bientôt les Bretons qui marchoient
pour nous attaquer. Les jeunes gens que je comman-
dois s'ébranlèrent alors, et nous marchâmes aux
Bretons sans nous embarrasser si le reste des Gaulois nous suivoit. Quand nous fûmes à la portée du
trait, nous vîmes que les ennemis ne formoient
qu'une seule colonne, longue, grosse et épaisse,
qui s'avançoit vers nous à petits pas, tandis que leurs
barques se hâtoient d'entrer dans le fleuve pour nous
prendre à revers. Je l'avoue, je fus ébranlé à la vue
de cette multitude de barbares demi-nus, peints de
rouge et de bleu, qui marchoient en silence dans le
plus grand ordre. Mais lorsqu'il sortit tout-à-coup
de cette colonne silencieuse des nuées de dards, de
flèches, de cailloux et de balles de plomb qui renversèrent plusieurs d'entre nous en les perçant de
part en part, alors mes compagnons prirent la fuite.
J'allois oublier moi-même que j'avois l'exemple à
leur donner, lorsque je vis Céphas à mes côtés ; il
étoit suivi de toute l'armée. « Invoquons Hercule,
» me dit-il, et chargeons ». La présence de mon
ami me rendit tout mon courage. Je restai à mon
poste, et nous chargeâmes, les piques baissées. Le
premier ennemi que je rencontrai fut un habitant des
îles Hébrides : il étoit d'une taille gigantesque. L'as-

pect de ses armes inspiroit l'horreur : ses épaules et sa tête étoient couvertes d'une peau de raie épineuse ; il portoit au cou un collier de mâchoires d'hommes ; et il avoit pour lance le tronc d'un jeune sapin, armé d'une dent de baleine. « Que demandes-« tu à Hercule, me dit-il ? Le voici qui vient à toi ». En même temps il me porta un coup de son énorme lance avec tant de furie, que si elle m'eût atteint, elle m'eût cloué à terre, où elle entra bien avant. Pendant qu'il s'efforçoit de la ramener à lui, je lui perçai la gorge de l'épieu dont j'etois armé : il en sortit aussi-tôt un jet de sang noir et épais; et ce Breton tomba en mordant la terre et en blasphémant les dieux.

Cependant nos troupes réunies en un seul corps, étoient aux prises avec la colonne des ennemis. Les massues frappoient les massues, les boucliers poussoient les boucliers, les lances se croisoient avec les lances. Ainsi deux fiers taureaux se disputent l'empire des prairies : leurs cornes sont entrelacées, leurs fronts se heurtent; ils se poussent en mugissant : et soit qu'ils reculent ou qu'ils avancent, aucun d'eux ne se sépare de son rival. Ainsi nous combattions corps à corps. Cependant cette colonne qui nous surpassoit en nombre, nous accabloit de son poids, lorsque le roi Bardus la vint charger en queue à la tête de ses soldats qui jetoient de grands cris. Aussi-tôt une terreur panique saisit ces barbares qui

avoient cru nous envelopper, et qui l'étoient eux-
mêmes. Ils abandonnèrent leurs rangs et s'enfuirent
vers les bords de la mer pour regagner leurs barques
qui étoient loin de là. On en fit alors un grand mas-
sacre, et on en prit beaucoup de prisonniers.

Après la bataille, je dis à Céphas : Les Gaulois
doivent la victoire au conseil que vous avez donné
au roi ; pour moi je vous dois l'honneur. J'avois
demandé un poste que je ne connoissois pas. Il falloit y donner l'exemple, et j'en étois incapable lorsque votre présence m'a rassuré. Je croyois que les
initiations de l'Egypte m'avoient fortifié contre tous
les dangers ; mais il est aisé d'être brave dans un
péril dont on est sûr de sortir. Céphas me répondit :
« O Amasis ! il y a plus de force à avouer ses fautes,
» qu'il n'y a de foiblesse à les commettre. C'est Her-
» cule qui nous a donné la victoire ; mais après lui,
» c'est la surprise qui a ôté le courage à nos enne-
» mis, et qui avoit ébranlé le vôtre. La valeur mili-
» taire s'apprend par l'exercice, comme toutes les
» autres vertus. Nous devons en tout temps nous
» méfier de nous-mêmes. En vain nous nous appuyons
» sur notre expérience, nous ne devons compter
» que sur le secours des dieux. Pendant que nous
» nous cuirassons d'un côté, la fortune nous frappe
» de l'autre. La seule confiance dans les dieux couvre
» un homme tout entier ».

On consacra à Hercule une partie des dépouilles

des Bretons. Les druides vouloient qu'on brûlât les ennemis prisonniers, parce que ceux-ci en usent de même à l'égard des Gaulois qu'ils ont pris dans les batailles. Mais je me présentai dans l'assemblée des Gaulois, et je leur dis : « O peuples ! vous voyez » par mon exemple si les dieux approuvent les sa- » crifices humains. Ils ont remis la victoire dans vos » mains généreuses : les souillerez-vous dans le sang » des malheureux ? N'y a-t-il pas eu assez de sang » versé dans la fureur du combat ? En répandrez- » vous maintenant sans colère et dans la joie du » triomphe ? Vos ennemis immolent leurs prison- » niers : surpassez-les en générosité comme vous les » surpassez en courage». Les iarles et tous les guer- riers applaudirent à mes paroles. Ils décidèrent que les prisonniers de guerre seroient désormais réduits à l'esclavage.

Je fus donc cause qu'on abolit la loi qui les con- damnoit au feu. C'étoit aussi à mon occasion qu'on avoit abrogé la coutume de sacrifier des innocens à Mars, et de réduire les naufragés en servitude. Ainsi je fus trois fois utile aux hommes dans les Gaules ; une fois par mes succès, et deux fois par mes mal- heurs, tant il est vrai que les dieux tirent le bien du mal quand il leur plaît.

Nous revînmes à Lutétia comblés par les peuples d'honneurs et d'applaudissemens. Le premier soin du roi, à son arrivée, fut de nous mener voir son

IV. Bb

jardin. La plupart de nos arbres étoient en rapport.
Il admira d'abord comment la nature avoit préservé
leurs fruits de l'attaque des oiseaux. La châtaigne
encore en lait, étoit couverte de cuir et d'une coque
épineuse. La noix tendre étoit protégée par une
dure coquille et par un brou amer. Les fruits mous
étoient défendus avant leur maturité, par leur
âpreté, leur acidité ou leur verdeur. Ceux qui
étoient mûrs invitoient à les cueillir. Les abricots
dorés, les pêches veloutées et les coins cotonneux
exhaloient les plus doux parfums. Les rameaux du
prunier étoient couverts de fruits violets, saupou-
drés de poudre blanche. Les grappes, déjà vermeilles, pendoient à la vigne; et sur les larges feuilles
du figuier, la figue entr'ouverte laissoit couler son
suc en gouttes de miel et de cristal. « On voit bien,
» dit le roi, que ces fruits sont des présens des
» dieux. Ils ne sont pas, comme les semences des
» arbres de nos forêts, à une hauteur où on ne
» puisse atteindre (21); ils sont à la portée de la
» main. Leurs riantes couleurs appellent les yeux,
» leurs doux parfums l'odorat, et ils semblent for-
» més pour la bouche par leur forme et leur ron-
» deur ». Mais quand ce bon roi en eut savouré le
goût : « O vrai présent de Jupiter, dit-il, aucun
» mets préparé par l'homme ne leur est comparable !
» Ils surpassent en douceur le miel et la crême.
» O mes chers amis, mes respectables hôtes, vous

» m'avez donné plus que mon royaume ! Vous avez
» apporté dans les Gaules sauvages une portion de
» la délicieuse Egypte. Je préfère un seul de ces
» arbres à toutes les mines d'étain qui rendent les
» Bretons si riches et si fiers ».

Il fit appeler les principaux habitans de la cité,
et il voulut que chacun d'eux goûtât de ces fruits
merveilleux. Il leur recommanda d'en conserver pré-
cieusement les semences, et de les mettre en terre
dans leur saison. A la joie de ce bon roi et de son
peuple, je sentis que le plus grand plaisir de l'homme
étoit de faire du bien à ses semblables.

Céphas me dit : « Il est temps de montrer à mes
» compatriotes l'usage des arts de l'Egypte. J'ai sauvé
» du vaisseau naufragé la plupart de nos machines ;
» mais jusqu'ici elles sont restées inutiles, sans que
» j'osasse même les regarder, car elles me rappe-
» loient trop vivement le souvenir de votre perte.
» Voici le moment de nous en servir. Ces fromens
» sont mûrs ; cette chenevière et ces lins ne tarde-
» ront pas à l'être ».

Quand on eut recueilli ces plantes, nous apprîmes
au roi et à son peuple l'usage des moulins pour
réduire le blé en farine, et les divers apprêts qu'on
donne à la pâte pour en faire du pain (22). Avant
notre arrivée, les Gaulois mondoient le blé, l'a-
voine et l'orge de leurs écorces, et les battant avec
des pilons de bois dans des troncs d'arbres creusés ;

ils se contentoient de faire bouillir ces grains pour leur nourriture. Nous leur montrâmes ensuite à faire rouir le chanvre dans l'eau pour le séparer de son chaume, à le sécher, à le briser, à le teiller, à le peigner, à le filer, et à tordre ensemble plusieurs de ses fils pour en faire des cordes. Nous leur fîmes voir comme ces cordes, par leur force et leur souplesse, deviennent propres à être les nerfs de toutes les machines. Nous leur enseignâmes à étendre les fils du lin sur des métiers, pour en faire de la toile au moyen de la navette, et comment ces doux travaux font passer aux jeunes filles les longues nuits d'hiver dans l'innocence et dans la joie.

Nous leur apprîmes l'usage de la tarière, de l'herminette, du rabot et de la scie inventée par l'ingénieux Dédale; comment ces outils donnent à l'homme de nouvelles mains, et façonnent à son usage une multitude d'arbres dont les bois se perdent dans les forêts. Nous leur enseignâmes à tirer de leurs troncs noueux de grosses vis et de lourds pressoirs propres à exprimer le jus d'une infinité de fruits, et à extraire des huiles des plus durs noyaux. Ils ne recueillirent pas beaucoup de raisins de nos vignes, mais nous leur donnâmes un grand désir d'en multiplier les ceps, non-seulement par l'excellence de leurs fruits, mais en leur faisant goûter des vins de Crète et de l'île de Thasos, que nous avions sauvés dans des urnes.

Après leur avoir montré l'usage d'une infinité de biens que la nature a placés sur la terre à la vue de l'homme, nous leur apprîmes à découvrir ceux qu'elle a mis sous ses pieds; comment on peut trouver de l'eau dans les lieux les plus éloignés des fleuves, au moyen des puits inventés par Danaüs; de quelle manière on découvre les métaux ensevelis dans le sein de la terre; comment, après les avoir fait fondre en lingots, on les forge sur l'enclume pour les diviser en tables et en lames; comment, par des travaux plus faciles, l'argile se façonne sur la roue du potier, en figures et en vases de toutes les formes. Nous les surprîmes bien davantage en leur montrant des bouteilles de verre faites avec du sable et des cailloux. Ils étoient ravis d'étonnement de voir la liqueur qu'elles renfermoient se manifester à la vue et échapper à la main.

Mais quand nous leur lûmes les livres de Mercure Trismégiste, qui traitent des arts libéraux et des sciences naturelles, ce fut alors que leur admiration n'eut plus de bornes. D'abord ils ne pouvoient comprendre que la parole pût sortir d'un livre muet, et que les pensées des premiers Egyptiens eussent pu se transmettre jusqu'à eux sur des feuilles fragiles de papyrus. Quand ils entendirent ensuite le récit de nos découvertes, qu'ils virent les prodiges de la mécanique qui remue avec de petits leviers les plus lourds fardeaux, et ceux de la géométrie,

qui mesure des distances inaccessibles, ils étoient
hors d'eux-mêmes. Les merveilles de la chimie et
de la magie, les divers phénomènes de la physique
les faisoient passer de ravissement en ravissement.
Mais lorsque nous leur eûmes prédit une éclipse de
lune, qu'ils regardoient avant notre arrivée comme
une défaillance accidentelle de cette planète, et
qu'ils virent, au moment que nous leur indiquâmes,
l'astre de la nuit s'obscurcir dans un ciel serein, ils
tombèrent à nos pieds en disant : « Certainement
» vous êtes des dieux» ! Omfi, ce jeune druide qui
avoit paru si sensible à mes malheurs, assistoit à
toutes nos instructions. Il nous dit: « A vos lumières
» et à vos bienfaits, je suis tenté de vous prendre
» pour quelques - uns des dieux supérieurs ; mais
» aux maux que vous avez soufferts, je vois que
» vous n'êtes que des hommes comme nous. Sans
» doute vous avez trouvé quelque moyen de mon-
» ter dans le ciel, ou les habitans du ciel sont des-
» cendus dans l'heureuse Egypte pour vous com-
» muniquer tant de biens et tant de lumières. Vos
» sciences et vos arts surpassent notre intelligence,
» et ne peuvent être que les effets d'un pouvoir di-
» vin. Vous êtes les enfans chéris des dieux supé-
» rieurs : pour nous, Jupiter nous a abandonnés aux
» dieux infernaux. Notre pays est couvert de stériles
» forêts habitées par des génies malfaisans, qui
» sèment notre vie de discordes, de guerres civiles,

» de terreurs, d'ignorances et d'opinions malheu-
» reuses. Notre sort est mille fois plus déplorable
» que celui des bêtes qui, vêtues, logées et nour-
» ries par la nature, suivent leur instinct sans s'éga-
» rer, et ne craignent point les enfers.

» Les dieux, lui répondit Céphas, n'ont été in-
» justes envers aucun pays, ni à l'égard d'aucun
» homme. Chaque pays a des biens qui lui sont par-
» ticuliers, et qui servent à entretenir la commu-
» nication entre tous les peuples par des échanges
» réciproques. La Gaule a des métaux que l'Egypte
» n'a pas : ses forêts sont plus belles, ses troupeaux
» ont plus de lait, et ses brebis plus de toisons.
» Mais, dans quelque lieu que l'homme habite, son
» partage est toujours fort supérieur à celui des
» bêtes, parce qu'il a une raison qui se développe
» à proportion des obstacles qu'elle surmonte ; qu'il
» peut, seul des animaux, appliquer à son usage des
» moyens auxquels rien ne peut résister, tels que le
» feu. Ainsi Jupiter lui a donné l'empire sur la terre
» en éclairant sa raison de l'intelligence même de la
» nature, et en ne confiant qu'à lui l'élément qui en
» est le premier moteur ».

Céphas parla ensuite à Omfi et aux Gaulois des
récompenses réservées dans un autre monde à la
vertu et à la bienfaisance, et des punitions destinées au vice et à la tyrannie ; de la métempsycose,
et des autres mystères de la religion de l'Egypte ;

autant qu'il est permis à un étranger de les connoître. Les Gaulois consolés par ses discours et par
nos présens, nous appeloient leurs bienfaiteurs,
leurs pères, les vrais interprètes des Dieux. Le roi
Bardus nous dit : « Je ne veux adorer que Jupiter.
» Puisque Jupiter aime les hommes, il doit pro-
» téger particulièrement les rois qui sont chargés
» du bonheur des nations. Je veux aussi honorer
» Isis, qui a apporté ses bienfaits sur la terre, afin
» qu'elle présente au roi des Dieux les vœux de mon
» peuple ». En même temps, il ordonna qu'on élevât un temple (23) à Isis, à quelque distance de la
ville, au milieu de la forêt; qu'on y plaçât sa statue, avec l'enfant Orus dans ses bras, telle que
nous l'avions apportée dans le vaisseau; qu'elle fût
servie avec toutes les cérémonies de l'Egypte; que
ses prêtresses, vêtues de lin, l'honorassent nuit et
jour par des chants, et par une vie pure qui approche l'homme des Dieux.

Ensuite, il voulut apprendre à connoître et à
tracer les caractères ioniques. Il fut si frappé de
l'utilité de l'écriture, que dans un transport de sa
joie, il chanta ces vers :

« Voici des caractères magiques qui peuvent évo-
» quer les morts du sein des tombeaux. Ils nous
» apprendront ce que nos pères ont pensé il y a
» mille ans; et dans mille ans ils instruiront nos
» enfans de ce que nous pensons aujourd'hui. Il n'y

» a point de flèche qui aille aussi loin, ni de lance
» aussi forte. Ils atteindront un homme retranché au
» haut d'une montagne ; ils pénètrent dans la tête
» malgré le casque, et traversent le cœur malgré la
» cuirasse. Ils calment les séditions, ils donnent de-
» sages conseils, ils font aimer, ils consolent, ils
» fortifient ; mais si quelque homme méchant en fait
» usage, ils produisent un effet contraire.

» Mon fils, me dit un jour ce bon roi, les lunes
» de ton pays sont-elles plus belles que les nôtres ?
» Te reste-t-il quelque chose à regretter en Egypte ?
» Tu nous en as apporté ce qu'il y a de meilleur,
» les plantes, les arts et les sciences. L'Egypte toute
» entière doit être ici pour toi. Reste avec nous. Tu
» règneras après moi sur les Gaulois. Je n'ai d'autre
» enfant qu'une fille unique qui s'appelle Gotha : je
» te la donnerai en mariage. Crois-moi, un peuple
» vaut mieux qu'une famille, et une bonne femme
» qu'une Patrie. Gotha demeure dans cette île là-
» bas, dont on aperçoit d'ici les arbres ; car il con-
» vient qu'une jeune fille soit élevée loin des
» hommes, et sur-tout loin de la cour des rois ».

Le desir de faire le bonheur d'un peuple suspendit en moi l'amour de la Patrie. Je consultai Céphas,
qui approuva les vues du roi. Je priai donc ce prince
de me faire conduire au lieu qu'habitoit sa fille, afin
que, suivant la coutume des Egyptiens, je pusse
me rendre agréable à celle qui devoit être un jour

la compagne de mes peines et de mes plaisirs. Le roi chargea une vieille femme, qui venoit chaque jour au palais chercher des vivres pour Gotha, de me conduire chez elle. Cette vieille me fit embarquer avec elle, dans un bateau chargé de provisions; et, nous laissant aller au cours du fleuve, nous abordâmes en peu de temps dans l'île où demeuroit la fille du roi Bardus. On appeloit cette île, l'île aux Cygnes, parce que ces oiseaux venoient au printemps faire leurs nids dans les roseaux qui bordoient ses rivages, et qu'en tous temps ils paissoient l'*anserina potentilla* (24) qui y croît abondamment. Nous mîmes pied à terre, et nous aperçûmes la princesse assise sous des aulnes, au milieu d'une pelouse toute jaune des fleurs de l'anserina. Elle étoit entourée de cygnes qu'elle appeloit à elle, en leur jetant des grains d'avoine. Quoiqu'elle fût à l'ombre des arbres, elle surpassoit ces oiseaux en blancheur, par l'éclat de son teint, et de sa robe qui étoit d'hermine. Ses cheveux étoient du plus beau noir; ils étoient ceints, ainsi que sa robe, d'un ruban rouge. Deux femmes qui l'accompagnoient à quelque distance, vinrent au-devant de nous. L'une attacha notre bateau aux branches d'un saule, et l'autre, me prenant par la main, me conduisit vers sa maîtresse. La jeune princesse me fit asseoir sur l'herbe auprès d'elle; après quoi, elle me présenta de la farine de millet bouillie, un canard rôti sur des écorces de bouleau, avec du lait de chèvre dans une corne d'élan. Elle attendit ensuite, sans me rien dire, que je m'expliquasse sur le sujet de ma visite.

Quand j'eus goûté, suivant l'usage, aux mets qu'elle m'avoit offerts, je lui dis : « O belle Gotha ! » je desire devenir le gendre du roi votre père ; et » je viens de son consentement, savoir si ma recher- » che vous sera agréable ».

La fille du roi Bardus baissa les yeux, et me répondit : « O étranger ! je suis demandée en mariage » par plusieurs iarles, qui font tous les jours à mon » père de grands présens pour m'obtenir ; mais je » n'en aime aucun. Ils ne savent que se battre. Pour » toi, je crois, si tu deviens mon époux, que tu feras » mon bonheur, puisque tu fais déjà celui de mon » peuple. Tu m'apprendras les arts de l'Egypte, et je » deviendrai semblable à la bonne Isis de ton pays, » dont on dit tant de bien dans les Gaules ».

Après avoir ainsi parlé, elle regarda mes habits, admira la finesse de leur tissu, et les fit examiner à ses femmes, qui levoient les mains au ciel, de surprise. Elle ajouta ensuite, en me regardant : « Quoique tu viennes d'un pays rempli de toutes » sortes de richesses et d'industrie, il ne faut pas » croire que je manque de rien, et que je sois moi- » même dépourvue d'intelligence. Mon père m'a » élevée dans l'amour du travail, et il me fait vivre » dans l'abondance de toutes choses ».

En même temps, elle me fit entrer dans son
palais, où vingt de ses femmes étoient occupées à
lui plumer des oiseaux de rivière, et à lui faire des
parures et des robes de leur plumage. Elle me montra des corbeilles et des nattes de jonc très-fin,
qu'elle avoit elle-même tissues; des vases d'étain
en quantité; cent peaux de loups, de martres et
de renards, avec vingt peaux d'ours. « Tous ces
» biens, me dit-elle, t'appartiendront si tu m'épou-
» ses; mais ce sera à condition que tu n'auras point
» d'autre femme que moi, que tu ne m'obligeras
» point de travailler à la terre, ni d'aller chercher
» les peaux des cerfs et des bœufs sauvages que tu
» auras tués dans les forêts, car ce sont des usages
» auxquels les maris assujétissent leurs femmes dans
» ce pays, et qui ne me plaisent point du tout : que
» si tu t'ennuies un jour de vivre avec moi, tu me
» remettras dans cette île où tu es venu me cher-
» cher, et où mon plaisir est de nourrir des cygnes,
» et de chanter les louanges de la Seine, nymphe
» de Cérès ».

Je souris en moi-même de la naïveté de la fille du
roi Bardus, et à la vue de tout ce qu'elle appeloit
des biens; mais, comme la véritable richesse d'une
femme est l'amour du travail, la simplicité, la franchise, la douceur, et qu'il n'y a aucune dot qui soit
comparable à ses vertus, je lui répondis : « O belle
» Gotha ! le mariage, chez les Égyptiens, est une

» union égale, un partage commun de biens et de
» maux. Vous me serez chère comme la moitié de
» moi-même ». Je lui fis présent alors d'un éche-
veau de lin, crû et préparé dans les jardins du roi
son père. Elle le prit avec joie, et me dit : « Mon
» ami, je filerai ce lin, et j'en ferai une robe pour
» le jour de mes noces ». Elle me présenta à son
tour ce chien que vous voyez, si couvert de poils,
qu'à peine on lui voit les yeux. Elle me dit: « Ce
» chien s'appelle Gallus ; il descend d'une race
» très-fidèle. Il te suivra par-tout, sur la terre, sur
» la neige et dans l'eau. Il t'accompagnera à la
» chasse, et même dans les combats. Il te sera en
» tout temps un fidèle compagnon et un symbole de
» mon amour ». Comme la fin du jour approchoit,
elle m'avertit de me retirer, de ne point descendre
à l'avenir par le fleuve, mais d'aller par terre le
long du rivage, jusque vis-à-vis de son île, où ses
femmes viendroient me chercher, afin de cacher
notre bonheur aux jaloux. Je pris congé d'elle, et
je m'en revins chez moi en formant dans mon esprit
mille projets agréables.

Un jour que j'allois la voir par un des sentiers
de la forêt, suivant son conseil, je rencontrai un
des principaux iarles, accompagné de quantité de
ses vassaux. Ils étoient armés, comme s'ils eussent
été en guerre. Pour moi, j'étois sans armes, comme
un homme qui est en paix avec tout le monde, et

qui ne songe qu'à faire l'amour. Cet iarle s'avança
vers moi d'un air fier, et me dit : « Que viens-tu
» faire dans ce pays de guerriers, avec tes arts de
» femme ? Prétends-tu nous apprendre à filer le lin,
» et obtenir pour ta récompense la belle Gotha ? Je
» m'appelle Torstan. J'étois un des compagnons de
» Carnut. Je me suis trouvé à vingt-deux combats de
» mer et à trente duels. J'ai combattu trois fois con-
» tre Vittikiug, ce roi fameux du Nord. Je veux por-
» ter ta chevelure aux pieds du dieu Mars auquel tu
» as échappé, et boire dans ton crâne le lait de
» mes troupeaux ».

Après un discours si brutal, je crus que ce barbare alloit m'assassiner ; mais joignant la loyauté à
la férocité, il ôta son casque et sa cuirasse qui étoient
de peau de bœuf, et me présenta deux épées nues,
en m'en donnant le choix.

Il étoit inutile de parler raison à un jaloux et à un
furieux. J'invoquai en moi-même Jupiter, le protecteur des étrangers ; et choisissant l'épée la plus
courte, mais la plus légère, quoiqu'à peine je pusse
la manier, nous commençâmes un combat terrible,
tandis que ses vassaux nous environnoient comme
témoins, en attendant que la terre rougît du sang
de leur chef ou de celui de leur hôte.

Je songeai d'abord à désarmer mon ennemi, pour
épargner sa vie ; mais il ne m'en laissa pas le maître ;
la colère le mettoit hors de lui. Le premier coup

qu'il voulut me porter, fit sauter un grand éclat d'un chêne voisin. J'esquivai l'atteinte de son épée, en baissant la tête. Ce mouvement redoubla son insolence. « Quand tu t'inclinerois, me dit-il, jusqu'aux » enfers, tu ne saurois m'échapper ». Alors, prenant son épée à deux mains, il se précipita sur moi avec fureur ; mais Jupiter donnant le calme à mes sens, je parai du fort de mon épée le coup dont il vouloit m'accabler, et lui en présentant la pointe, il s'en perça lui-même bien avant dans la poitrine. Deux ruisseaux de sang sortirent à la fois de sa blessure et de sa bouche ; il tomba sur le dos ; ses mains lâchèrent son épée, ses yeux se tournèrent vers le ciel, et il expira. Aussi-tôt ses vassaux environnèrent son corps, en jetant de grands cris. Mais ils me laissèrent aller sans me faire aucun mal ; car il règne beaucoup de générosité parmi ces barbares. Je me retirai à la cité en déplorant ma victoire.

Je rendis compte à Céphas et au roi de ce qui venoit de m'arriver. « Ces iarles, dit le roi, me » donnent bien du souci. Ils tyrannisent mon peuple. » S'il y a quelque mauvais sujet dans le pays, ils ne » manquent pas de l'attirer à eux, pour fortifier leur » parti. Ils se rendent quelquefois redoutables à » moi-même. Mais les druides le sont encore davan- » tage. Personne ici n'ose rien faire sans leur aveu. » Comment m'y prendre pour affoiblir ces deux » puissances ? J'ai cru qu'en augmentant celle des

» iarles, j'opposerois une digue à celle des druides;
» mais le contraire est arrivé. La puissance des
» druides est augmentée. Il semble que l'une et
» l'autre s'accordent pour étendre son oppression
» sur mon peuple, et jusque sur mes hôtes. O étran-
» ger, me dit-il, vous ne l'avez que trop éprouvé ».
Puis, se tournant vers Céphas : « O mon ami ! ajouta-
» t-il, vous qui avez acquis dans vos voyages l'ex-
» périence nécessaire au gouvernement des hommes,
» donnez quelques conseils à un roi qui n'est jamais
» sorti de son pays. Oh ! je sens que les rois de-
» vroient voyager ».

« O roi ! répondit Céphas, je vous dévoilerai une
» partie de la politique et de la philosophie de
» l'Egypte. Une des loix fondamentales de la nature
» est que tout soit gouverné par des contraires. C'est
» des contraires que résulte l'harmonie du monde :
» il en est de même de celle des nations. La puis-
» sance des armes et celle de la religion se com-
» battent chez tous les peuples. Ces deux puissances
» sont nécessaires pour la conservation de l'Etat.
» Lorsque le peuple est opprimé par ses chefs, il se
» réfugie vers ses prêtres ; et lorsqu'il est opprimé
» par ses prêtres, il se réfugie vers ses chefs. La
» puissance des druides a donc augmenté chez vous
» par celle même des iarles ; car ces deux puissances
» se balancent par-tout. Si vous voulez donc dimi-
» nuer l'une des deux, loin d'augmenter celle qui

» lui est opposée, ainsi que vous l'avez fait, il faut,
» au contraire, l'affoiblir.

  » Il y a un moyen encore plus simple et plus sûr
» de diminuer à la fois les deux puissances qui vous
» font ombrage : c'est de rendre votre peuple heu-
» reux ; car il n'ira plus chercher de protection hors
» de vous, et ces deux puissances se détruiront
» bientôt, puisqu'elles ne doivent leur influence
» qu'à l'opinion de ce même peuple. Vous en vien-
» drez à bout, en donnant aux Gaulois des moyens
» abondans de subsistance, par l'établissement des
» arts qui adoucissent la vie, et sur-tout en honorant
» et favorisant l'agriculture, qui en est le soutien.
» Votre peuple vivant dans l'abondance, les iarles
» et les druides s'y trouveront aussi. Lorsque ces
» deux corps seront contens de leur sort, ils ne cher-
» cheront point à troubler celui des autres ; ils n'au-
» ront plus à leur disposition cette foule d'hommes
» misérables, demi-nus et à moitié morts de faim,
» qui, pour avoir de quoi vivre, sont toujours prêts
» à servir la violence des uns, ou la superstition des
» autres. Il résultera de cette politique humaine, que
» votre propre puissance, fortifiée de celle d'un
» peuple que vous rendrez heureux par vos soins,
» anéantira celle des iarles et des druides. Dans toute
» monarchie bien réglée, le pouvoir du roi est dans
» le peuple, et celui du peuple dans le roi. Vous
» ramenerez alors vos nobles et vos prêtres a leurs

» fonctions naturelles. Les jarles défendront la na-
» tion au-dehors, et ne l'opprimeront plus au-
» dedans : et les druides ne gouverneront plus les
» Gaules par la terreur ; mais ils les consoleront, et
» les aideront, par leurs lumières et leurs conseils,
» à supporter les maux de la vie, ainsi que doivent
» faire les ministres de toute religion.

» C'est par cette politique que l'Egypte est par-
» venue à un degré de puissance et de félicité qui l'a
» rendue le centre des nations, et que la sagesse de
» ses prêtres s'est rendue recommandable par toute
» la terre. Souvenez-vous donc de cette maxime, que
» tout excès dans le pouvoir d'un corps religieux
» ou militaire, vient du malheur du peuple, parce
» que toute puissance vient de lui. Vous ne détrui-
» rez cet excès qu'en rendant le peuple heureux.

» Lorsque votre autorité sera suffisamment éta-
» blie, conférez-en une partie à des magistrats choi-
» sis parmi les plus gens de bien. Veillez sur-tout sur
» l'éducation des enfans de votre peuple ; mais gar-
» dez-vous de la confier au premier venu qui voudra
» s'en charger, et encore moins à aucun corps par-
» ticulier, tel que celui des druides, dont les inté-
» rêts sont toujours différens de ceux de l'Etat. Con-
» sidérez l'éducation des enfans de votre peuple
» comme la partie la plus précieuse de votre admi-
» nistration. C'est elle seule qui forme les citoyens :
» les meilleures loix ne sont rien sans elle.

» En attendant que vous puissiez jeter d'une ma-
» nière solide les fondemens du bonheur des Gau-
» lois, opposez quelques digues à leurs maux. Insti-
» tuez beaucoup de fêtes, qui les dissipent par des
» chants et par des danses. Balancez l'influence
» réunie des iarles et des druides, par celle des
» femmes. Aidez celles-ci à sortir de leur esclavage
» domestique. Qu'elles assistent aux festins, aux
» assemblées, et même aux fêtes religieuses. Leur
» douceur naturelle affoiblira peu à peu la férocité
» des mœurs et de la religion ».

Le roi répondit à Céphas : «Vos observations sont
» pleines de vérité, et vos maximes de sagesse. J'en
» profiterai. Je veux rendre cette ville fameuse par
» son industrie. En attendant, mon peuple ne de-
» mande pas mieux que de se réjouir et de chanter;
» je lui ferai moi-même des chansons. Quant aux
» femmes, je crois véritablement qu'elles peuvent
» m'aider beaucoup: c'est par elles que je commen-
» cerai à rendre mon peuple heureux, au moins par
» les mœurs, si je ne le peux par les loix ».

Pendant que ce bon roi parloit, nous aperçûmes
sur le bord opposé de la Seine, le corps de Torstan.
Il étoit tout nu, et paroissoit sur l'herbe comme un
monceau de neige. Ses amis et ses vassaux l'entouroient, et jetoient de temps en temps des cris affreux.
Un de ses amis traversa le fleuve dans une barque,
et vint dire au roi: «Le sang se paie par le sang; que

» l'Egyptien périsse »! Le roi ne répondit rien à cet
homme; mais quand il fut parti, il me dit : «Votre
» défense a été légitime; mais ce seroit ma propre
» injure, que je serois obligé de m'éloigner. Si
» vous restez, vous serez, par les loix, obligé de
» vous battre successivement avec tous les parens de
» Torstan, qui sont nombreux, et vous succomberez
» tôt ou tard. D'un autre côté, si je vous défends
» contre eux, ainsi que je le ferai, vous entraînerez
» cette ville naissante dans votre perte; car les pa-
» rens, les amis et les vassaux de Torstan ne man-
» queront pas de l'assiéger, et il se joindra à eux
» beaucoup de Gaulois que les druides, irrités contre
» vous, excitent à la vengeance. Cependant soyez
» sûr que vous trouverez ici des hommes qui ne vous
» abandonneront pas dans le plus grand danger ».

Aussi-tôt il donna des ordres pour la sûreté de la
ville, et on vit accourir sur ses remparts tous les
habitans disposés à soutenir un siége en ma faveur.
Ici ils faisoient des amas de caillous, là ils pla-
çoient de grandes arbalètes et de longues poutres
armées de pointes de fer. Cependant nous voyions
arriver le long de la Seine une grande foule de
peuple. C'étoient les amis, les parens, les vassaux
de Torstan, avec leurs esclaves, les partisans des
druides, ceux qui étoient jaloux de l'établissement
du roi, et ceux qui, par inconstance, aiment la nouveauté. Les uns descendoient le fleuve en barques,

d'autres traversoient la forêt en longues colonnes.
Tous venoient s'établir sur les rivages voisins de
Lutétia, et ils étoient en nombre infini. Il m'étoit
impossible désormais de m'échapper. Il ne falloit
pas compter d'y réussir à la faveur des ténèbres, car
dès que la nuit fut venue, les mécontens allumèrent
une multitude de feux, dont le fleuve étoit éclairé
jusqu'au fond de son canal.

Dans cette perplexité je formai en moi-même une
résolution qui fut agréable à Jupiter. Comme je
n'attendois plus rien des hommes, je résolus de me
jeter entre les bras de la vertu, et de sauver cette
ville naissante en allant me livrer seul aux ennemis.
A peine eus-je mis ma confiance dans les dieux, qu'ils
vinrent à mon secours.

Omfi se présenta devant nous, tenant à la main
une branche de chêne, sur laquelle avoit crû une
branche de gui. A la vue de cet arbrisseau qui avoit
pensé m'être si fatal, je frissonnai; mais je ne savois
pas que l'on doit souvent son salut à qui l'on a dû sa
perte, comme aussi l'on doit souvent sa perte à qui
l'on a dû son salut. « O roi! dit Omfi, ô Céphas,
» soyez tranquille; j'apporte de quoi sauver votre
» ami. Jeune étranger, me dit-il, quand toutes les
» Gaules seroient conjurées contre toi, voici de
» quoi les traverser sans qu'aucun de tes ennemis
» ose seulement te regarder en face. C'est ce rameau
» de gui qui a crû sur cette branche de chêne. Je vais

» te raconter d'où vient le pouvoir de cette plante,
» également redoutable aux hommes (25) et aux
» dieux de ce pays. Un jour Balder raconta à sa
» mère Friga qu'il avoit songé qu'il mouroit. Friga
» conjura le feu, les métaux, les pierres, les mala-
» dies, l'eau, les animaux, les serpens, de ne faire
» aucun mal à son fils ; et les conjurations de Friga
» étoient si puissantes, que rien ne pouvoit leur
» résister. Balder alloit donc dans les combats des
» dieux, au milieu des traits, sans rien craindre.
» Loke, son ennemi, voulut en savoir la raison. Il
» prit la forme d'une vieille ; et vint trouver Friga.
» Il lui dit : Dans les combats les traits et les rochers
» tombent sur votre fils Balder sans lui faire de mal.
» Je le crois bien, dit Friga, toutes ces choses me
» l'ont juré. Il n'y a rien dans la nature qui puisse
» l'offenser. J'ai obtenu cette grace de tout ce qui a
» quelque puissance. Il n'y a qu'un petit arbuste à
» qui je ne l'ai pas demandée, parce qu'il m'a paru
» trop foible. Il étoit sur l'écorce d'un chêne ; à
» peine avoit-il une racine : il vivoit sans terre. Il
» s'appelle Mistiltein. C'étoit le gui. Ainsi parla
» Friga. Loke, aussi-tôt, courut chercher cet ar-
» buste ; et venant à l'assemblée des dieux pendant
» qu'ils combattoient contre l'invulnérable Balder ;
» car leurs jeux sont des combats, il s'approcha de
» l'aveugle Hœder: Pourquoi, lui dit-il, ne lances-
» tu pas aussi des traits à Balder ? Je suis aveugle ;

» répondit Hœder, et je n'ai point d'armes. Loke
» lui présente le gui de chêne, et lui dit : Balder
» est devant toi. L'aveugle Hœder lance le gui.
» Balder tombe percé et sans vie. Ainsi le fils invul-
» nérable d'une déesse fut tué par une branche de
» gui lancée par un aveugle. Voilà l'origine du res-
» pect porté dans les Gaules à cet arbrisseau.

» Plains, ô étranger ! un peuple gouverné par la
» crainte, au défaut de la raison. J'avois cru, à ton
» arrivée, que tu en ferois naître l'empire par les
» arts de l'Egypte, et voir l'accomplissement d'un
» ancien oracle fameux parmi nous, qui prédit à
» cette ville les plus grandes destinées ; que ses
» temples s'élèveront au-dessus des forêts ; qu'elle
» réunira dans son sein des hommes de toutes les
» nations ; que l'ignorant viendra y chercher des lu-
» mières, l'infortuné des consolations, et que les
» dieux y communiqueront aux hommes comme dans
» l'heureuse Egypte. Mais ces temps sont encore
» bien éloignés ».

Le roi nous dit, à Céphas et à moi : « O mes
» amis ! profitez promptement du secours qu'Omfi
» vous apporte » : En même temps il nous fit préparer une barque armée de bons rameurs. Il nous
donna deux demi-piques de bois de frêne qu'il avoit
ferrées lui-même, et deux lingots d'or, qui étoient
les premiers fruits de son commerce. Il chargea
ensuite des hommes de confiance de nous conduire

chez les Vénétiens. « Ce sont, nous dit-il, les meil-
» leurs navigateurs des Gaules. Ils vous donneront
» les moyens de retourner dans votre pays, car leurs
» vaisseaux vont dans la Méditerranée. C'est d'ailleurs
» un bon peuple. Pour vous ! ô mes amis ! vos noms
» seront à jamais célèbres dans les Gaules. Je chan-
» terai Céphas et Amasis; et pendant que je vivrai,
» leurs noms retentiront souvent sur ces rivages. »

Ainsi nous prîmes congé de ce bon roi, et d'Omfi-
mon libérateur. Ils nous accompagnèrent jusqu'au
bord de la Seine en versant des larmes, ainsi que
nous. Pendant que nous traversions la ville, une
foule de peuple nous suivoit en nous donnant les
plus tendres marques d'affection. Les femmes portoient leurs petits enfans dans leurs bras et sur leurs
épaules, et nous montroient en pleurant les pièces
de lin dont ils étoient vêtus. Nous dîmes adieu au
roi Bardus et à Omfi, qui ne pouvoient se résoudre
à se séparer de nous. Nous les vîmes long-temps
sur la tour la plus élevée de la ville, qui nous faisoient signe des mains pour nous dire adieu.

A peine nous avions débordé l'île, que les amis
de Torstan se jetèrent dans une multitude de barques, et vinrent nous attaquer en poussant des cris
effroyables. Mais à la vue de l'arbrisseau sacré que
je portois dans mes mains et que j'élevois en l'air,
ils tomboient prosternés au fond de leurs bateaux,
comme s'ils eussent été frappés par un pouvoir

divin, tant la superstition a de force sur des esprits séduits. Nous passâmes ainsi au milieu d'eux, sans courir le moindre risque.

Nous remontâmes le fleuve pendant un jour. Ensuite ayant mis pied à terre, nous nous dirigeâmes vers l'occident, à travers des forêts presque impraticables. Leur sol étoit çà et là couvert d'arbres renversés par le temps. Il étoit tapissé par-tout de mousses épaisses et pleines d'eau, où nous enfoncions quelquefois jusqu'aux genoux. Les chemins qui divisent ces forêts et qui servent de limites à différentes nations des Gaules, étoient si peu fréquentés, que de grands arbres y avoient poussé. Les peuples qui les habitoient étoient encore plus sauvages que leur pays. Ils n'avoient d'autres temples que quelque if frappé de la foudre, ou un vieux chêne dans les branches duquel quelque druide avoit placé une tête de bœuf avec ses cornes. Lorsque la nuit, le feuillage de ces arbres étoit agité par les vents, et éclairé par la lumière de la lune, ils s'imaginoient voir les esprits et les dieux de ces forêts. Alors, saisis d'une terreur religieuse, ils se prosternoient à terre, et adoroient en tremblant ces vains fantômes de leur imagination. Nos conducteurs même n'auroient jamais osé traverser ces lieux, que la religion leur rendoit redoutables, s'ils n'avoient été rassurés bien plus par la branche de gui que je portois, que par nos raisons.

Nous ne trouvâmes, en traversant les Gaules, aucun culte raisonnable de la divinité, si ce n'est qu'un soir, en arrivant sur le haut d'une montagne couverte de neige, nous y aperçûmes un feu au milieu d'un bois de hêtres et de sapins. Un rocher mousseux, taillé en forme d'autel, lui servoit de foyer. Il y avoit autour, de grands amas de bois sec, et des peaux d'ours et de loups étoient suspendues aux rameaux des arbres voisins. On n'apercevoit d'ailleurs autour de cette solitude, dans toute l'étendue de l'horizon, aucune marque du séjour des hommes. Nos guides nous dirent que ce lieu étoit consacré au dieu des voyageurs. Ce mot de consacré me fit frémir. Je dis à Céphas : Eloignonsnous d'ici. Tout autel m'est suspect dans les Gaules. Je n'honore désormais la divinité que dans les temples de l'Egypte. Céphas me répondit : « Fuyez » toute religion qui asservit un homme à un autre » homme au nom de la divinité, fût-ce même en » Egypte ; mais par-tout où l'homme est servi, Dieu » est dignement honoré, fût-ce même dans les Gau-» les. Par-tout, le bonheur des hommes fait la gloire » de Dieu. Pour moi, je sacrifie à tous les autels où » l'on soulage les maux du genre humain ». Alors, il se prosterna et fit sa prière ; ensuite, il jeta dans le feu un tronçon de sapin et des branches de génevrier, qui parfumèrent les airs en pétillant. J'imitai son exemple ; après quoi, nous fûmes nous asseoir au pied du rocher, dans un lieu tapissé de mousse et abrité du vent du nord; et, nous étant couverts des peaux suspendues aux arbres, malgré la rigueur du froid, nous passâmes la nuit fort chaudement. Le matin venu, nos guides nous dirent que nous marcherions jusqu'au soir sur des hauteurs semblables, sans trouver ni bois, ni feu, ni habitation. Nous bénîmes une seconde fois la Providence, de l'asyle qu'elle nous avoit donné; nous remîmes religieusement nos pelleteries aux rameaux des sapins; nous jetâmes de nouveau bois dans le foyer, et, avant de nous mettre en route, je gravai ces mots sur l'écorce d'un hêtre:

CÉPHAS ET AMASIS
ONT ADORÉ ICI LE DIEU
QUI PREND SOIN DES VOYAGEURS.

Nous passâmes successivement chez les Carnutes, les Cénomanes (26), les Diablintes, les Redons, les Curiosolites, les habitans de Dariorigum, et enfin nous arrivâmes à l'extrémité occidentale de la Gaule, chez les Vénétiens. Les Vénétiens sont les plus habiles navigateurs de ces mers. Ils ont même fondé une colonie de leur nom, au fond du golfe Adriatique. Dès qu'ils surent que nous étions les amis du roi Bardus, ils nous comblèrent d'amitié. Ils nous offrirent de nous ramener directement en Egypte, où ils ont porté leur commerce; mais, comme ils

trafiquoient aussi dans la Grèce. Céphas me dit :
« Allons en Grèce, nous y aurons des occasions
» fréquentes de retourner dans votre Patrie. Les
» Grecs sont amis des Egyptiens. Ils doivent à
» l'Egypte les fondateurs les plus illustres de leurs
» villes. Cécrops a donné des loix à Athènes, et
» Inachus à Argos. C'est à Argos que règne Agamem-
» non, dont la réputation est répandue par toute la
» terre. Nous l'y verrons couvert de gloire au sein
» de sa famille, et entouré de rois et de héros. S'il
» est encore au siége de Troie, ses vaisseaux nous
» ramèneront aisément dans votre Patrie. Vous avez
» vu le dernier degré de civilisation en Egypte, la
» barbarie dans les Gaules; vous trouverez en Grèce
» une politesse et une élégance qui vous charme-
» ront. Vous aurez ainsi le spectacle des trois pério-
» des que parcourent la plupart des nations. Dans
» la première, elles sont au-dessous de la nature,
» elles y atteignent dans la seconde, elles vont au-
» delà dans la troisième».

Les vues de Céphas flattoient trop mon ambition
pour la gloire, pour ne pas saisir l'occasion de connoître des hommes aussi fameux que les Grecs, et
sur-tout qu'Agamemnon. J'attendis avec impatience
le retour des jours favorables à la navigation; car
nous étions arrivés en hiver chez les Vénétiens.
Nous passâmes cette saison dans des festins conti-
nuels, suivant l'usage de ces peuples. Dès que le

printemps fut venu, nous nous embarquâmes pour
Argos. Avant de quitter les Gaules, nous apprîmes
que notre départ de Lutétia avoit fait naître la tranquillité dans les états du roi Bardus, mais que sa
fille la belle Gotha s'étoit retirée avec ses femmes
dans le temple d'Isis, à laquelle elle s'étoit consacrée, et que nuit et jour elle faisoit retentir la forêt
de ses chants harmonieux.

Je fus très-sensible au chagrin de ce bon roi, qui
perdoit sa fille par un effet même de notre arrivée
dans son pays, qui devoit le couvrir un jour de
gloire; et j'éprouvai moi-même la vérité de cette
ancienne maxime, que la considération publique
ne s'acquiert qu'aux dépens du bonheur domestique.

Après une navigation assez longue, nous rentrâ-
mes dans le détroit d'Hercule. Je sentis une joie
vive, à la vue du ciel de l'Afrique, qui me rappeloit le climat de ma Patrie. Nous vîmes les hautes
montagnes de la Mauritanie, Abila, située au détroit
d'Hercule, et celles qu'on nomme les Sept-Frères,
parce qu'elles sont d'une égale hauteur. Elles sont
couvertes depuis leur sommet jusqu'au bord de la
mer, de palmiers chargés de dattes. Nous découvrîmes les riches coteaux de la Numidie, qui se cou-
ronnent deux fois par an de moissons qui croissent
à l'ombre des oliviers, tandis que des haras de
superbes chevaux paissent en toute saison dans leurs

vallées toujours vertes. Nous côtoyâmes les bords de
la Syrte, où croît le fruit délicieux du Lothos, qui
fait, dit-on, oublier la Patrie aux étrangers qui en
mangent. Bientôt nous apperçûmes les sables de la
Libye, au milieu desquels sont placés les jardins
enchantés des Hespérides, comme si la nature se
plaisoit à faire contraster les contrées les plus arides
avec les plus fécondes. Nous entendions la nuit les
rugissemens des tigres et des lions, qui venoient se
baigner dans la mer; et au lever de l'aurore, nous les
voyions se retirer vers les montagnes.

Mais la férocité de ces animaux n'approchoit pas
de celle des hommes de ces régions. Les uns
immolent leurs enfans à Saturne; d'autres ensève-
lissent les femmes toutes vives dans les tombeaux
de leurs époux. Il y en a qui, à la mort de leurs rois,
égorgent tous ceux qui les ont servis. D'autres
tâchent d'attirer les étrangers sur leurs rivages,
pour les dévorer. Nous pensâmes un jour être la
proie de ces anthropophages; car, pendant que nous
étions descendus à terre, et que nous échangions
paisiblement avec eux de l'étain et du fer pour diverses sortes de fruits excellens qui croissent dans
leur pays, ils nous dressèrent une embuscade dont
nous ne sortîmes qu'avec bien de la peine. Depuis
cet événement, nous n'osâmes débarquer sur ces
côtes inhospitalières, que la nature a placées en
vain sous un si beau ciel.

J'étois si irrité des traverses de mon voyage entrepris pour le bonheur des hommes, et sur-tout de
cette dernière perfidie, que je dis à Céphas : Je crois
toute la terre, excepté l'Egypte, couverte de barbares. Je crois que des opinions absurdes, des religions inhumaines et des mœurs féroces sont le
partage naturel de tous les peuples ; et sans doute
la volonté de Jupiter est qu'ils y soient abandonnés
pour toujours ; car il les a divisés en tant de langues
différentes, que l'homme le plus bienfaisant, loin
de pouvoir les réformer, ne peut pas seulement
s'en faire entendre.

Céphas me répondit : « N'accusons point Jupiter
» des maux des hommes. Notre esprit est si borné,
» que quoique nous sentions quelquefois que nous
» sommes mal, il nous est impossible d'imaginer
» comment nous pourrions être mieux. Si nous
» ôtions un seul des maux naturels qui nous cho-
» quent, nous verrions naître de son absence
» mille autres maux plus dangereux. Les peuples ne
» s'entendent point ; c'est un mal, selon vous : mais
» s'ils parloient tous le même langage, les impos-
» tures, les erreurs, les préjugés, les opinions
» cruelles particulières à chaque nation, se répan-
» droient par toute la terre. La confusion générale
» qui est dans les paroles, seroit alors dans les
» pensées ». Il me montra une grappe de raisin :
« Jupiter, dit-il, a divisé le genre humain en plu-

» sieurs langues , comme il a divisé en plusieurs
» grains cette grappe , qui renferme un grand nom-
» bre de semences , afin que si une partie de ces
» semences se trouvoit attaquée par la corruption ,
» l'autre en fût préservée (27).

» Jupiter n'a divisé les langages des hommes ,
» qu'afin qu'ils pussent toujours entendre celui de
» la nature. Par-tout la nature parle à leur cœur ,
» éclaire leur raison , et leur montre le bonheur
» dans un commerce mutuel de bons offices. Par-
» tout , au contraire , les passions des peuples dé-
» pravent leurs cœurs, obscurcissent leurs lumières,
» les remplissent de haines , de guerres , de discorde
» et de superstitions , en ne leur montrant le bon-
» heur que dans leur intérêt personnel et dans la
» ruine d'autrui.

» La division des langues empêche ces maux par-
» ticuliers de devenir universels ; et s'ils sont per-
» manens chez quelques peuples , c'est qu'il y a des
» corps ambitieux qui en profitent ; car l'erreur et
» le vice sont étrangers à l'homme. L'office de la
» vertu est de détruire ces maux. Sans le vice , la
» vertu n'auroit guère d'exercice sur la terre. Vous
» allez arriver chez les Grecs. Si ce qu'on a dit d'eux
» est véritable , vous trouverez dans leurs mœurs
» une politesse et une élégance qui vous raviront.
» Rien ne doit être égal à la vertu de leurs héros ,
» exercés par de longs malheurs ».

Tout ce que j'avois éprouvé jusqu'alors de la barbarie des nations, redoubloit le desir que j'avois d'arriver à Argos, et de voir le grand Agamemnon heureux au milieu de sa famille. Déjà nous apercevions le cap de Ténare, et nous étions près de le doubler, lorsqu'un vent furieux d'Afrique nous jeta sur les Strophades. Nous voyions la mer se briser contre les rochers qui environnent ces îles. Tantôt, en se retirant, elle en découvroit les fondemens caverneux; tantôt, s'élevant tout-à-coup, elle les couvroit, en rugissant, d'une vaste nappe d'écume. Cependant nos matelots s'obstinoient, malgré la tempête, à atteindre le cap de Ténare, lorsqu'un tourbillon de vent déchira nos voiles. Alors, nous avons été forcés de relâcher à Stényclaros.

De ce port, nous nous sommes mis en route pour nous rendre à Argos par terre. C'est en allant à ce séjour du roi des rois, que nous vous avons rencontré, ô bon berger ! Maintenant, nous désirons vous accompagner au mont Lycée, afin de voir l'assemblée d'un peuple dont les bergers ont des mœurs si hospitalières et si polies. En disant ces dernières paroles, Amasis regarda Céphas, qui les approuva d'un signe de tête.

Tirtée dit à Amasis : « Mon fils, votre récit nous » a beaucoup touchés ; vous avez dû en juger par » nos larmes. Les Arcadiens ont été plus malheu- » reux que les Gaulois. Nous n'oublierons jamais le

» règne de Lycaon, changé jadis en loup, en pu-
» nition de sa cruauté. Mais, à cette heure, ce sujet
» nous mèneroit trop loin. Je remercie Jupiter de
» vous avoir disposé, ainsi que votre ami, à passer
» demain la journée avec nous au mont Lycée.
» Vous n'y verrez ni palais, ni ville royale, et en-
» core moins des sauvages et des druides, mais des
» gazons, des bois, des ruisseaux, et des bergers
» qui vous recevront de bon cœur. Puissiez-vous
» prolonger long-temps votre séjour parmi nous !
» vous trouverez demain, à la fête de Jupiter, des
» hommes de toutes les parties de la Grèce, et des
» Arcadiens bien plus instruits que moi, qui con-
» noîtront sans doute la ville d'Argos. Pour moi, je
» vous l'avoue, je n'ai jamais ouï parler du siége de
» Troie, ni de la gloire d'Agamemnon, dont on
» parle, dites-vous, par toute la terre. Je ne me
» suis occupé que du bonheur de ma famille et de
» celui de mes voisins. Je ne connois que les prai-
» ries et les troupeaux. Jamais je n'ai porté ma cu-
» riosité hors de mon pays. La vôtre, qui vous a jeté
» si jeune au milieu des nations étrangères, est
» digne d'un dieu ou d'un roi ».

Alors Tirtée se retournant vers sa fille, lui dit :
« Cyanée, apportez-nous la coupe d'Hercule ». Cyanée se leva aussi-tôt, courut la chercher, et la présenta à son père d'un air riant. Tirtée la remplit de
vin ; puis, s'adressant aux deux voyageurs, il leur

dit : « Hercule a voyagé comme vous, mes chers
» hôtes. Il est venu dans cette cabane ; il s'y est
» reposé lorsqu'il poursuivit, pendant un an, la
» biche aux pieds d'airain du mont Erimanthe. Il a
» bu dans cette coupe : vous êtes dignes d'y boire
» après lui. Aucun étranger n'y a bu avant vous. Je
» ne m'en sers qu'aux grandes fêtes, et je ne la
» présente qu'à mes amis ». Il dit, et il offrit la
coupe à Céphas. Elle étoit de bois de hêtre, et
tenoit une siate de vin. Hercule la vidoit d'une seule
haleine ; mais Céphas, Amasis et Tirtée eurent assez
de peine à la vider, en y buvant deux fois tour-à-
tour.

Tirtée ensuite conduisit ses hôtes dans une
chambre voisine. Elle étoit éclairée par une fenêtre
fermée d'une claie de roseaux, à travers laquelle on
apercevoit, au clair de la lune, dans la plaine voisine, les îles de l'Alphée. Il y avoit dans cette
chambre deux bons lits, avec des couvertures d'une
laine chaude et légère. Alors, Tirtée prit congé de
ses hôtes, en souhaitant que Morphée versât sur eux
ses plus doux pavots. Quand Amasis fut seul avec
Céphas, il lui parla avec transport de la tranquillité
de ce vallon, de la bonté du berger, de la sensibilité et des graces de sa jeune fille, à laquelle il ne
trouvoit rien de comparable, et des plaisirs qu'il se
promettoit le lendemain à la fête de Jupiter, où il
se flattoit de voir un peuple entier aussi heureux que

cette famille solitaire. Ces agréables entretiens leur auroient fait passer à l'un et à l'autre la nuit sans dormir, malgré les fatigues de leur voyage, s'ils n'avoient été invités au sommeil par la douce clarté de la lune qui luisoit à travers la fenêtre, par le murmure du vent dans le feuillage des peupliers, et par le bruit lointain de l'Achéloüs, dont la source se précipite en mugissant du haut du mont Lycée.

NOTES.

(1) *Au fond couloit un ruisseau appelé Achéloüs.* Il y avoit en Grèce plusieurs fleuves et ruisseaux de ce nom. Il ne faut pas confondre ce ruisseau qui sortoit du mont Lycée, avec le fleuve du même nom qui descendoit du Pinde, et séparoit l'Etolie de l'Acarnanie. Ce fleuve Achéloüs, selon la Fable, se changea en taureau pour disputer à Hercule Déjanire, fille d'Œnée, roi d'Etolie. Mais Hercule l'ayant saisi par une de ses cornes, la lui rompit; et le fleuve désarmé fut obligé, pour ravoir sa corne, de lui donner une de celles de la chèvre Amalthée. Les Grecs voiloient les vérités naturelles sous des fables ingénieuses. Voici le sens de celle-ci. Les Grecs donnoient le nom d'Achéloüs à plusieurs fleuves, du mot Ἀγέλη (*Agélé*), qui signifie troupeau de bœufs, ou à cause du mugissement de leurs eaux, ou plutôt, parce que leurs têtes se séparent ordinairement, comme celle des bœufs, en cornes ou embouchures, qui facilitent leur confluence entre eux ou dans la mer, ainsi que nous l'avons observé dans nos Etudes précédentes. Or, l'Achéloüs étant sujet à se déborder, Hercule, ami d'Œnée, roi d'Etolie, tira de ce fleuve, suivant Strabon, un canal d'arrosement qui affoiblit une de ses embouchures, ce qui fit dire qu'Hercule lui avoit rompu une de ses cornes. Mais comme, d'un autre côté, il résulta de ce canal beaucoup de fertilité pour le pays, les Grecs ajoutèrent qu'Achéloüs, à la place de sa corne de taureau, avoit donné en échange celle de la chèvre Amalthée, qui, comme on sait, étoit le symbole de l'abondance.

(2) *Memnon, pour lequel on construisoit à Thèbes un superbe tombeau.* Memnon, fils de Tithon et de l'Aurore, fut tué au siege de Troie par Achille. On lui érigea à Thèbes en Egypte un superbe tombeau, dont les ruines subsistent encore sur les bords du Nil, dans un lieu appelé par les anciens Memnonium, et aujourd'hui par les Arabes, Médinet-Habou, c'est-à-dire, ville du Père. On y voit les débris colossaux de sa statue, d'où sortoient autrefois des sons harmonieux au lever de l'aurore.

Je me propose de faire ici quelques observations au sujet du bruit que produisoit cette statue, parce qu'il interesse particulièrement l'étude de la nature. D'abord, on ne peut revoquer ce fait en doute. L'anglais Richard Pockocke, qui vit en 1738, les restes du Memnonium, dont il nous a donné une description aussi detaillée qu'on puisse la faire aujourd'hui, rapporte sur l'effet merveilleux de la statue de Memnon, plusieurs autorités des anciens, que voici en abrégé.

Strabon dit qu'il y avoit dans le Memnonium, entre autres figures colossales, deux statues à peu de distance l'une de l'autre, que la partie supérieure de l'une avoit été renversée, et qu'il sortoit une fois le jour, de son piedestal, un bruit pareil à celui qu'on entend lorsqu'on frappe sur quelque chose de dur. Il ouït lui-même le son, étant sur le lieu avec Ælius Gallus; mais il ne put savoir s'il venoit, ou de la base, ou de la statue, ou de ceux qui étoient autour.

Pline le naturaliste, bien plus circonspect qu'on ne le croit, lorsqu'il s'agit d'attester un fait extraordinaire, se contente de rapporter celui-ci sur la foi publique, en employant ces expressions de doute: *Narratur, ut putant, dicunt,* dont il se sert si frequemment dans son ouvrage. C'est en parlant de la pierre de basalte, *Hist. nat. l. 36, c. 7.*

Invenit eadem Ægyptus in Æthiopiâ quem vocant basal-
ten, ferrei coloris atque duritiæ....

Non ab similis illi narratur in Thebis, delubro Serapis,
ut putant, Memnonis statuâ dicatus; quem quotidiano solis
ortu contactum radiis crepare dicunt.

« Les Égyptiens trouvent aussi en Éthiopie une pierre
» appelée basalte, qui a la couleur et la dureté du fer.....

» On raconte que c'est de cette même pierre qu'est faite
» à Thèbes, dans le temple de Sérapis, la statue de Memnon,
» qui, dit-on, fait du bruit chaque jour, lorsqu'elle est tou-
» chée par les rayons du soleil levant ».

Juvénal, si en garde contre les superstitions, et sur-tout
contre celles de l'Égypte, adopte ce fait dans sa satire 15e,
qu'il a dirigée contre ces mêmes superstitions :

Effigies sacri nitet aurea cercopitheci,
Dimidio magicæ resonant ubi Memnone chordæ,
Atque vetus Thebe centum jacet obruta portis.

« Le simulacre doré d'un singe sacré, à longue queue,
» brille encore, où résonnent les cordes magiques de la moi-
» tié de la statue de Memnon, dans l'ancienne Thèbes ense-
» velie sous les débris de ses cent portes ».

Pausanias rapporte que ce fut Cambyse qui brisa cette
statue; que la moitié du tronc étoit par terre; que l'autre
moitié rendoit tous les jours, au lever du soleil, un son
pareil à celui que rend la corde d'un arc qui casse pour être
trop tendue.

Philostrate en parle comme témoin. Il dit, dans la Vie
d'Apollonius de Thyane, que le Memnonium étoit non-seulement un temple, mais un forum; c'est-à-dire un lieu de
très-grande étendue, ayant ses places publiques, ses bâti-
mens particuliers, &c. Car les temples, dans l'antiquité,

avoient beaucoup de dépendances extérieures, des bois qui
leur étoient consacrés, des logemens pour les prêtres, les
victimes, et pour recevoir les étrangers. Philostrate assure
qu'il vit la statue de Memnon entière, ce qui suppose que
de son temps on en avoit réparé la partie supérieure. Il la
représente sous la forme d'un jeune homme assis, qui regardoit le soleil levant. Elle étoit de pierre noire. Elle avoit ses
deux pieds de niveau, comme toutes les statues anciennement faites avant Dédale, qui le premier, dit-on, porta les
pieds des statues l'un devant l'autre. Ses deux mains étoient
appuyées sur ses cuisses, comme si elle vouloit se lever.

On auroit cru, à ses yeux et à sa bouche, qu'elle alloit
parler. Philostrate et ses compagnons de voyage ne furent
point surpris de l'attitude de cette statue, parce qu'ils ignoroient sa vertu : mais lorsque les rayons du soleil levant
vinrent à darder sur sa tête, ils ne furent pas plutôt arrivés
à sa bouche qu'elle parla en~~ une voix~~ qui leur parut un prodige.

Ainsi voilà une suite d'auteurs graves, depuis Strabon
qui vivoit sous Auguste, jusqu'à Philostrate sous Caracalla
et Géta, c'est-à-dire, pendant un espace de deux cents ans,
qui affirment que la statue de Memnon faisoit du bruit au
lever de l'aurore.

Pour Richard Pockocke, qui n'en vit que la moitié en
1738, il la trouva dans le même état que Strabon l'avoit vue
environ 1758 ans auparavant, excepté qu'il n'en sortoit
aucun son. Il dit qu'elle est d'une espèce particulière de
granit dur et poreux, tel qu'il n'en avoit jamais vu, qui
ressemble beaucoup à la pierre d'aigle. A trente pieds d'elle,
au nord, il y a, ainsi que du temps de Strabon, une autre
statue colossale entière, bâtie de cinq assises de pierres,
dont le piédestal a 30 pieds de long et 17 de large. Mais le

piédestal de la statue mutilée, qui est celle de Memnon, a 33 pieds de long sur 19 pieds de largeur. Il est d'une seule pièce, quoique fendu à 10 pieds du dos de la statue. Pockocke ne parle point de la hauteur de ces piédestaux, sans doute parce qu'ils sont encombrés dans les sables, ou plutôt parce que l'action perpétuelle et insensible de la pesanteur, les aura fait enfoncer dans la terre, ainsi qu'on le remarque à tous les anciens monumens qui ne sont point fondés sur le roc vif. Cet effet s'observe même sur les canons et sur les piles de boulets posés sur le sol de nos arsenaux, qui s'y enterrent au bout de quelques années, s'ils ne sont supportés par de bonnes plates-formes.

Quant au reste de la statue de Memnon, voici les dimensions que Pockocke en donne :

Depuis la plante des pieds jusqu'à la cheville. 2 pieds 6 p.
Idem, jusqu'au coude-pied. . . . . 4 pieds.
Idem, jusqu'au haut du genou. . . . . 19 pieds.
Le pied a 5 pieds de largeur, et la jambe 4 pieds d'épaisseur.

Il y a apparence que Pockocke rapporte ces dimensions au pied anglais, ce qui les diminue à-peu-près d'un onzième. Au reste, il trouva sur le piédestal, les jambes et les pieds de la statue, plusieurs inscriptions en caractères inconnus ; d'autres très-anciennes, grecques et latines, assez mal gravées, qui sont des témoignages de ceux qui ont entendu le son qu'elle rendoit.

Les restes du Memnonium offrent tout autour, jusqu'à une grande distance, des ruines d'une immense et étrange architecture, des excavations dans le roc vif, qui font partie d'un temple, de grands pans de murs renversés et à moitié détruits, et d'autres debout ; une porte pyramidale, des avenues, des piliers carrés, surmontés de statues dont la

tête est brisée, qui tiennent un lituus d'une main et un
fouet de l'autre, comme celle d'Osiris. Plus loin, des débris
de figures gigantesques épars sur la terre, des têtes de 6 pieds
de diamètre et de 11 pieds de longueur, des épaules larges
de 21 pieds, des oreilles humaines de 3 pieds de long et de
16 pouces de large, d'autres figures qui semblent sortir de
terre, dont on ne voit que les bonnets phrygiens. Tous ces
ouvrages gigantesques sont faits des matériaux les plus précieux, de marbre noir et blanc, de marbre tout noir, de
marbre tacheté de rouge, de granit noir, de granit jaune,
et sont chargés la plupart d'hiéroglyphes. Quels sentimens
de respect et d'admiration devoient produire sur des peuples
superstitieux ces énormes et mystérieuses fabriques, sur-
tout lorsque dans leurs parvis silencieux on entendoit, aux
premiers rayons de l'aurore, des sons plaintifs sortir d'une
poitrine de pierre, et le colossal Memnon soupirer à la vue
de sa mère !

Ce fait est trop bien attesté et a duré trop long-temps,
pour qu'on puisse le révoquer en doute. Cependant plusieurs
savans l'ont attribué à quelque artifice extérieur et momen-
tané des prêtres de Thèbes. Il paroît même que Strabon,
témoin du bruit de la statue, le donne à entendre. En effet,
nous savons que les ventriloques peuvent, sans remuer les
lèvres, faire ouïr des paroles et des bruits qui semblent venir
de bien loin, quoiqu'ils les produisent de fort près. Pour
moi, quelque durable qu'on suppose l'effet merveilleux de
la statue de Memnon, je le conçois produit par l'aurore, et
facile à imiter, sans qu'on soit obligé d'en renouveler l'artifice qu'après des siècles. On sait que les prêtres de l'Egypte
faisoient une étude particulière de la nature, qu'ils en avoient
fait une science connue sous le nom de magie, dont ils se
réservoient la connoissance. Ils n'ignoroient pas sans doute

l'effet de la dilatation des métaux, et, entre autres, du fer, que le froid raccourcit et que la chaleur alonge. Ils pouvoient avoir placé dans la grande base de la statue de Memnon, une longue verge de fer en spirale, et susceptible, par son étendue, de se contracter et de se dilater à la plus légère action du froid et de la chaleur.

Ce moyen étoit suffisant pour y faire résonner quelque timbre de métal. Leurs statues colossales étant creuses en partie, comme on le voit au sphynx, près des pyramides du Caire, ils y pouvoient disposer toutes sortes de machines. La pierre même de la statue de Memnon étant, selon Pline, un basalte qui a la dureté et la couleur du fer, peut fort bien se contracter et se dilater comme ce métal, dont elle paroît composée. Elle est certainement d'une nature différente des autres pierres, puisque Pockocke, qui en avoit observé de toutes les espèces, dit qu'il n'en avoit jamais vu de semblable. Il lui attribue un caractère particulier de dureté et de porosité qui convient en général aux pierres ferrugineuses. Elle pouvoit donc être susceptible de contraction et de dilatation, et avoir ainsi en elle-même un principe de mouvement, sur-tout au lever de l'aurore, où le contraste du froid de la nuit et des premiers rayons du soleil levant a le plus d'action.

Cet effet devoit être infaillible sous un ciel comme celui de la haute Egypte, où il ne pleut presque jamais. Les sons de la statue de Memnon, au moment où le soleil paroissoit sur l'horizon de Thèbes, n'avoient donc rien de plus merveilleux que l'explosion du canon du Palais-Royal, et celle du mortier du Jardin des-Plantes, au moment où le soleil passe au méridien de Paris. Avec un verre ardent, des mèches et de la poudre à canon, on pourroit rendre, au milieu d'un désert, une statue de Jupiter foudroyante, à

tel jour de l'année, et même à telle heure du jour et de la
nuit que l'on voudroit. Elle paroîtroit d'autant plus mer-
veilleuse, qu'elle ne tonneroit qu'en temps serein, comme
les foudres à grands présages chez les anciens. Quels prodiges n'opéreroit-on pas aujourd'hui sur des peuples prévenus des préjugés de la superstition, avec l'électricité, qui,
au moyen d'un fil de fer ou de cuivre, frappe d'une manière
invisible, peut tuer un homme d'un seul coup, fait tomber
le tonnerre du sein de la nue, et le dirige où l'on veut dans
sa chute ? Quel effet ne pourroit-on pas produire avec l'aé-
rostatique, cet art nouveau parmi nous, qui, au moyen d'un
globe de taffetas enduit de gomme élastique, et rempli d'un
air putride huit ou dix fois plus léger que celui que nous
respirons, élève plusieurs hommes à la fois au-dessus des
nuages, où les vents les transportent à des distances prodigieuses, en leur faisant faire neuf ou dix lieues par heure
sans la moindre fatigue ? A la vérité, nos aérostats nous
sont inutiles, parce qu'ils ne vont qu'au gré des vents, et
que nous n'avons pas encore trouvé le moyen de les diriger ;
mais je suis persuadé qu'on atteindra un jour à ce point de
perfection. Il y a, au sujet de cette invention, un passage
fort curieux dans l'Histoire de la Chine, qui prouve que les
Chinois ont connu anciennement les aérostats, et qu'ils
savoient les conduire où ils vouloient, de jour et de nuit.
Cela ne doit point surprendre de la part d'une nation qui
avoit inventé avant nous l'imprimerie, la boussole, et la
poudre à canon.

Je vais rapporter ce fait des Annales chinoises en entier,
afin de rendre nos lecteurs incrédules plus circonspects,
lorsqu'ils traitent de fables ce qu'ils ne comprennent pas dans
l'histoire de l'antiquité, et les lecteurs crédules, moins
faciles lorsqu'ils attribuent à des miracles ou à la magie, des

effets que la physique moderne imite aujourd'hui publiquement.

C'est au sujet de l'empereur Ki, selon le P. Le Comte, ou Kieu, selon la prononciation du P. Martini, qui nous a donné une Histoire des premiers empereurs de la Chine, d'après les Annales du pays. Ce prince, qui régnoit il y a environ trois mille six cents ans, se livra à tant de cruautés et à de si grands désordres, que son nom est encore aujourd'hui détesté à la Chine, et que lorsqu'on veut y parler d'un homme déshonoré par toutes sortes de crimes, on lui donne le nom de Kieu. Pour jouir sans distraction de ses voluptés, il se retira avec son épouse et ses favoris dans un superbe palais, fermé de tous côtés à la clarté du soleil. Il y suppléoit par un nombre prodigieux de magnifiques lanternes, dont la lumière lui sembloit préférable à celle de l'astre du jour, parce qu'elle étoit toujours constante, et qu'elle ne lui rappeloit point, par les révolutions du jour et de la nuit, le cours rapide de la vie humaine. Ainsi au milieu de ses appartemens toujours illuminés, il renonça au gouvernement de l'Empire, pour subir le joug de ses propres passions. Mais les peuples dont il abandonnoit les intérêts, s'étant révoltés, le forcèrent de sortir de sa retraite infâme, d'où il fut errant pendant toute sa vie, ayant privé, par sa conduite, ses descendans de la couronne, qui passa dans une autre famille, et laissant une mémoire en si grande exécration, que les historiens chinois ne l'appellent jamais que le Brigand, sans lui donner le titre d'empereur.

« Cependant, dit le P. Le Comte, on détruisit son palais, » et pour conserver à la postérité la mémoire d'une si indigne » action, on en suspendit les lanternes dans tous les quartiers » de la ville. Cette coutume se renouvela tous les ans, et » devint, depuis ce temps-là, une fête considérable dans

» tout l'empire. On la célèbre à Yamt-Cheou avec plus de
» magnificence que nulle autre part, et l'on dit qu'autrefois
» les illuminations en étoient si belles, qu'un empereur,
» n'osant quitter ouvertement sa Cour pour y aller, se mit
» avec la reine et plusieurs princesses de sa maison entre les
» mains d'un magicien, qui promit de les y transporter en
» très-peu de temps. Il les fit monter, durant la nuit, sur
» des trônes magnifiques, qui furent enlevés par des cygnes,
» et qui en un moment arrivèrent à Yamt-Cheou.

» L'empereur, porté en l'air sur des nuages qui s'abais-
» sèrent peu à peu sur la ville, vit à loisir toute la fête : il
» en revint ensuite avec la même vîtesse et par le même
» équipage, sans qu'on se fût aperçu à la Cour de son ab-
» sence. Ce n'est pas la seule fable que les Chinois racontent.
» Ils ont des histoires sur tout, car ils sont superstitieux à
» l'excès; et en matière de magie, soit feinte, soit véritable,
» il n'y a pas de peuple au monde qui les ait égalés. » (*Mé-*
moires sur l'état présent de la Chine, par le P. Louis Le
Comte, lettre 6.

Cet empereur qui fut porté en l'air s'appeloit Tam, selon
le P. Magaillans, et cet événement arriva deux mille ans
après le règne de Kieu, c'est-à-dire, il y a environ seize
cents ans. Le P. Magaillans, qui ne révoque point cet événement en doute, quoiqu'il le suppose opéré par la magie,
ajoute, d'après les Chinois, que l'empereur Tam fit faire en
l'air, par ses musiciens, un concert de voix et d'instrumens
qui surprit beaucoup les habitans d'Yamt-Cheou. Cette ville
est à environ dix-huit lieues de Nankin, où on peut supposer qu'étoit alors l'empereur. Cependant s'il étoit à Pekin,
comme Magaillans le donne à entendre, en disant que le
courier d'Yamt-Cheou fut un mois en route pour lui porter
la nouvelle de cette musique extraordinaire, qu'on attri-

buoit à des habitans du ciel, le voyage aérien fut de 175 lieues en ligne droite.

Mais sans sortir du fait en lui-même, si le P. Le Comte avoit vu en plein midi, ainsi que tous les habitans de Paris, de Londres et de plusieurs villes considérables de l'Europe, des physiciens suspendus à des globes au-dessus des nuages, portés en peu d'heures à quarante ou cinquante lieues du point de leur départ, et un d'entre eux traverser dans les airs le bras de mer qui sépare l'Angleterre de la France, il n'auroit pas traité si légèrement de fable la tradition des Chinois. Je trouve d'ailleurs une grande analogie de formes entre ces *trônes magnifiques*, et ces *nuages qui s'abaissoient peu à peu sur la ville d'Yamt-Cheou*, et nos globes aérostatiques, auxquels on peut donner si aisément ces décorations volumineuses. Il n'y a que les cygnes qui les guidoient qui peuvent nous paroître difficiles à conduire. Mais pourquoi les Chinois n'auroient-ils pu dresser au simple vol les cygnes, oiseaux herbivores, si aisés à priver par la domesticité, tandis que nous avons instruit le faucon, oiseau de proie toujours sauvage, à attaquer le gibier, et à revenir ensuite sur le poing du chasseur? Les Chinois, mieux policés, plus anciens et plus pacifiques que nous, ont eu sur la nature des lumières que nos discordes continuelles ne nous ont permis d'acquérir que bien tard, et ce sont sans doute ces lumières naturelles que le P. Le Comte, d'ailleurs homme d'esprit, regarde comme une *magie feinte ou véritable*, dans laquelle il avoue que les Chinois surpassent toutes les nations. Pour moi, qui ne suis pas magicien, je crois entrevoir, d'après quelques ouvrages de la nature, un moyen facile de diriger les aérostats, même contre le vent; mais je ne le publierois pas quand je serois certain de son succès. Quels maux n'ont pas attirés au genre humain la perfection de la

boussole et de la poudre à canon ! Il ne s'agit pas de nous
rendre plus savans, mais meilleurs. La science est un flambeau qui éclaire entre les mains des sages, et qui incendie
entre les mains des méchans.

(3) *Vous êtes Asiatique.* Amasis étoit Egyptien, et l'Egypte
est en Afrique ; mais les anciens la mettoient en Asie. Le
Nil servoit de limite à l'Asie du côté de l'occident. *Voyez*
Pline et les anciens géographes.

(4) *A la hauteur de Mélite.* C'est l'île de Malte.

(5) *Du xylon.* C'est le coton en herbe : il est originaire
d'Egypte. On en fait maintenant à Malte de très-jolis ouvrages qui servent à faire vivre la plupart du peuple, qui
y est fort pauvre. Il y en a une seconde espèce en arbrisseau, que l'on cultive en Asie et dans nos colonies d'Amérique. Je crois même qu'il y en a une troisième espèce en
Amérique, portée par un grand arbre épineux, tant la
nature a pris soin de répandre une végétation si utile dans
les parties chaudes du monde ! Ce qu'il y a de certain, c'est
que les Sauvages des parties de l'Amérique comprises entre
les tropiques, se faisoient des habits et des hamacs de coton,
lorsque Colomb y aborda.

(6) *Une quantité prodigieuse de cailles.* Les cailles passent
encore à Malte à jour nommé et marqué sur l'almanach du
pays. Les coutumes des animaux ne varient point ; mais
celles des hommes ont un peu changé dans cette île. Quelques grands-maîtres de l'ordre de Saint-Jean, auxquels cette
île appartient, y ont fait des travaux pour l'utilité publique,
entre autres, ils y ont conduit l'eau d'un ruisseau jusque
dans le port. Il y reste sans doute bien d'autres projets à
faire pour le bonheur des hommes.

(7) *Jusqu'aux îles d'Enosis.* Ce sont aujourd'hui les îles

de Saint-Pierre et de Saint-Antioche. Elles sont fort petites, mais on y pêche une grande quantité de thons, et on y fait beaucoup de sel.

(8) *L'exercice du corps est l'aliment de la santé.* Quelques philosophes ont poussé la chose plus loin. Ils ont prétendu que l'exercice du corps étoit l'aliment de l'ame. L'exercice du corps n'est bon que pour la santé; l'ame a le sien à part. Rien n'est si commun que de voir des hommes délicats qui ont de la vertu, et des hommes robustes qui en manquent. La vertu n'est pas plus le résultat des qualités physiques, que la force du corps n'est l'effet des qualités morales. Tous les tempéramens sont également propres au vice et à la vertu.

(9) *Elle porte toujours le nom de Héva.* Il y a en effet, à l'embouchure de la Seine, sur sa rive gauche, une montagne formée de couches de pierres noires et blanches, qui s'appelle la Hève. Elle sert de renseignement aux marins, et on y a placé un pavillon pour signaler leurs vaisseaux.

(10) *J'aperçus à la blancheur de son écume une montagne d'eau.* Cette montagne d'eau est produite par les marées qui entrent de la mer dans la Seine, et la font refluer contre son cours. On l'entend venir de fort loin, sur-tout la nuit. On l'appelle *la Barre*, parce qu'elle barre tout le cours de la Seine. Cette barre est ordinairement suivie d'une seconde barre encore plus élevée, qui la suit à cent toises de distance. Elles courent beaucoup plus vite qu'un cheval au galop.

(11) *Les druides honorent ces divinités.* On peut consulter sur les mœurs et la mythologie des anciens peuples du Nord, Hérodote, les Commentaires de César, Suétone,

IV. E e

Tacite, l'Eda de M. Mallet, et les Collections suédoises traduites par M. le chevalier de Kéralio.

(12) *Ils le privent de la communion de leurs mystères.* César dit précisément la même chose dans ses Commentaires.

(13) *Ils couvrent d'étain des plaques de fer.* Les Lapons savent filer l'étain avec beaucoup d'art. En général, on reconnoît une grande perfection dans tous les arts exercés par les peuples sauvages. Les canots et les raquettes des Esquimaux ; les pros des insulaires de la mer du Sud ; les filets, les lignes, les hameçons ; les arcs, les flèches, les haches de pierre, les habits et les parures de tête de la plupart de ces nations, ont la plus exacte conformité avec leurs besoins. Pline attribue l'invention des tonneaux aux Gaulois. Il loue leur élamure, leur teinture en pastel, &c.

(14) *On la condamne au feu.* Voyez les Commentaires de César.

(15) *Leur attribue quelque chose de divin.* Voyez Tacite sur les mœurs des Germains.

(16) *Pour son fils Sifione.* Les Gaulois, ainsi que les peuples du Nord, appeloient Vénus Siofne, et Cupidon Sifione. Voyez l'*Eda.* L'arme la plus dangereuse chez les Celtes, n'étoit ni l'arc, ni l'épée ; mais le couteau. Ils en armoient les Nains, qui triomphoient avec cette arme de l'épée des Géans. L'enchantement fait avec un couteau ne pouvoit plus se rompre. L'amour gaulois devoit donc être armé, non d'un arc et d'un carquois, mais d'un couteau. Les manches de couteau dont il s'agit ici, sont des coquillages bivalves et alongés en forme de manche de couteau, dont ils portent le nom. On en trouve abondamment sur les grèves de la Normandie, où ils s'enfonissent dans le sable.

(17) *De la beauté singulière de leurs filles.* Et peut-être des procès si communs en Normandie, puisque cette pomme fut, dans son origine, un présent de la discorde. On pourroit trouver une cause moins éloignée de ces procès, dans le nombre prodigieux de petites juridictions dont cette province est remplie, dans ses coutumes litigieuses, et sur-tout dans l'éducation européenne; qui dit à chaque homme dès l'enfance : *Sois le premier.*

Il ne seroit pas si aisé de trouver les causes morales ou physiques de la beauté singulièrement remarquable du sexe dans le pays de Caux, sur-tout parmi les filles de la campagne. Ce sont des yeux bleus, une délicatesse de traits, une fraîcheur de teint, et des tailles qui feroient honneur aux plus jolies femmes de la Cour. Je ne connois qu'un autre canton dans tout le royaume, où les femmes du peuple soient aussi belles, c'est à Avignon. La beauté y a cependant un autre caractère. Ce sont de grands yeux noirs et doux, des nez aquilins, des têtes d'Angelica Kauffman. En attendant que la philosophie moderne s'en occupe, on doit permettre à la mythologie des Gaulois de rendre raison de la beauté de leurs filles, par une fable que les Grecs n'auroient peut-être pas rejetée.

(18) *Tor - Tir.* Peut-être est-ce des noms de ces deux dieux cruels du Nord; que s'est formé le mot de torture.

(19) *Dans le flanc d'un rocher tout blanc.* C'est Montmartre, *Mons Martis.* On sait que cette colline, dédiée à Mars, dont elle porte le nom, est formée d'un rocher de plâtre. D'autres, à la vérité; dérivent le nom de Montmartre de *Mons martyrum.* Ces deux étymologies peuvent fort bien se concilier. S'il y a eu autrefois beaucoup de martyrs sur cette montagne, c'est qu'il est probable qu'il

y avoit quelque idole fameuse à laquelle on les sacri-
fioit.

(20) *Il n'y avoit pour portes que de grands cuirs de
bœufs.* Les portes étoient difficiles à faire pour des peuples
sauvages qui ne connoissoient point l'usage de la scie, sans
laquelle il est fort mal-aisé de réduire un arbre en planches.
Aussi quand ils quittoient un pays, ceux qui avoient des
portes, les emportoient avec eux. Un héros de Norwège,
dont je ne me rappelle plus le nom, celui qui découvrit le
Groënland, jeta les siennes à la mer, pour connoître où les
destins vouloient le fixer, et il s'établit dans la partie du
Groënland où elles abordèrent. Les portes et leurs seuils
étoient et sont encore sacrés dans l'Orient.

(21) *A une hauteur où on ne puisse atteindre.* La noix
et la châtaigne croissent à une grande hauteur; mais ces
fruits tombent quand ils sont mûrs, et ils ne se brisent pas
dans leur chute comme les fruits mous, qui d'ailleurs viennent sur des arbres faciles à escalader.

(22) *Pour en faire du pain.* Les Gaulois vivoient, ainsi
que tous les autres peuples sauvages, de bouillie ou de fromentée. Les Romains eux-mêmes ont ignoré, pendant trois
cents ans, l'usage du pain. Suivant Pline, la bouillie ou
fromentée leur servoit de principale nourriture.

(23) *Qu'on élevât un temple à Isis.* On prétend que c'est
l'ancienne église de Sainte-Geneviève, élevée à Isis avant
l'établissement du christianisme dans les Gaules.

(24) *Ils paissoient l'anserina potentilla.* L'anserina potentilla se trouve fréquemment sur les rivages de la Seine,
aux environs de Paris. Elle les rend quelquefois tout jaunes
à la fin de l'été, par la couleur de sa fleur. Cette fleur est
en rose, de la largeur d'une pièce de vingt-quatre sols, sans

tige élevée. Elle tapisse la terre ainsi que son feuillage, qui s'étend fort loin en forme de réseau. Les oies aiment beaucoup cette plante. Ses feuilles en forme de pattes d'oie, qui sont collées contre la terre, permettent aux oiseaux aquatiques de s'y promener comme sur un tapis, et la couleur jaune de ses fleurs forme un contraste très-agréable avec l'azur de la rivière et la verdure des arbres, mais sur-tout avec la couleur marbrée des oies, qu'on y aperçoit de fort loin.

(25) *Redoutable aux dieux et aux hommes de ce pays.* Voyez la Volospa des Islandais. Cette histoire de Balder a une ressemblance singulière avec celle d'Achille, plongé par Thétis, sa mère, dans le Styx jusqu'au talon, pour le rendre invulnérable, et tué ensuite par cette partie de son corps qui n'y avoit pas été plongée, d'un coup de flèche que lui décocha l'efféminé Pâris. Ces deux fables des Grecs et des peuples sauvages du Nord, renferment un sens moral bien vrai; c'est que les forts ne doivent jamais mépriser les foibles.

(26) *Nous passâmes successivement chez les Carnutes,* &c. Les Carnutes étoient les habitans du pays Chartrain, les Cénomanes ceux du Mans, et les Diablintes ceux des environs. Les Rédons, qui habitoient la ville de Rennes, avoient les Curiosolites dans leur voisinage; et les peuples de Dariorigum étoient voisins des Vénétiens, qui habitoient Vannes en Bretagne. On prétend que les Vénitiens du golfe Adriatique, qui portent le même nom en latin, tirent leur origine d'eux. *Voyez* César, Strabon, et la Géographie de Danville.

(27) *L'autre en fut préservée.* La plupart des fruits qui renferment une agrégation de semences, comme les gre-

nades, les pommes, les poires, les oranges, et même les productions des graminées, telles que les épis de blé, les portent divisées par des peaux molles, sous des capsules fragiles; mais les fruits qui ne contiennent qu'une seule semence, ou rarement deux, comme la noix, la noisette, l'amande, la châtaigne, le cocotier, et tous les fruits à noyau, tels que la cerise, la prune, l'abricot, la pêche, la portent enveloppée de capsules fort dures, de bois, de pierre ou de cuir, faites avec un art admirable. La nature a assuré la conservation des semences agrégées, en multipliant leurs cellules, et celle des semences solitaires, en fortifiant leurs enveloppes.

(28) *Les Arcadiens ont été plus malheureux que les Gaulois.* Il semble que le premier état des nations soit celui de barbarie. On est tenté de le croire par l'exemple des Grecs, avant Orphée; des Arcadiens, sous Lycaon; des Gaulois, sous les druides; des Romains, avant Numa, et de presque tous les sauvages de l'Amérique.

Je suis persuadé que la barbarie est une maladie de l'enfance des nations, et qu'elle est étrangère à la nature de l'homme. Elle n'est souvent qu'une réaction du mal que des peuples naissans éprouvent de la part de leurs ennemis. Ce mal leur inspire une vengeance d'autant plus vive, que la constitution de leur état est plus aisée à renverser. Ainsi les petites hordes sauvages du Nouveau-Monde mangent réciproquement leurs prisonniers de guerre, quoique les familles de la même peuplade vivent entre elles dans une parfaite union. C'est par une raison semblable que les animaux foibles sont beaucoup plus vindicatifs que les grands. L'abeille enfonce son aiguillon dans la main qui s'approche de sa ruche; mais l'éléphant voit passer près de lui la flèche du chasseur, sans se détourner de son chemin.

Quelquefois la barbarie s'introduit dans une société naissante, par les individus qui s'agrègent à elle. Telle fut, dans
l'origine, celle du peuple Romain, formé en partie de brigands rassemblés par Romulus, et qui ne commencèrent à
être civilisés que par Numa. D'autres fois, elle se communique comme une épidémie à un peuple déjà policé, par la
simple fréquentation de ses voisins. Telle fut celle des Juifs,
qui, malgré la sévérité de leurs loix, sacrifioient des enfans
aux idoles, à l'exemple des Cananéens. Le plus souvent,
elle s'incorpore à la législation d'un peuple par la tyrannie
d'un despote, comme en Arcadie sous Lycaon, et encore
plus dangereusement par l'influence d'un corps aristocra-
tique qui la perpétue pour l'intérêt de son autorité, jusques
dans les âges de civilisation. Tels sont de nos jours les féroces
préjugés de religion inspirés aux Indiens si doux, par leurs
brames; et ceux de l'honneur aux Japonais si polis, par
leurs nobles.

Je le répète pour la consolation du genre humain : le
mal moral est étranger à l'homme, ainsi que le mal physique. Ils ne naissent l'un et l'autre que des écarts de la loi
naturelle. La nature a fait l'homme bon. Si elle l'avoit fait
méchant, elle, qui est si conséquente dans ses ouvrages, lui
auroit donné des griffes, une gueule, du venin, quelque
arme offensive, ainsi qu'elle en a donné aux bêtes dont le
caractère est d'être féroce. Elle ne l'a pas seulement armé
d'armes défensives, comme le reste des animaux; mais elle
l'a créé le plus nu et le plus misérable de tous, sans doute
pour l'obliger de recourir sans cesse à l'humanité de ses
semblables, et d'en user envers eux. La nature ne fait pas
plus des nations entières d'hommes jaloux, envieux, médisans, desirant se surpasser les uns les autres, ambitieux,
conquérans, cannibales, qu'elle n'en fait qui ont constam-

ment la lèpre, le pourpre, la fièvre, la petite-vérole. Si vous rencontrez même quelque individu qui ait ces maux physiques, attribuez-les à coup sûr à quelque mauvais aliment dont il se nourrit, ou à un air putride qui se trouve dans son voisinage. Ainsi, quand vous trouvez de la barbarie dans une nation naissante, rapportez-la uniquement aux erreurs de sa politique ou à l'influence de ses voisins, comme la méchanceté d'un enfant aux vices de son éducation ou au mauvais exemple.

Le cours de la vie d'un peuple est semblable au cours de la vie d'un homme, comme le port d'un arbre ressemble à celui de ses rameaux.

Je m'étois occupé dans mon texte, du progrès moral des sociétés, la barbarie, la civilisation et la corruption. J'avois jeté ici un coup-d'œil non moins important sur leur progrès naturel, l'enfance, la jeunesse, l'âge viril et la vieillesse; mais ces rapprochemens se sont étendus bien au-delà des bornes d'une simple note.

D'ailleurs, pour porter sa vue au-delà de son horizon, il faut grimper sur des montagnes trop souvent orageuses. Redescendons dans les paisibles vallées. Reposons-nous entre les croupes du mont Lycée, sur les rives de l'Achéloüs. Si le temps, les muses et les lecteurs favorisent ces nouvelles Études, il suffira à mes pinceaux et à mon ambition de peindre les prés, les bois et les bergères de l'heureuse Arcadie.

FIN DU TOME QUATRIÈME.

TABLE.

FIN DE LA TABLE.

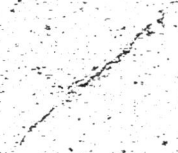

www.ingramcontent.com/pod-product-compliance
Lightning Source LLC
Chambersburg PA
CBHW060538220326
41599CB00022B/3533